国家林业和草原局普通高等教育“十三五”规划教材
“十三五”江苏省高等学校重点教材

林业物联网技术及应用

刘云飞　主编
吴　寅　李骏慧　副主编

中国林業出版社

内 容 简 介

本教材作为国家林业和草原局普通高等教育"十三五"规划教材及"十三五"江苏省高等学校重点教材，较系统介绍了物联网技术在林业中的应用，可用作农林院校物联网工程本科专业的教材，也可作为广大农林科技工作者的参考书。

本教材从林业需求出发，按照物联网"感—传—用"的次序，即"传感器功能分析—网络传输功能解析—数据处理功能应用"框架，介绍了林业物联网定义、现状、发展所面临的问题以及传感器与定标、无线网络传输、后端图像与文本数据应用。通过"传感器功能分析"使学生熟悉各种林业传感器的功能和操作方法；通过"网络传输功能解析"使学生快速掌握近程、中程和远程通信技术在林场中传输的各种优缺点；通过"数据处理功能应用"使学生理解所采集数据在森林经营及管理过程中的作用。

本教材与爱课程中国大学 MOOC(慕课)同步使用，配有相关视频、PPT 课件、测验与考试等，可通过扫描书中二维码获取相关资料；另外，本教材也配备了森林火灾预警仿真实验，网址：http://xnfzme.njfu.edu.cn/slfh/。

中国大学
MOOC

图书在版编目(CIP)数据

林业物联网技术及应用 / 刘云飞主编. —北京：中国林业出版社，2021.5（2024.8 重印）
国家林业和草原局普通高等教育"十三五"规划教材　"十三五"江苏省高等学校重点教材
ISBN 978-7-5219-1291-3

Ⅰ.①林…　Ⅱ.①刘…　Ⅲ.①物联网-应用-林业-高等学校-教材　Ⅳ.①S7-39

中国版本图书馆 CIP 数据核字(2021)第 159505 号

"十三五"江苏省高等学校重点教材
教材编号：2020-2-080

中国林业出版社教育分社

策划编辑：肖基浒　　**责任编辑**：肖基浒　田夏青

电话：(010)83143555　　**传真**：(010)83143516

出版发行　中国林业出版社(100009　北京市西城区刘海胡同 7 号)
E-mail：jiaocaipublic@163.com　　电话：(010)83143500
https://www.cfph.net
印　　刷　北京中科印刷有限公司
版　　次　2021 年 5 月第 1 版
印　　次　2024 年 8 月第 2 次印刷
开　　本　850mm×1168mm　1/16
印　　张　14.75
字　　数　362 千字
定　　价　48.00 元

《林业物联网技术及应用》编写人员

主　　编　刘云飞

副 主 编　吴　寅　李骏慧

编写人员（按姓氏笔画排序）

云　挺　刘云飞　刘晓明　许艺瀚

李骏慧　吴　寅　张福全　林海峰

周　雯　焦万果

前　言

《林业物联网技术及应用》一书获批国家林业和草原局普通高等教育“十三五”规划教材和2020年江苏省高等学校重点教材。该书系统介绍了物联网技术在林业中的应用，可用作农林院校物联网工程本科专业的选用教材，也可作为广大农林科技工作者的参考书。

本书从林业需求出发，按照物联网“感—传—用”的次序，即“传感器功能分析—网络传输功能解析—数据处理功能应用”框架，系统地介绍林业物联网定义、现状、发展所面临的问题以及传感器与定标、无线网络传输、后端图像与文本数据应用。通过“传感器功能分析”使学生熟悉各种林业传感器的功能和操作方法；通过“网络传输功能解析”使学生快速掌握近程、中程和远程通信技术在林场中传输的各种优缺点；通过“数据处理功能应用”使学生理解所采集数据在森林经营及管理过程中的作用。

在出版本书之前，我们从2019开始预先编写讲义，并在2015—2017级物联网工程专业共三届学生使用。从2020年起，我们在爱课程_中国大学MOOC(慕课)平台发布林业物联网在线课程，已有两届学生使用，取得了较好的效果。

本书编写人员是南京林业大学林业物联网研发中心及物联网工程专业的部分教师及研发人员，他们从事专业课教学多年，有很好的教学经验及知识积累，且编写人员一直从事物联网技术开发应用，在生产实践中积累了丰富的经验，其中的设计及案例均来源于实际的工程项目，有很好的可操作性，便于师生设计时参考。

本书共分10章，参加本书编写的人员有刘云飞、刘晓明、吴寅、周雯、许艺瀚、焦万果、林海峰、张福全、云挺、李骏慧等，其中刘云飞编写了第1章林业物联网基础及第9章单木及林分实时监测9.1~9.3节内容，刘晓明编写了第2章林业气象传感器，吴寅编写了第3章土壤水分、养分和酸碱度传感器及第4章中4.1~4.3的胸径、树高和叶绿素监测传感器，周雯编写了第4章中4.4空气负离子传感器，许艺瀚编写第5章林业物联网近程通信关键技术，焦万果编写了第6章林业物联网的远程通信技术，林海峰编写了第7章森林火险预警，张福全编写了第8章森林火灾监测，云挺编写了第9章中的9.4节基于点云数据的活立木测量，李骏慧编写了第10章林业物联网实施方案。本书最后由刘云飞统稿及修改，由李骏慧校稿。

本书编写得到中央与地方共建专项(2013—2015)“林业物联网研发及其信息类平台建设”、江苏省第七批“六大人才高峰”项目(2008—2010)“基于WSN的中山陵风景区生态环境智能监测研究”、国家重点基础研究发展计划(973计划，2012—2015)“我国主要人工林生态系统结构、功能与调控研究”、“十三五”国家重点研发计划(2017—2021)“人工林资源监测关键技术”、国家自然科学基金(2017—2020)“基于物联网视觉的森林火灾监控系统设计”、国家自然科学基金(2018—2020)“基于活立木生物能供电的无线传感器网络单木胸径监测关键技术研究”、国家自然基金(2014—2016)“基于激光点云和视觉计算的阔叶树林学参数反演研究”、江苏省林业三新工程项目(2014—2017)“无线传感器网络技术在森林火险天气预警系统中的应用”、江苏省自然基金(2016—2019)“基于物联网视觉的森林火灾监控系统关键技术研究”等项目的资助，同时得到南京林业大学科技处、教务处、信息学院等部门的支持，在此一并感谢。另外，非常感谢南京林业大学林学院佘光辉教授、方升佐教授、胡海波教授及生物与环境学院阮宏华教授提供的支持与帮助，使得我们的野外实验能够顺利进行。

林业物联网技术研究内容较多，本书重点在林业传感器研发及应用、林火预警及监测、单木及林分实时监测等部分做了一些探索，由于学识有限、时间仓促，不足之处在所难免，恳请广大读者批评指正。

刘云飞

2021.3

目　录

第1章

林业物联网基础

1.1 物联网基础

1.1.1 物联网简介

物联网基于传感网发展而兴起，它整合了美国 CPS（cyber-physical systems）、欧盟 IoT（internet of things）和日本 U-Japan 等概念，是一个基于互联网、传统电信网等信息载体，使所有能被独立寻址的普通物理对象实现互联互通的网络。物联网是通过信息传感设备，按照约定的协议，把任何物品与互联网连接起来，进行信息交换和通信，以实现智能化识别、定位、跟踪、监控和管理的一种网络。它是在互联网基础上的延伸和扩展的网络。它的三个重要特征是普通对象设备化、自治终端互联化和普适服务智能化。

1.1.2 核心技术

根据信息生成、传输、处理和应用可以将物联网分为感知识别层、网络构建层、管理服务层和综合应用层。

（1）感知识别层

通过感知识别技术，使物品“开口说话、发布信息”是融合物理世界和信息世界的重要一环，是物联网区别于其他网络的最独特的部分。物联网的“触手”是位于感知识别层的大量信息生成设备，既包括采用自动生成方式的无线射频识别（RFID）设备、传感器、定位系统等，也包括采用人工生成方式的各种智能设备，例如，智能手机、掌上电脑（PDA）、多媒体播放器、上网本、笔记本电脑等。可以发现，信息生成方式多样化是物联网的重要特征之一。感知识别层位于物联网四层模型的最底端，是所有上层结构的基础。

（2）网络构建层

网络是物联网最重要的基础设施之一。那么人们要问：物联网的网络和现有网络有何异同？物联网是下一代互联网吗？无线网络在物联网中究竟扮演了什么角色？

网络构建层在物联网四层模型中连接感知识别层和管理服务层，具有强大的纽带作用，高效、稳定、及时、安全地传输上下层的数据。

图 1-1 是目前常用的网络形式，包括互联网、无线宽带网（包括无线局域网 WiFi、无

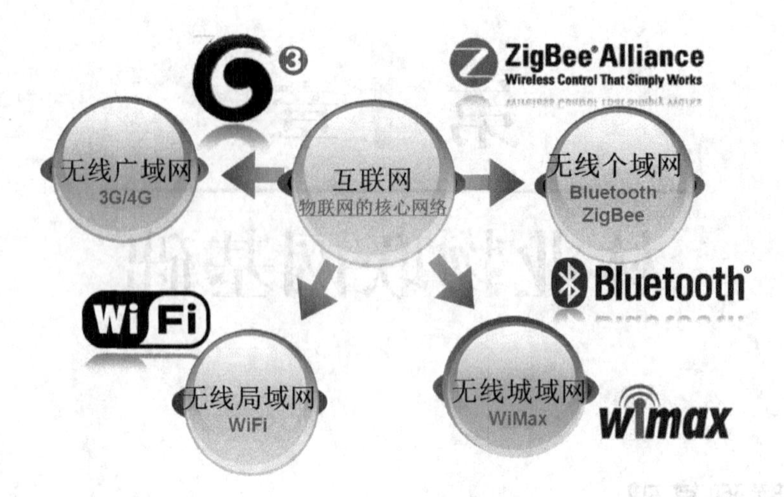

图 1-1　目前常用的网络形式

线城域网 WiMax)、无线个域网(Zigbee、蓝牙、红外等低速网络)、无线广域网(移动通信网，如 3G、4G)。

(3)管理服务层

管理服务层位于感知识别和网络构建层之上，综合应用层之下，是物联网智慧的源泉。人们通常把物联网应用冠以"智能"的名称，如智能电网、智能交通、智能物流等，其中的智慧就来自这一层。当感知识别层生成的大量信息经过网络层传输汇聚到管理服务层，如果不能有效地整合与利用，那无异于入宝山而空返，望"数据的海洋"而兴叹。管理服务层解决数据如何存储(数据库与海量存储技术)、如何检索(搜索引擎)、如何使用(数据挖掘与机器学习)、如何不被滥用(数据安全与隐私保护)等问题。

(4)综合应用层

"实践出真知"，无论任何技术，应用是决定成败的关键。物联网丰富的内涵催生出更加丰富的外延应用。

传统互联网经历了以数据为中心到以人为中心的转化，其典型应用包括文件传输、电子邮件、万维网、电子商务、视频点播、在线游戏和社交网络等；而物联网应用以"物"或者物理世界为中心，涵盖物品追踪、环境感知、智能物流、智能交通、智能电网，等等。目前，物联网应用正处于快速增长期，具有多样化、规模化、行业化等特点。

1.1.3　主要特点

物联网相对于已有的各种通信和服务网络在技术和应用层面具有以下一些特点：

①感知识别普适化　无所不在的感知和识别将传统上分离的物理世界和信息世界高度融合。

②异构设备互联化　各种异构设备利用无线通信模块和协议自组成网，异构网络通过"网关"互通互联。

③物联网终端规模化　物联网时代每一件物品均具通信功能，成为网络终端，今后 5~10 年内联网终端规模有望突破百亿。

1.1.4 应用前景

物联网丰富的内涵催生出更加丰富的外延应用。目前物联网在智能物流、智能交通、绿色建筑、智能电网、环境监测、智能农林等方面有广泛的应用。

(1)智能物流应用

现代物流系统希望利用信息生成设备，如RFID设备、感应器或全球定位系统等各种装置与互联网结合起来而形成的一个巨大网络，并能够在这个物联化的物流网络中实现智能化的物流管理。

(2)智能交通应用

通过在基础设施和交通工具中广泛应用信息、通信技术来提高交通运输系统的安全性、可管理性、运输效能，同时降低能源消耗和对地球环境的负面影响。

(3)绿色建筑应用

物联网技术为绿色建筑带来了新的力量。通过建立以节能为目标的建筑设备监控网络，将各种设备和系统融合在一起，形成以智能处理为中心的物联网应用系统，有效地为建筑节能减排提供有力的支撑。

(4)智能电网应用

以先进的通信技术、传感器技术、信息技术为基础，以电网设备间的信息交互为手段，以实现电网运行的可靠、安全、经济、高效、环境友好和使用安全为目的的先进的现代化电力系统。

(5)环境监测应用

通过对人类和环境有影响的各种物质的含量、排放量以及各种环境状态参数的检测，跟踪环境质量的变化，确定环境质量水平，为环境管理、污染治理、防灾减灾等工作提供基础信息、方法指引和质量保证。

(6)智能农林应用

依托部署在农林业生产现场的各种传感节点(环境温湿度、土壤水分、二氧化碳、水质传感器、视频等)和无线通信网络实现农林业生产环境的智能感知、智能预警、智能决策、智能分析、专家在线指导，为农林业生产提供精准化种植、可视化管理、智能化决策。

1.2 林业物联网

2016年6月17日，国家林业局印发《关于推进中国林业物联网发展的指导意见》要求，“实现物联网技术与林业业务高度融合，有力支撑林业资源监管、营造林管理等各类业务。构建起较为完善的林业物联网科技创新、标准规范、安全管理体系，使得林业智能化水平显著提高，林业建设的实时性、高效性、稳定性和可靠性显著增强，林业现代化水平全面提升”。这一指导意见的出台为智慧林业信息化系统方案的解决提供了有效的措施，相关的技术及应用参见智慧林业全景(图1-2)。

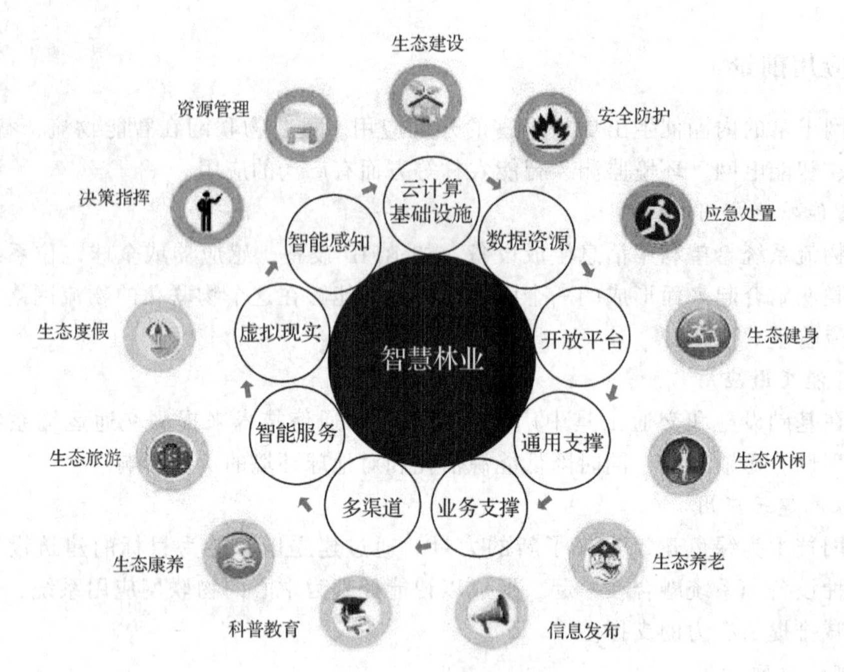

图 1-2　智慧林业全景

1.2.1　现阶段林业物联网主要任务

1.2.1.1　林业资源监管物联网应用

林业资源主要包括森林资源、湿地资源、荒漠资源和野生动植物资源。在林业资源监管中引入以物联网为代表的新一代信息技术，有利于改进监管手段，创新监管模式，提高监管效能，提升林业资源的数量和质量。

(1)林业资源调查与监测

充分应用"3S"技术、红外感应、无人机、卫星通信、激光雷达、RFID、条码、多功能智能终端等技术，结合地面抽样调查，建立基于云计算架构的林业资源数据仓库，提高地面监测样地、样线、样木等的复位率，增进监测数据的实时性、准确性、可靠性和快速更新能力，弥补传统地面监测手段的不足。

(2)林业资源管理

应用二维码、RFID、移动互联等技术，提高林权证、采伐证、运输证等林业资源相关权证的防伪性和快速识别能力，建设全国统一的权证信息管理及共享交换平台，加强对各类权证信息的智能化管理；建立人机交互的智能信息管理平台，加强对珍贵树种、古树名木、珍稀花卉等的个体识别、谱系管理及安全监控；对接云计算平台，加强林木采伐、贮存、检疫、运输、销售的全流程管理，加强执法监管、依法保护林业资源。

(3)珍稀濒危野生动物管理

应用卫星通信、"3S"技术、电子围栏、视频监控、移动互联等技术，根据动物的生态习性和形态结构，研制具有身份识别、卫星定位、体征传感、信息传输等功能的专用设备，对接智能信息管理平台，构建全天候立体化传感监控网络，加强动物行为及体征分析，提高实时监控与应急响应能力，促进珍稀濒危野生动物野外管理和种群复壮。

1.2.1.2 营造林管理物联网应用

营造林管理主要涉及种质、种苗资源的保护、保存、培育以及造林、森林抚育等的管理。在营造林管理业务中应用物联网技术，有利于加强营造林管理，提高营造林质量。

(1)林木种质资源保护

应用RFID、红外感应、传感器、视频监控、无线通信、移动互联等技术，构建原地和异地保护母树林传感网，加强对林木采种基地种质资源，特别是珍贵、稀有、濒危母树的保护。构建林木种质资源设施保存库立体传感监控网络，加强设施保存环境的实时监测与调控，有效保存林木种质资源。

(2)林木种苗培育及调配

应用传感器、视频监控和自动控制等技术，加强对规模化林木种苗培育基地温度、湿度、光照强度、土壤肥力等的实施监测，结合自动喷灌、自动卷帘等操作，提高种苗培育的信息化、机械化、自动化水平，实现智能化管理。结合各类电子票据，加强林木种苗特别是珍贵苗木的调配管理。

(3)营造林管理与服务

通过应用大气环境、土壤环境、水环境等相关传感器，强化对造林地环境与林分生长状态的智能监测与分析，结合GIS系统和云计算技术，实现对适地适树、测土配方、抚育管理等的决策支持，以及对林场、林农、林企等提供相关服务。应用"3S"技术、航空摄影、多功能智能终端等技术，加强对营造林、退耕还林等工程项目的核查和绩效评估，提高核查与评估的效率和质量。

1.2.1.3 林业灾害监测物联网应用

林业灾害主要包括森林火灾、林业有害生物灾害、沙尘暴、陆生野生动物疫源疫病四大类，其他的还有低温雨雪冰冻灾害、风灾、雹灾、地震、滑坡、泥石流等。加强物联网等新一代信息技术在林业灾害监测、预警预报和应急防控中的应用，能够有效预防和降低灾害损失。

(1)森林火灾监测预警与应急防控

应用由对地观测、通信广播、导航定位等卫星系统和地面系统构成的空间基础设施，以及航空护林飞机、无人机、飞艇等航空设备，构建森林火灾监测预警与应急防控的天网系统；应用地面林火视频监控、红外感应、电子围栏、气象监测、地表可燃物温湿度监测等感知设施以及各种有线、无线通信设施，构建地网系统；应用车载智能终端、手持智能终端以及多功能野外单兵装备等，构建人网系统；应用条码、RFID等技术，构建林网系统；对接基于"3S"技术、云计算、大数据、移动互联等技术应用的智能信息平台，提高森林火灾的监测、预警预报以及指挥调度、灾后评估等应急响应能力。

(2)林业有害生物监测预警与防控

综合应用"3S"技术、视频监控、传感器等技术，加强森林和大气环境监测，结合地面巡查数据，对接专家远程诊断系统、森林病虫害预测预报系统、外来物种信息管理系统，加强数据挖掘、共享和业务协同，提高森林病虫害及外来物种危害的监测、预警预报与综合防控能力。对通过检疫的物品进行标识，建立林业有害生物检疫责任追溯制度。

(3)沙尘暴监测和预报预警

在新疆、甘肃、内蒙古等重点风沙源区和固沙治沙地区部署地面气象传感和土壤温湿度传感监测网络，结合气象卫星和遥感卫星监测，加强沙尘暴灾情监测和预报预警能力，有效降低灾情损失。

(4)陆生野生动物疫源疫病监测预警

运用集卫星定位、信息发送、生命体征传感等功能于一体的动物专用设备，建立基于卫星追踪、传感器感知、GIS应用和地面巡查相结合的陆生野生动物疫源疫病监测系统，加强对候鸟及其迁徙性野生动物活动路线及生命体征的监测分析，有效提高陆生野生动物疫源疫病监测预警能力。

1.2.1.4 林业生态监测物联网应用

林业生态监测主要对森林、湿地、荒漠生态系统的有关指标进行连续观测，评估生态系统的健康状况、生态服务功能和价值。通过引入物联网相关技术，将有助于提高监测数据采集的实时性、多样性和可靠性，为智慧决策提供依据。

(1)陆地生态系统监测与评估

综合应用各种数字化智能传感及新一代移动通信技术等，建设或改造森林、湿地、荒漠生态系统定位研究站，构建完备的陆地生态系统定位监测网络。对生态系统健康状况、生态服务功能和价值、重大生态工程和生态系统管理成效等进行科学评估，对区域生态安全及潜在生态风险进行科学评价和预测，为我国生态建设决策提供支撑。

(2)森林碳汇监测与评估

利用各种智能传感终端和通信手段，构建多维碳排放与碳汇监测传感网络，在水平和垂直空间对温湿度、风向风速、光照强度、二氧化碳浓度等因子进行实时监测。结合林木蓄积量、生长量等碳储量监测数据，建立多站点联合、多系统组合、多尺度拟合、多目标融合的碳汇监测与评估技术体系，为碳交易、检验节能减排效果、评估碳汇能力等提供准确的数据支撑。

1.2.1.5 林业产业物联网应用

林业是一项重要的公益事业，也是一项重要的基础产业。物联网技术在森林旅游、林下经济、花木培育等方面都具有广阔的用途。

(1)森林旅游安全监管与服务

应用由对地观测、通信广播、导航定位等卫星系统和地面系统构成的空间基础设施，以及航空护林飞机、无人机、飞艇等航空设备，构建森林旅游安全监管与服务的天网系统；应用地面旅游视频监控、旅游视频观景、林火视频监控、气象监测、红外感应、电子围栏、地表可燃物温湿度监测等感知设施，以及各种有线、无线通信设施，构建地网系统；发挥移动互联技术的巨大优势，应用车载智能终端、手持智能终端、游客便携式智能终端等，构建人网系统；应用条码、RFID、地面无线定位等技术，构建林网系统；基于三维仿真、虚拟现实、云计算等技术，构建智慧旅游信息平台，大力发展人与物随时、随地、随需的交互型业务，提高旅游综合服务、旅游资源监管、旅游综合执法以及旅游应急响应能力。

(2)林下经济和花木培育

应用传感器、视频监控、移动互联和自动控制等技术，对接智能信息管理平台，加强对规模化花木培育基地温度、湿度、光照强度、土壤肥力等的实时监测，结合自动喷灌、自动卷帘等操作，提高花木培育的信息化、机械化和自动化水平，更好地满足市场需求。基于温度、湿度、光照、土壤肥力等传感器和视频监控、红外感应、电子围栏等设施，搭建林下传感网络，为发展林下特色种植(养殖)业提供科学技术支撑，并提高防火、防盗等安全监管能力。

(3)林业资源开发利用相关权证的管理

应用二维码、RFID、移动互联、云计算等技术，构建全国统一的信息管理及共享交换平台，加强对林木种苗生产经营、野生动物驯养繁殖、野生动物经营利用等林业资源经营开发利用环节相关权证的信息化、网络化、智能化管理，提高权证的防伪性和快速识别能力，方便政府部门和公民、法人、其他组织查询、共享各类信息，依法维护生产者、经营者和消费者的合法权益。

1.2.1.6　林产品质量安全监管物联网应用

应用物联网等新一代信息技术，建立林产品信息集中发布平台和预测预警系统，加强林产品质量检测、监测和监督管理。

(1)林产品认证和溯源

采用激光扫描、定位跟踪、移动互联等技术，对经过绿色无公害认证、原产地认证、来源合法认证等的林产品进行标识，实现林产品物流与信息流的有机统一。完善林产品认证、森林认证和林产品溯源体系，建立健全责任追溯制度，为发展林业电子商务、提高林业监管与服务效能、履行有关国际公约等提供有力支撑。

(2)林产品质量安全检测认证

采用条码、RFID、定位跟踪等技术，给质量检测合格的林产品赋予专用标识，建立专用标识认证制度。结合信息管理和查询平台，加强流通和销售环节管理以及消费指导，建立健全质量安全责任追溯制度，依法保护生产者、经营者、消费者的合法权益。

智慧林业是林业现代化建设进程中的必由之路，我们要依托云计算、物联网、大数据、移动互联网等新一代信息技术，通过感知化、物联化、智能化的手段，形成林业立体感知、管理协同高效、生态价值凸显、服务内外一体的林业发展新模式，森林生态系统保护步入规范化、科学化、现代化的全新管理轨道，各项林业工作实现了信息化、数字化、网络化、智能化管理。

1.2.2　林业物联网技术

物联网技术涵盖智能感知、数据传输、信息处理及服务应用四个方面，其中林业物联网技术侧重于林业智能传感器的研制、新一代无线通信技术在林业中的应用及自然保护区监测物联网构建等几个方面。

1.2.2.1　林业智能传感器

林业智能传感器主要用于监测保护区的自然生态环境、野生动植物资源等。常用的有林木的标签、野生动植物监测传感器、林业生态监测传感器、林业资源调查传感器。考虑到林业传感器主要用于野外实时监测，因此尽可能采用无线传输方式。

林木标签包括二维码标签、权证二维码标签、可读写 RFID 专用标签及信息采集设备。

林业生态监测传感器包括大气、光辐射、碳水通量、土壤、水、图像等传感器。

野生动植物监测传感器包括特征鉴别、声音、位置等传感器。

林业资源调查传感器用于监测林木生长(如树高、胸径、林冠、材质等)、立地条件、健康状态等传感器。

以上传感器均须满足低成本、低功耗、微型化、长效、可靠等要求，且适用于野外恶劣环境。林业智能传感器通过无线自组网方式构建林业物联网监测系统，可以覆盖更大的监测区域，实现对保护区的自然生态环境、野生动植物资源、人为活动、社区等监测对象变化的实时感知，从而快速掌握保护区内部的第一手资料。通过自组网图像采集实时获取动物和昆虫的图像形态，为分析动物习性及保护珍稀动物、灭杀有害昆虫提供依据。

目前，林业智能传感器主要用于生态监测。通过在林区布设生态监测站，实现各种生态环境信息的采集，如采集大气及土壤温湿度、光照、风速、风向、CO_2、蒸发量等。监测站的设置有利于人们理解保护生物的生物学特性，掌握种群分布适宜性，更好地保护濒危物种、规范人与保护生物的交互，指导保护区设计与管理。

在野生动物监测方面，林业智能传感器(如可穿戴智能项圈)可以采集动物的位置、声音、体温、脉搏、呼吸频率等生理信息，用于分析种群结构(如动物的年龄结构、性别比等)，同时也可以获取鸟类鸣声指数(acoustic index)，这为声景生态学分析提供重要的数据支撑。另外，通过获取动物声音分析其习性。

1.2.2.2 新一代无线通信技术

(1)第四代移动通信技术(4G)

通常林区地理位置偏远、防护区域广阔且需保护的动植物资源重要，保护责任大，然而该区域公网通信难以覆盖，人力、设备部署难度大。为解决林区的信息传输问题，通常需部署专网。以4G为核心的行业无线专网技术具有宽带覆盖、多业务融合、低成本、安全、可控等特点，可以突破保护区普遍存在的公网覆盖盲区以及通信服务质量无法保障、不能满足大数据信息回传、通信成本高等困扰保护区信息化发展的难题，是解决保护区信息化最后“一千米”问题的最佳方案。

布设专网可以保障信号的传输质量，避免信息丢失。在林区部署视频监控可提高监控效率。由于采用移动架设，部署灵活，可实时定位区域内生物，全面掌控林区信息。无线专网技术已用于林区森林管护、林政执法、野生动植物保护、样地监测、林火预警监测、生态环境监测、应急指挥、生产管理等多个领域。

(2)直放站

直放站属于中继器(repeater)的一种，是网络物理层上面的连接设备，由天线、射频双工器、低噪声放大器、混频器、电调衰减器、滤波器、功率放大器等元器件或模块组成，包括上、下行两种放大链路。直放站适用于完全相同的两类网络的互联，主要功能是通过对数据信号的重新发送或者转发，来扩大网络传输的距离。

在我国林区，特别是在南方丘陵地区，其附近已布设基站，但信号较弱。直放站是实现“小容量、大覆盖”目标的必要手段之一，它具有两个优势：一是在不增加基站数量的前提下保证网络覆盖；二是其造价远远低于有同样效果的微蜂窝系统。直放站是解决通信网络延伸覆盖能力的一种优选方案。它与基站相比有结构简单、投资较少和安装方便等优点，可广泛用于难以覆盖的盲区和弱区。

直放站与基站相比较，其优点主要体现在如下几个方面：

①同等覆盖面积时，使用直放站投资较低 在平原地区室外一个全向基站可以有10km覆盖半径；一个全向直放站可以有4km覆盖半径；就覆盖面积而言，六个直放站约相当于一个基站。六个直放站的设备价约为一个基站的80%。但考虑到机房租用和装修、交直流电源、空调、传输系统和电路租金等费用，六个直放站的费用只相当于于一个基站的50%，甚至更低。

②覆盖更为灵活 一个基站基本上是圆形覆盖，多个直放站可以组织成多种覆盖形式。如“一”字形排开，可以覆盖十几至几十千米的路段。也可以组织成“L”形、“N”形和“M”形覆盖，特别适合于山区组网。

③滚动建设发展 在组网初期，由于用户较少，投资效益较差，可以用一部分直放站代替基站。用户发展起来后再更换为基站，替换下来的直放站再进一步放置在更边远的地区，这样一步步地滚动发展。

④建网迅速 由于直放站不需要土建和传输电路的施工，因而建网更快。

1.2.2.3 自然保护区监测物联网

自然保护区是维持生态系统平衡和保持生物多样性的有效手段。对自然保护区监测，即按照预先设计的时间、空间对自然保护区内的生物(种群、群落等)、非生物环境(水、土壤、大气)及人类活动(生产生活)等进行连续观测和生态质量评价。

在自然保护区中，划分多个不同的监测区域，并根据实际情况，灵活部署物联网监测系统，通过不同的组网方式实现远程监控及管理。对环境的监测，可以安装湿度传感器、水位传感器、气压传感器、降水传感器、烟雾传感器等；对野生动物的监测，如动物的数量、痕迹、身体状况等，可以安装红外触发相机、声音传感器、振动传感器等检测到动物的活动情况；对人类活动的监测，如砍伐、偷猎、人数、放牧、旅游等，可以在自然保护区的边界或一些重点区域进行监控，通过红外触发相机或其他入侵检测设备等进行监控，预防非法入侵。

近年来，可穿戴无线传感设备(如携带GPS、生命体征监测的智能项圈等)的应用，为远程监控动物的生活规律、行为特性提供了有效手段。在自然保护区，构建移动物联网，可以实时跟踪野生动物行踪，有效掌控野生动物的实时分布、活动区域、基本行为等。

在自然保护区中，物联网系统要长期运行，必须有可靠、稳定的供电设备做保障，通常采用以锂电为主、光伏板为辅的供电方式。白天光伏板可以提供锂电充电，夜间锂电可以提供设备供电。在不影响系统工作情况下，系统功耗设计要尽可能低，以保证整个设备长时间连续不间断工作。

本章小结

本章介绍了物联网的基本概念及物联网的四个层次，重点说明了智慧林业前景及林业物联网的主要任务，对林业物联网中常用的林业传感器的研制及林区新一代无线通信技术做了具体说明。

习　题

1. 林业物联网的作用是什么？
2. 林业物联网的技术有哪些？
3. 当前林业物联网的难题有哪些？

参考文献

刘云浩，2010. 物联网导论[M]. 北京：科学出版社.
王雪峰，2011. 林业物联网技术导论[M]. 北京：中国林业出版社.
李世东，2018. 中国林业物联网：思路设计与实践探索[M]. 北京：中国林业出版社.
李世东，2017. 智慧林业概论[M]. 北京：中国林业出版社.

第2章 林业气象传感器

2.1 概述

林业生产过程完全在自然条件下进行，气象条件影响着林木的生长发育和树种的分布等。各地的林业生产都应考虑当地的气象因素，充分利用有利的气象条件，避免不利气象因子的影响。因此，林业气象的监测必不可少，而监测的工具就是各种气象传感器。所谓传感器，就是将自然界中连续变化的模拟量转换为具有一定规律变化的电信号的装置，便于后续电子系统的处理和分析。常见的林业气象因子包括温度、湿度、光照、降水量、风速和风向等信息。

(1)温度

温度影响林木的各种生理活动，其直接影响林木的生长、发育。在林业生产中，我们主要关注3种温度：气温、土壤温度和水温。气温有5个温度指标，分别为最适温度、最低温度、最高温度、最高与最低致死温度。在最适温度下，林木的生长发育迅速，在最低和最高温度下，作物停止生长发育，但仍维持生命。当气温高于最高致死温度或低于最低致死温度时，树木开始受到不同程度的伤害，直至死亡。

另外，温度对光合作用和呼吸作用也起着重要的作用。通常情况下，林木的光合作用和呼吸作用随着温度的升高而加快。

土壤温度主要影响林木的根系生长以及根系对水分和养分的吸收。森林中湖泊的水温主要起到调节林间温度的作用。掌握各种温度信息，对于林木的培育至关重要。

(2)湿度

空气相对湿度影响林木蒸腾和根系对水分的吸收。相对湿度小时，林木蒸腾作用旺盛，若此时土壤水分充足，根系对水分和养分的吸收增加，从而加快林木的生长。因此，在某种程度上讲，空气相对湿度较小对林木生长是有利的。但是，如果空气相对湿度太小，则可能会引起林间干旱；而相对湿度过大，林木生长又将受到抑制。另外，如果湿度太大且持续时间长，则容易诱发森林病虫害，因而适宜的空气湿度是林木生长的重要因素。

(3)光照

太阳辐射是林木通过光合作用制造有机物的唯一能源，其对林木生长的影响因素有：

光照强度、光照长度和光谱成分。

光照强度影响林木的光合作用。在一定的光照强度范围内，光合作用的强度随着光强的增加而增强，表现为林木生长迅速；反之，光强减弱，光合作用也减弱。当然，光照强度也不是越大越好，超过某一强度，光合作用将趋于饱和。光强继续增大时，光合速率反而下降，这种现象被称为光抑制现象。

光照长度是指一个地方日出与日落之间的可能日照时数，简称日长或光长，以小时表示。日长主要影响林地经济作物的生长，表现为作物能否通过光照阶段，由营养生长期进入生殖生长期，从而开花结果。

太阳光有七种光谱成分——赤橙黄绿青蓝紫，不同的林木对太阳光谱的要求和反应也不一样，需要因地制宜。

(4)降水量

水是一切植物正常生长发育必不可少的条件之一。对于林业来说，降水是林木水分供应和土壤水分的主要来源，可直接根据降水量的多少来评定林木水分供应条件的好坏。降水量相同而强度不同，或者说雨是分散下还是集中下，将对林业产生不同的影响。强度太大时易形成洪涝，尤其是在低洼地区。

(5)风速

由于林木生长在自然环境下，不可避免地要受到风的影响。风对林业的有利影响，主要有三个方面，分别是：①风可以调节森林小气候；②低风速条件下，林木光合作用的强度随风速增大而上升；③风有助于花粉和种子的传播，影响林木的繁衍和分布。

风对林业的不利影响，主要包括三方面，分别是：①大风对森林危害较大；②风能加重干旱，造成土壤风蚀；③风能传播病虫害。

本章主要讨论气象条件对林木生长的影响，而检测各种气象因子需借助于相应的传感器。

在不同的林业环境下，人们可能会将不同的气象传感器分开放置，获取气象数据。但大部分情况下，人们习惯将各种气象因子传感器安装在一个工作站里，称为气象站，用来监测多种气象因子并记录，还可以通过有线或无线的方式将气象数据传递到上位机供林业科技人员参考决策。常见的小型气象站如图 2-1 所示。

图 2-1 小型气象站

2.2 温度传感器

温度是衡量物体冷热程度的物理量，能够将温度的变化转化为电量(电压、电流或阻抗等)变化的传感器称为温度传感器。温标是衡量温度的标准尺度，如我们所说的当前25℃，用的就是摄氏温标。借助于温度传感器，并配合林业物联网技术，人们可以方便地监测林间温度，为林木培育提供决策。

2.2.1 温度传感器的分类

根据传感器的测温方式，温度的基本测量方法通常可分为接触式和非接触式两大类。

(1)接触式传感器

接触式温度测量的特点是感温元件直接与被测对象相接触，两者进行充分的热交换，最后达到热平衡，此时感温元件的温度与被测对象的温度必然相等，温度计的示值就是被测对象的温度。接触式测温精度相对较高，直观可靠，测温仪表价格较低，但由于感温元件与被测介质直接接触，会影响被测介质的热平衡状态，而接触不良又会增加测温误差；若被测介质具有腐蚀性或温度太高亦将严重影响感温元件的性能和寿命。根据测温转换的原理，接触式测温可分为膨胀式、热阻式、热电式等多种形式。

(2)非接触式传感器

非接触式温度测量的特点是感温元件不与被测对象直接接触，而是通过接收被测物体的热辐射能实现热交换，据此测出被测对象的温度。因此，非接触式测温具有不改变被测物体的温度分布，热惯性小，测温上限可设计得很高，便于测量运动物体的温度和快速变化的温度等优点。两类测温方法的主要特点见表 2-1。

表 2-1　两类测温方法特点

方式	接触式	非接触式
测量条件	感温元件要与被测对象良好接触；感温元件的加入几乎不改变对象的温度；被测温度不超过感温元件能承受的上限温度；被测对象不对感温元件产生腐蚀	要准确知道被测对象表面发射率；被测对象的辐射能充分照射到检测元件上
测量范围	特别适合 1200℃ 以下、热容大、无腐蚀性对象的连续在线测温，对高于 1300℃ 以上的温度测量较困难	原理上测温范围可以从超低温到极高温，但 1000℃ 以下，测温误差大，能测运动物体和热容小的物体温度
精度	工业用表通常为 1.0、0.5、0.2 及 0.1 级，实验室用表可达 0.01 级	通常为 1.0、1.5、2.5 级
相应速度	慢，通常为几秒到几分	快，通常为 2~3s
其他特点	整个测温系统结构简单，体积小，可靠，维护方便，价格低廉；仪表读数直接反映被测物体实际温度；可方便地组成多路集中测量与控制系统	整个测温系统结构复杂，体积大，调整麻烦，价格昂贵；仪表读数通常只反映被测物体表面温度(需进一步转换)；不易组成测温、控温一体化的温度控制装置

各类温度检测方法构成的测温仪表的大体测温范围见表 2-2。

2.2.2 温度传感器的工作原理

2.2.2.1 热阻式测量方法

热阻式测温是根据金属导体或半导体的电阻值随温度变化的性质，将电阻值的变化转换为电信号，从而达到测温的目的。

表 2-2 测温仪表测温范围

测温方式	类别	原理	典型仪表	测温范围/℃
接触式测温	膨胀类	利用液体、气体的热膨胀及物质的蒸气压变化	玻璃液体温度计	-100~600
			压力式温度计	-100~500
		利用两种金属的热膨胀差	双金属温度计	-80~600
	热电类	利用热电效应	热电偶	-200~1800
	电阻类	导体材料的电阻随温度变化	铂热电阻	-260~850
			铜热电阻	-50~150
			热敏电阻	-50~300
	其他电学类	半导体器件的温度效应	集成温度传感器	-50~150
		晶体的谐振频率随温度而变化	石英晶体温度计	-50~120
非接触式测温	光纤类	利用光纤的温度特性或作为传光介质	光纤温度传感器	-50~400
			光纤辐射温度计	200~4000
	辐射类	利用普朗克定律	光电高温计	800~3200
			辐射传感器	400~2000
			比色温度计	500~3200

用于制造热电阻的材料，电阻率、电阻温度系数要大，热容量、热惯性要小，电阻与温度的关系最好近于线性。另外，材料的物理、化学性质要稳定，复现性好，易提纯，同时价格尽可能便宜。

热电阻测温的优点是信号灵敏度高，易于连续测量，无需参比温度；金属热电阻稳定性高，互换性好，精度高，可以用作基准仪表。热电阻主要缺点是需要电源激励，有自热现象(会影响测量精度)，测量温度不能太高。

常用热电阻主要有铂电阻、铜电阻和半导体热敏电阻。

(1)铂电阻测温

铂电阻的电阻率较大，电阻—温度关系呈非线性，但测温范围广，精度高，且材料易提纯，复现性好；在氧化性介质中，甚至在高温下，其物理、化学性质都很稳定。国际ITS-90规定，在-259.35~961.78℃温度范围内，以铂电阻温度计作为基准温度仪器。

铂的纯度用百度电阻比 W_{100} 表示。它是铂电阻在100℃时电阻值 R_{100} 与0℃时电阻值 R_0 之比，即 $W_{100}=R_{100}/R_0$。W_{100} 越大，其纯度越高。目前技术已达到 $W_{100}=1.3930$，其相应的铂纯度为99.9995%。国际ITS-90规定，作为标准仪器的铂电阻 W_{100} 应大于1.3925。一般工业用铂电阻的 W_{100} 应大于1.3850。

目前工业用铂电阻分度号为 P_t100 和 P_t10，其中 P_t100 更为常用；而 P_t10 是用较粗的铂丝制作的，主要用于600℃以上的测温。铂电阻测温范围通常最大为-200~850℃。在550℃以上高温(真空和还原气氛将导致电阻值迅速漂移)只适合在氧化气氛中使用。铂电阻与温度的关系为：

当 $-200℃<t<0℃$ 时：

$$R(t)=R_0[1+At+Bt^2+Ct^3(t-100)] \tag{2-1}$$

当 0℃ ≤*t*≤850℃时：

$$R(t) = R_0(1 + At + Bt^2 + Ct^3) \tag{2-2}$$

式中，R_0 为温度为零时铂热电阻的电阻值（P_t100 为 100Ω，P_t10 为 10Ω）；$R(t)$为温度为 *t* 时铂热电阻的电阻值；*A*、*B*、*C* 为系数，$A = 3.908\ 02\times10^{-3}$℃$^{-1}$；$B = -5.8019\times10^{-7}$℃$^{-2}$；$C = -4.273\ 50\times10^{-12}$℃$^{-3}$。

工业热电阻的基本结构如图 2-2 所示。热电阻主要由感温元件、内引线、保护管三部分组成。通常还具有与外部测量及控制装置、机械装置连接的部件。热电阻的外形与热电偶相似，使用时要注意避免用错。

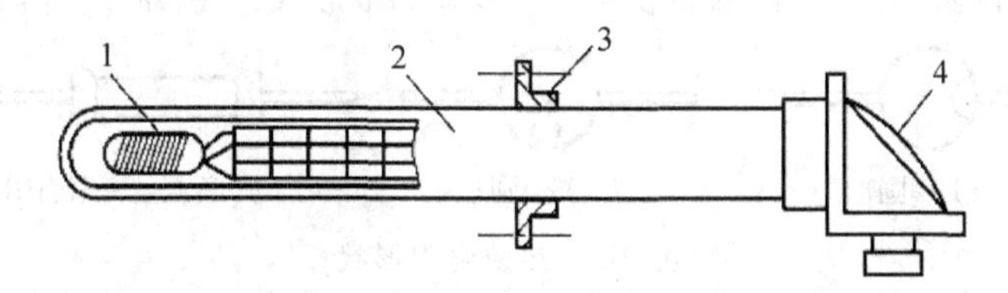

图 2-2　工业热电阻结构

1. 电阻丝；2. 保护管；3. 安装固定件；4. 接线盒

（2）铜电阻和热敏电阻测温

铜电阻：铜电阻的电阻值与温度的关系几乎呈线性，其材料易提纯，价格低廉；但因其电阻率较低（仅为铂的 1/2 左右）而体积较大，热响应慢；另因铜在 250℃以上温度本身易于氧化，故通常工业用铜热电阻（分度号分别为 Cu50 和 Cu100）一般工作温度范围为 −40～120℃。其电阻值与温度的关系为：

当−50℃ ≤*t*≤150℃时，

$$R(t) = R_0(1 + At + Bt^2 + Ct^3) \tag{2-3}$$

式中，R_0 为温度为零时铜热电阻的电阻值（Cu100 为 100Ω，Cu50 为 50Ω）；$R(t)$为温度为 *t* 时铜热电阻的电阻值；*A*，*B*，*C* 为系数，$A = 4.2889\times10^{-3}$℃$^{-1}$；$B = -2.133\times10^{-7}$℃$^{-2}$；$C = 1.233\times10^{-9}$℃$^{-3}$。

（3）半导体热敏电阻测温

在温度范围−50～350℃，且对测温要求不高的场合，人们大多采用半导体热敏元件作温度传感器。这一测温方法已经大量用于各种温度测量、温度补偿及要求不高的温度控制场合。

热敏电阻的优点：

热敏电阻和热电阻、热电偶及其他接触式感温元件相比具有下列优点：

①灵敏度高，其灵敏度比热电阻要大 1～2 个数量级；由于灵敏度高，可大大降低后面调理电路的要求；

②标称电阻有几欧到十几兆欧之间的不同型号和规格，因而不仅能很好地与各种电路匹配，而且远距离测量时几乎无需考虑连线电阻的影响；

③体积小（最小珠状热敏电阻直径仅 0.1～0.2mm），可用来测量"点温"；

④热惯性小，响应速度快，适用于快速变化的测量场合；

⑤结构简单、坚固，能承受较大的冲击、振动，采用玻璃、陶瓷等材料密封包装后，

可应用于有腐蚀性气氛的恶劣环境；

⑥资源丰富，制作简单，可方便地制成各种形状，如图 2-3 所示，易于大批量生产，成本和价格十分低廉。

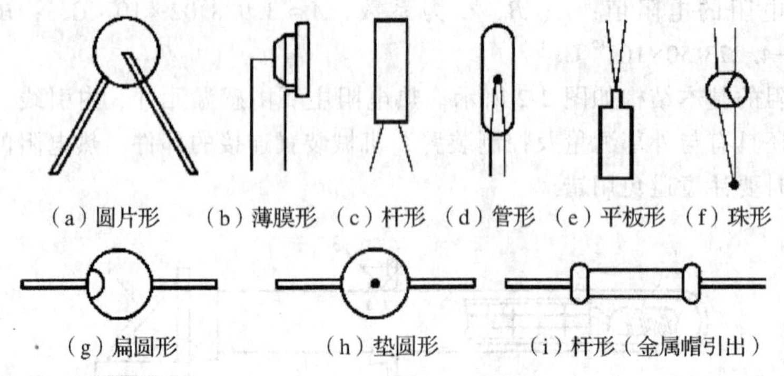

图 2-3 热敏电阻形状

热敏电阻的主要缺点：

①阻值与温度的关系为非线性；

②元件的一致性差，互换性差；

③元件易老化，稳定性较差；

④除特殊的高温用热敏电阻外，绝大多数热敏电阻仅适合 0～150℃ 范围的温度测量，使用时必须注意。

2.2.2.2 热电式测量方法

(1)热电偶测温

热电偶测温的特点是测温范围宽，测量精度高，性能稳定，结构简单，且动态响应较好；输出直接为电信号，便于集中检测和自动控制。

热电偶的测温原理基于热电效应：将两种不同的导体 A 和 B 连成闭合回路，当两个接点处的温度不同时，回路中将产生热电势，如图 2-4 所示。由于这种热电效应现象是 1821 年塞贝克(Seeback)首先提出的，故又称塞贝克效应。

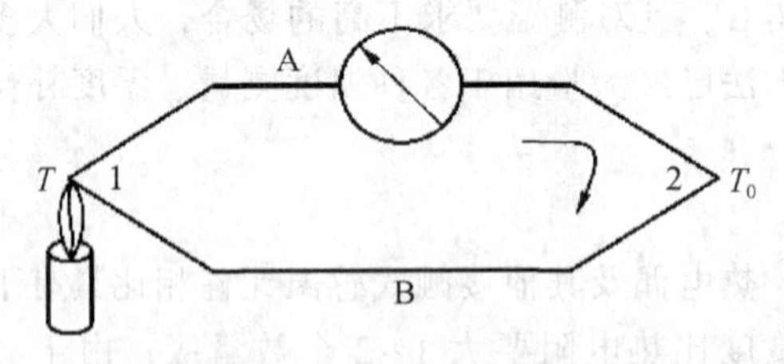

图 2-4 热电偶示意

人们将图 2-4 中两种不同材料构成的上述热电变换元件称为热电偶，导体 A 和 B 称为热电极，通常将两热电极的一个端点固定焊接，用于对被测介质进行温度测量，这一接点称为测量端或工作端，俗称热端；两热电极另一接点处通常保持为某一恒定温度或室温，被称作参比端或参考端，俗称冷端。

热电偶闭合回路中产生的热电势由温差电势(又称汤姆逊电势)和接触电势(又称珀尔

帖电势）两种电势组成。

温差电势是指同一热电极两端因温度不同而产生的电势。当同一热电极两端温度不同时，高温端的电子能量比低温端的大，因而从高温端扩散到低温端的电子数比逆向的多，结果造成高温端因失去电子而带正电荷，低温端因得到电子而带负电荷。当电子运动达到平衡后，在导体两端便产生较稳定的电位差，即为温差电势，如图 2-5 所示。

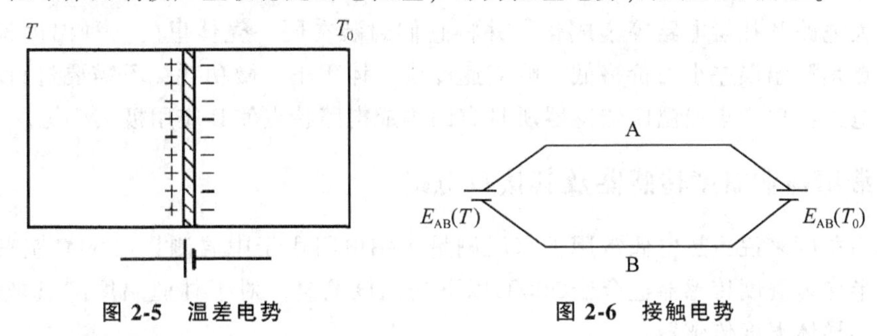

图 2-5　温差电势　　　　图 2-6　接触电势

热电偶接触电势是指两热电极由于材料不同而具有不同的自由电子密度，在热电极接点接触面处产生自由电子的扩散现象；扩散的结果，接触面上逐渐形成静电场。该静电场具有阻碍原扩散继续进行的作用，当达到动态平衡时，在热电极接点处便产生一个稳定电势差，称为接触电势，如图 2-6 所示。其数值取决于热电偶两热电极的材料和接触点的温度，接触点温度越高，接触电势越大。

设热电偶两热电极分别为 A（为正极）和 B（为负极），两端温度分别为 T、T_0，且 $T>T_0$；则热电偶回路总电势为：

$$E_{AB}(T, T_0)=E_{AB}(T)-E_{AB}(T_0)-E_A(T, T_0)+E_B(T, T_0) \tag{2-4}$$

由于温差电势 $E_A(T, T_0)$ 和 $E_B(T, T_0)$ 均比接触电势小很多，通常均可忽略不计。又因为 $T>T_0$，故总电势的方向取决于接触电势 $E_{AB}(T)$ 的方向，并且 $E_{AB}(T_0)$ 总与 $E_{AB}(T)$ 的方向相反；这样，可简化为：

$$E_{AB}(T, T_0)=E_{AB}(T)-E_{AB}(T_0) \tag{2-5}$$

由此可见，当热电偶两热电极材料确定后，其总电势仅与其两端点温度 T、T_0 有关。为统一和实施方便，世界各国均采用在参比端保持为零摄氏度，即 $t_0=0℃$ 条件下，用实验的方法测出各种不同热电极组合的热电偶在不同热端温度下所产生的热电势值，制成测量端温度（通常用国际摄氏温度单位）和热电偶电势对应关系表，即分度表；也可据此计算得两者的函数表达式。

工业热电偶的结构如图 2-7 所示。

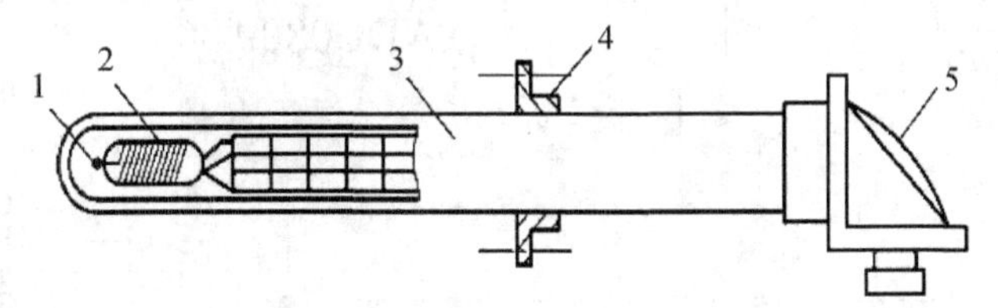

图 2-7　工业热电偶结构图

1. 热端；2. 热偶丝；3. 保护管；4. 安装固定件；5. 接线盒

常用热电偶的热电特性均有现成分度表可查。温度与热电势之间的关系也可以用函数式表示，称为参考函数。ITS-90 给出了新的热电偶分度表和参考函数，它们是热电偶测温的依据。

2.2.2.3 集成温度传感器

集成温度传感器是将利用晶体管 PN 结的电流与电压特性随温度变化的关系，将敏感元件、放大电路和补偿电路等集成化，并将它们封装在同一壳体里的一种温度检测元件。其主要特点是测温误差小、价格低、响应速度快、体积小、微功耗，不需要进行非线性校准，外围电路简单。集成温度传感器所具有的集成电路特点使其应用极其广泛。

2.2.3 常用林业温度传感器及其接口电路

从使用角度来说，热电偶常用于高温测量，铂电阻用于中温测量(800℃左右)，而热敏电阻和半导体温度传感器适合于200℃以下的温度测量。对于林业温度测量来说，适合采用集成半导体温度传感器。

LM35 是 NS 公司(美国国家半导体公司)生产的集成电路温度传感器系列产品之一，它具有很高的工作精度和较宽的线性工作范围，该器件输出电压与摄氏温度线性成比例。因而，从使用角度来说，LM35 比开尔文标准的线性温度传感器更有优越之处，LM35 无需外部校准或微调，其室温精度可达±1/4℃。

图 2-8 所示为 LM35 传感器，是电压型集成温度传感器，其输出电压与摄氏温度呈正比，无需外部校正，测温范围为 -55～155℃，精确度可达 0.25℃，完全满足林业的测温需求。

图 2-8 LM35 温度传感器

其典型接口电路如图 2-9 所示。

LM35 由+5V 电压供电，其输出端经过 75Ω 的电阻和 1uF 的电容串联而成的 RC 滤波器滤波后，可使采集到的电压信号更加稳定，此时输出电压与温度呈正比，其电压温度系数为 10mV/℃，它的输出经过 ADC0809 转化为 8 位数字量供单片机后续处理。分压式电

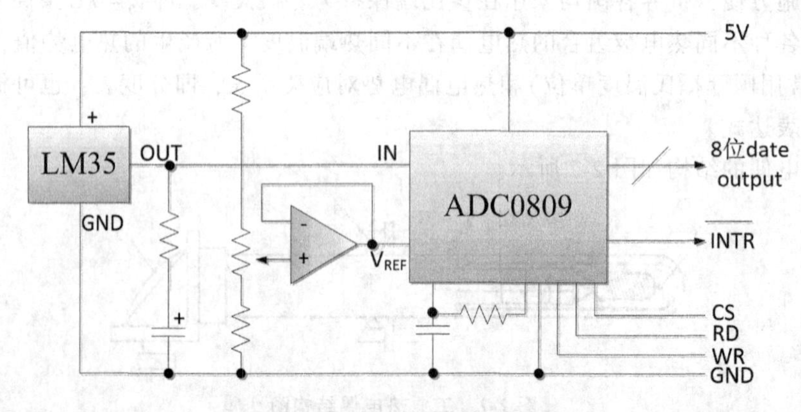

图 2-9 LM35 的常用接口电路

压跟随器提供稳定的参考电压，供 ADC0809 使用。

2.3 湿度传感器

2.3.1 湿度传感器的原理

湿度是表示大气干湿程度的物理量。一般用相对湿度来表示，范围为 0～100%RH。湿度传感器是指能将湿度转换为与其成一定比例关系的电量输出的器件或装置，如图 2-10 所示。

湿敏元件是最简单的湿度传感器。湿敏元件主要分为电阻式、电容式两大类。湿敏电阻的特点是在基片上覆盖一层用感湿材料制成的膜，当空气中的水蒸气吸附在感湿膜上时，元件的电阻率和电容值都发生变化，利用这一特性即可测量湿度。

湿敏电容一般是用高分子薄膜电容制成的，常用的高分子材料有聚苯乙烯、聚酰亚胺、酪酸醋酸纤维等。当环境湿度发生改变时，湿敏电容的介电常数发生变化，使其电容量也发生变化，其电容变化量与相对湿度呈正比。通过测量电容值即可得到相对湿度的大小。图 2-11 所示为一个陶瓷湿敏电容单元，多孔陶瓷作为感湿材料，通过电容变化测量相对湿度。

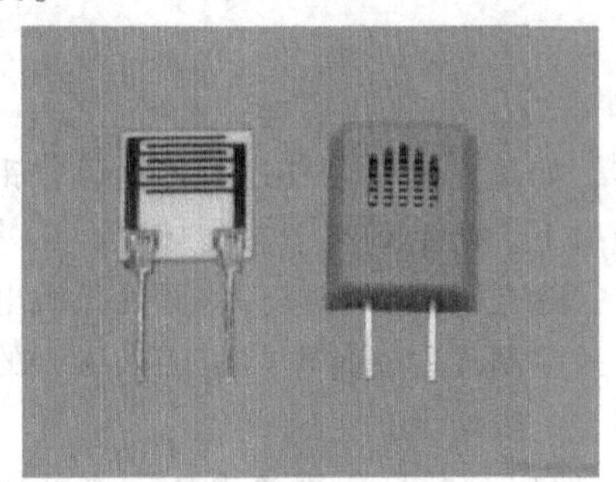

图 2-10　湿敏元件传感器

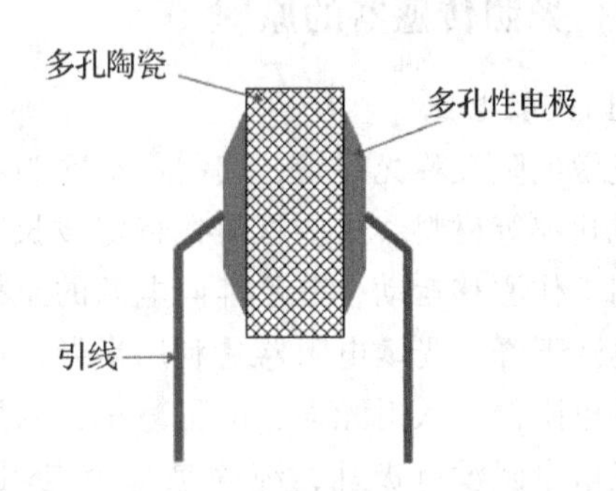

图 2-11　陶瓷湿敏电容单元

2.3.2 林业常用湿度传感器及接口电路

SHT11 是一款集成的温湿度传感器，基于电容式的湿敏感应元件制成，其价格低廉，应用广泛。其湿度测量范围为：0～100%RH，温度测量范围为：-40～100℃，完全符合林业测量需求。其直接输出数字信号，通信方式为 I^2C，可以与单片机方便通信。

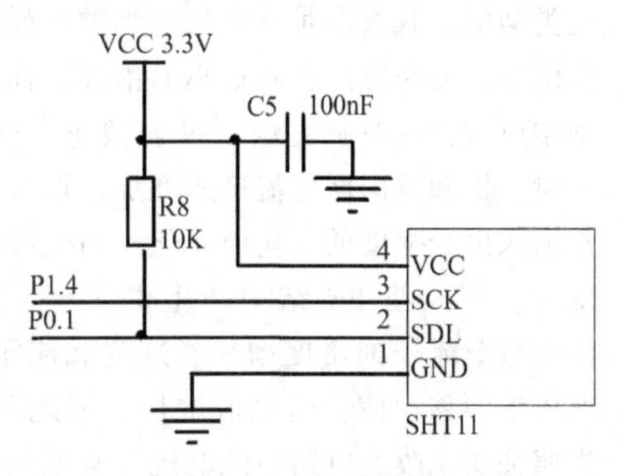

图 2-12　SHT11 接口电路

SHT11 的接口电路如图 2-12 所示。其供电电压为 3.3V。SHT11 采用 I^2C 接口与单片机的 I/O 口直接相连。SCK 引脚用于同步单片机和 SHT11 的时钟，SDL 引脚为三态结构，用于发送命令与读取传感器数据，需要外接上拉电阻以确保 SHT11 的正常工作。

2.4 光照传感器

光照强度是一种物理术语，指单位面积上所接收可见光的光通量，简称照度，单位为勒克斯(Lux)，用于指示光照的强弱和物体表面积被照明程度的量，可通过光照传感器来测量。光照强度的大小直接影响农林作物的生长，因此光照强度传感器成为不可或缺的测量工具之一。

目前使用较为普遍的是光电池光照传感器，由于加工设计方法和结构工作原理的不同，光照传感器的感光芯片、透镜或滤光材料等存在着一定的差异性，并且来自光照传感器内外的环境影响，包括工作环境、转换电路和数据采集系统等自带的噪声，且安装和使用过程中操作方法的不规范，都会对光照传感器的特性产生影响。

光照传感器是一种物理传感器，用于检测光照强度，简称照度。工作原理是以光电效应为基础，将光信号转换成电信号，在农业、林业生产中主要用于温室大棚培育、养殖等。早期传感器的光敏元件采用光敏电阻，现基本上都改用半导体材料制成的光敏二极管。

2.4.1 光照传感器的原理

(1)光敏电阻

光敏电阻又称光导管，其制作材料为半导体，如硫化镉，另外还有硒、硫化铝、硫化铅和硫化铋等材料。这些材料在特定波长的光照射下，产生载流子参与导电，在外加电场的作用下作漂移运动，电子奔向电源的正极，空穴奔向电源的负极，从而使光敏电阻器的阻值迅速下降。光敏电阻器是利用半导体的光电效应制成的一种电阻值随入射光的强弱而改变的电阻器；入射光强，电阻减小，入射光弱，电阻增大。

光敏电阻没有极性，纯粹是一个电阻器件，使用时既可加直流电压，也可加交流电压，其半导体的导电能力取决于半导体导带内载流子数目的多少。

(2)光敏二极管

光敏二极管也称光电二极管，如图 2-13 所示。光敏二极管与半导体二极管在结构上是类似的，其管芯是一个具有光敏特征的 PN 结，具有单向导电性，因此工作时需加上反向电压。无光照时，有很小的饱和反向漏电流，即暗电流，此时被光敏二极管截止。当受到光照时，饱和反向漏电流迅速增加，形成光电流，它随入射光强度的变化而变化。当光线照射 PN 结时，可以使 PN 结中产生电子——空穴对，使少数载流子的密度增加。这些载流子在反向电压下漂移，使反向电流增加。因此可以利用光照强弱来改变电路中的电流。常见的有 2CU、2DU 等系列。

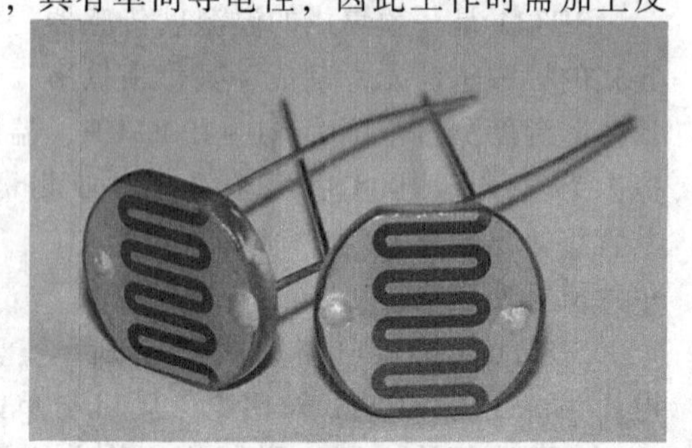

图 2-13 光敏二极管

（3）光敏三极管

图 2-14 所示为光敏三极管，其和普通三极管相似，也有电流放大作用，只是它的集电极电流不仅受基极电路和电流控制，同时也受光辐射的控制。通常基极不引出，但也有一些光敏三极管的基极有引出，主要用于温度补偿和附加控制等作用。当具有光敏特性的 PN 结受到光辐射时，形成光电流，由此产生的光电流由基极进入发射极，从而在集电极回路中得到一个放大了相当于 β 倍的信号电流。不同材料制成的光敏三极管具有不同的光谱特性，与光敏二极管相比，光敏三极管具有很大的光电流放大作用，具有很高的灵敏度。

图 2-14　光敏三极管

光敏二极管、光敏三极管是电子电路中广泛采用的光敏器件。光敏二极管和普通二极管一样具有一个 PN 结，不同之处是在光敏二极管的外壳上有一个透明的窗口以接收光线照射，实现光电转换，在电路图中文字符号一般为 VD。光敏三极管除具有光电转换的功能外，还具有放大功能，在电路图中文字符号一般为 VT。光敏三极管因输入信号为光信号，所以通常只有集电极和发射极两个引脚线。同光敏二极管一样，光敏三极管外壳也有一个透明窗口，以接收光线照射。

（4）光电池

光电池是在光线照射下，直接将光量转变为电动势的光学元件，它的工作原理是光生伏特效应，简称光伏效应。光生伏特效应是光照使不均匀半导体或均匀半导体中产生电子和空穴，并在空间分开而产生电位差的现象，即将光能转化成电能，在有光线作用时 PN 结就相当于一个电压源。

如图 2-15 所示，硅光电池在无外加电压时，光照引起的载流子迁移会在其两端产生光生电动势，即光伏效应。硅光电池的基本结构为 PN 结，受光照后，将产生一个由 N 区到 P 区的光生电流 I_1 同时，由于 PN 结二极管的特性，存在正向二极管电流 I_2，此电流方向从 P 区到 N 区，与光生电流相反。硅光电池的电路模型是由一理想的电流源、一个理想二极管、一个并联电阻和一个串联电阻组成，如图 2-16 所示。

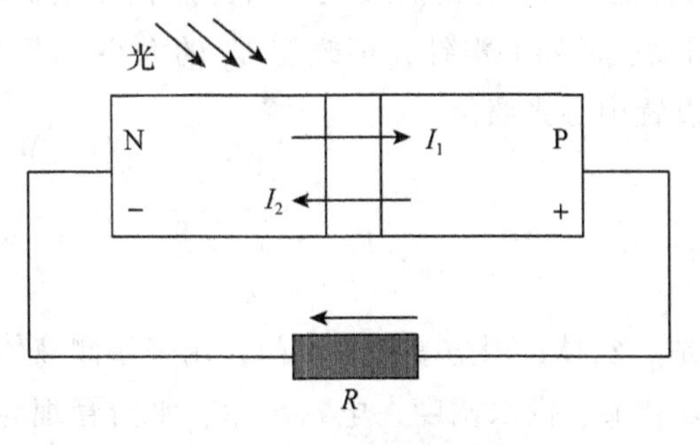

图 2-15　硅光电池原理图

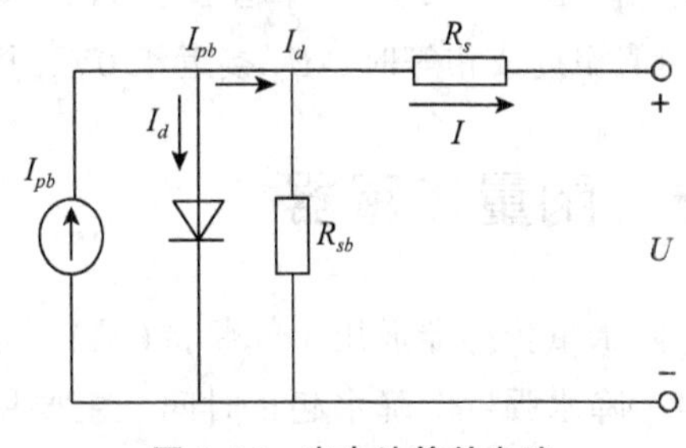

图 2-16　光电池等效电路

2.4.2 林业常用光照传感器及接口电路

林业常用光照传感器是二极管光照传感器，其接口电路如图 2-17 所示，采用电桥式平衡电路调零，差分比例放大，采用直流电源供电，有两部分组成：第一部分是光敏电阻与滑动变阻器构成的电桥式平衡电路；第二部分是 R_1，R_2，R_3，R_4 及 LM358N 集成运放构成的差分比例放大电路。

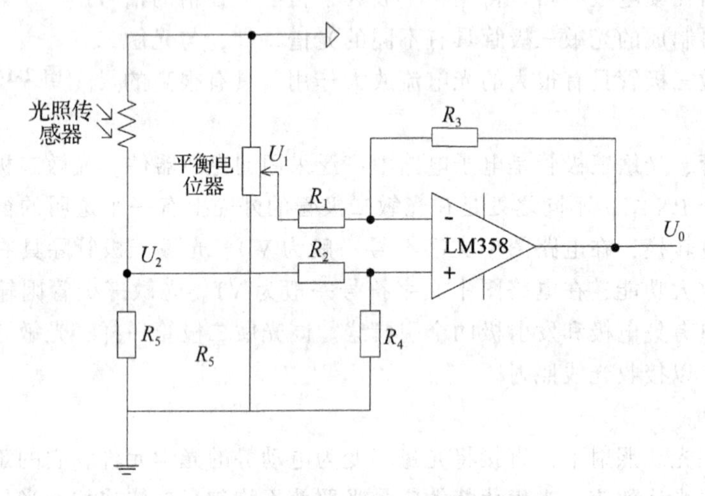

图 2-17 二极管光照传感器接口电路

图 2-17 中所有固定电阻阻值为 10kΩ，滑动变阻器最大阻值 1kΩ。

第一部分：光敏电阻与 R_5 组成分压电路，R_5 的电压为 U_2，平衡电位器的滑针将电阻上下两部分分成两个电阻分压，滑针部分的电压为 U_1。

第二部分：R_1、R_2、R_3、R_4 与 LM358N 构成差分比例放大电路，目的是对电压 U_1、U_2 差分放大。令 R_1 与 R_2 阻值相同，均为 R；R_3，R_4 为反馈电阻，阻值相同，均为 R_f。由此得到电路放大倍数为 R_f/R，若放大倍数为 1 倍，则输出电压 $U_0=(R_f/R)(U_2-U_1)$，

当光照最强时，光敏电阻阻值趋近于 0Ω，此时 U_2 电压值最大。当光照强度较低时，光敏电阻阻值非常大，U_2 趋近于 0V，移动滑动变阻器的滑针，可改变 U_1 的大小，当 U_1、U_2 的值相近或相等时，U_0 接近于 0V，用于设置中心光照值。

2.5 雨量传感器

降水量传感器适用于气象台(站)、水文站、农林、国防等有关部门，用来遥测液体降水量、降水强度、降水起止时间。主要用于以防洪、供水调度、电站水库、水情管理为目标的水文自动测报系统以及自动野外测报站。雨量计的种类很多，常见的有虹吸式雨量计、称重式雨量计、翻斗式雨量计等。

2.5.1 虹吸式雨量传感器的工作原理

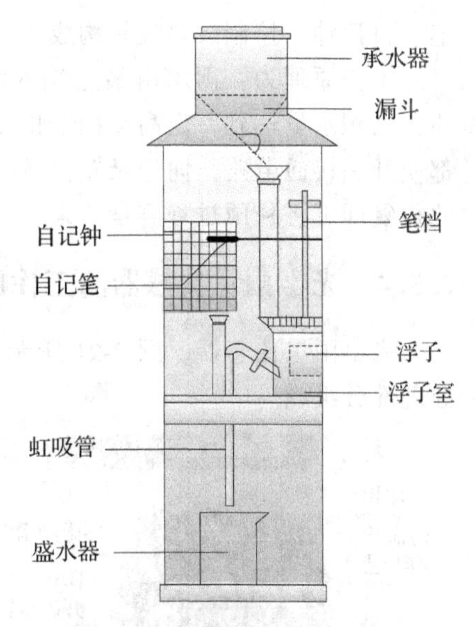

图 2-18 虹吸式雨量传感器

图 2-18 所示为虹吸式雨量传感器，由承水器、虹吸、自记钟和外壳四个部分组成。在承水器下有一浮子室，室内装一浮子与上面的自记笔尖相联。雨水流入筒内，浮子随之上升，同时带动浮子杆上的自记笔上抬，在转动钟筒的自记纸上绘出一条随时间变化的降水量上升曲线。当浮子室内的水位达到虹吸管的顶部时，虹吸管便将浮子室内的雨水在短时间内迅速排出而完成一次虹吸。虹吸一次，雨量为 10mm。如果降水现象继续，则又重复上述过程。最后可以看出一次降水过程的强度变化、起止时间，并算出降水量。

2.5.2 称重式雨量传感器的工作原理

图 2-19 所示为称重式雨量计，其利用一个弹簧装置或一个重量平衡系统，将储水器连同其中积存的降水的总重量作连续记录。但没有自动倒水，且固定容积，还需减小蒸发损失(加油或其他蒸发抑制剂)，特别适合测量固体降水。

称重式雨量计是利用电子秤称出容器内收集的降水质量，然后换算为降水量。一般电子秤可以分辨 0.1g 的质量，气象业务上使用的只要能分辨 0.1mm 降水的质量即可，因此采用称重式雨量传感器可以达到很高的精度。

图 2-19 称重式雨量传感器

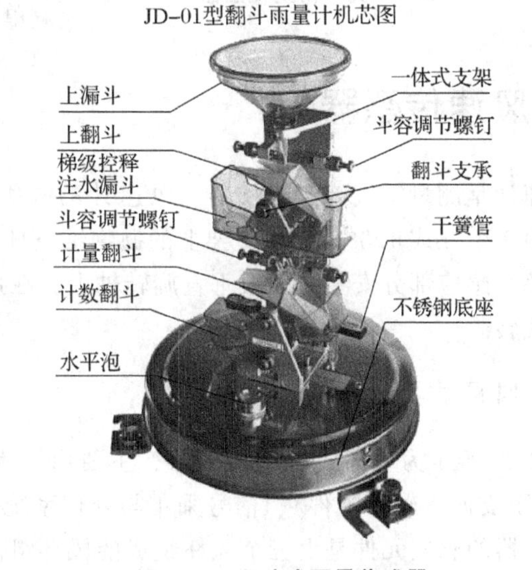

图 2-20 翻斗式雨量传感器

2.5.3 翻斗式雨量传感器的工作原理

图 2-20 所示为翻斗式雨量计，是由感应器及信号记录器组成的遥测雨量仪器，感应器由承水器、上翻斗、计量翻斗、计数翻斗、干簧开关等构成；记录器由计数器、记录

笔、自记钟、控制线路板等构成。

工作原理为：雨水由最上端的承水口进入承水器，落入接水漏斗，经漏斗口流入翻斗，当积水量达到一定高度(比如 0.01mm)时，翻斗失去平衡翻倒。而每一次翻斗倾倒，都使开关接通电路，向记录器输送一个脉冲信号，记录器控制自记笔将雨量记录下来，如此往复即可将降雨过程测量下来。

2.5.4 光学雨量传感器的工作原理

光学雨量传感器，图 2-21 所示，主要由光源、光源整合器、导光器、接收器、数据处理部分组成。

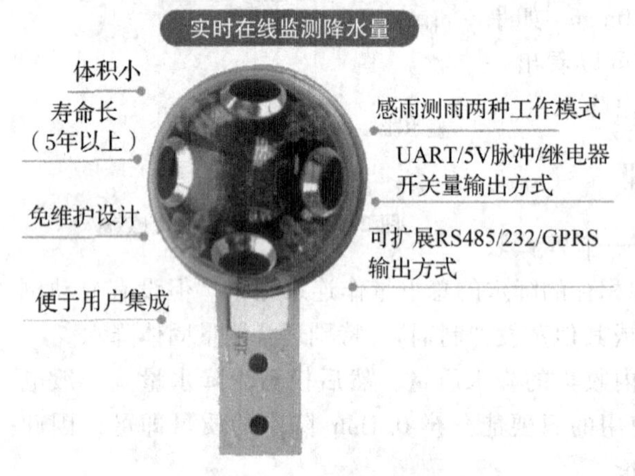

图 2-21 光学雨量传感器

在一具有特殊几何形状的导光器内有红外光传输，根据导光器材料的折光系数，导光器被设计为可实现将光线呈圆弧线路传导。无降雨时，导光器将红外光发射端的光稳定地传输至接收端，接收端接收到的光能量基本处于平衡状态。当有水接触到导光器时，光传导通路产生光散射，接收端接收到的光能量发生跳变衰减，通过一定的电路和算法，创建不同雨滴的衰减数学模型，进而计算出每个雨滴的大小，根据雨滴大小和雨滴数量来计算单位面积的降水量。

2.6 风速传感器

风速计是测量空气流速的仪器。风速计的种类较多，气象台站最常用的为风杯风速计，它由 3 个互成 120°固定在支架上的抛物锥空杯组成感应部分，空杯的凹面都顺向一个方向。整个感应部分安装在一根垂直旋转轴上，在风力的作用下，风杯绕轴以正比于风速的转速旋转。

2.6.1 风杯式风速传感器

图 2-22 所示为风杯式风速传感器，主要由三大部分组成：风杯组件、支撑及转动机构(如上下支座、轴等零件)、信号采集与处理系统。

传感器的感应元件是由三个风杯组成的风杯组件，在水平风力的驱动下风杯组件朝着风杯凹面后退的方向旋转，主轴在风杯组件的带动下和风杯组件一起旋转，这样，连接在主轴上的磁棒盘又跟随主轴一起旋转。磁棒盘上分布着 18 对小磁棒，小磁棒旋转到对准固定在下支座上的霍尔元件时，霍尔集成电路导通，在输出端口输出低电平，当磁棒盘继续旋转时，由于没有磁场作用在霍尔元件上，霍尔集成电路截止，输出高电平。

通过信号采集卡可采集出高低电平的脉冲信号，信号的频率随风速的增大而线性增加。风杯组件每旋转一周，风速信号线就会输出18个周期的脉冲信号，经过计数和换算就可以得到实际风速值。

2.6.2 螺旋桨式风速传感器

螺旋桨式风速传感器是利用一个低惯性的三叶/四叶螺旋桨作为感应元件，桨叶随风旋转并带动风速码盘进行光电扫描，从而输出相应的电脉冲信号，如图2-23所示。

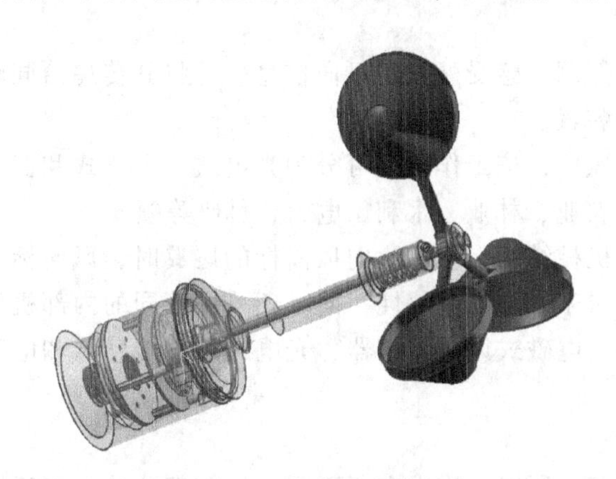

图2-22 风杯式风速传感器

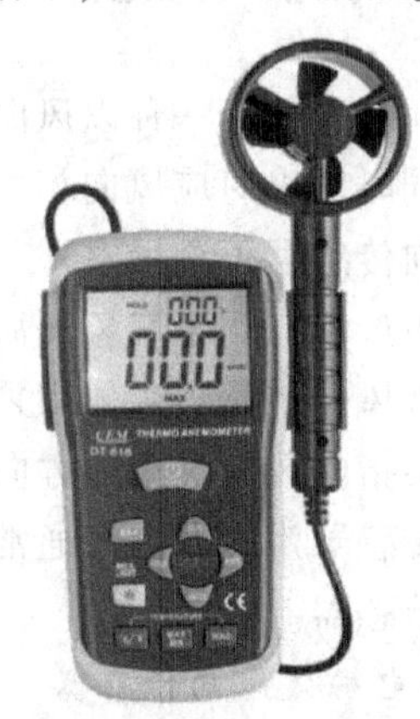

图2-23 螺旋桨式风速传感器

2.6.3 热线式风速计

将一根被电流加热的金属丝(热线)置于气流中，流动的空气使它散热，利用散热速率和风速的平方根呈线性关系，再通过电子线路线性化(以便于刻度和读数)，即可制成热线风速计，如图2-24所示。

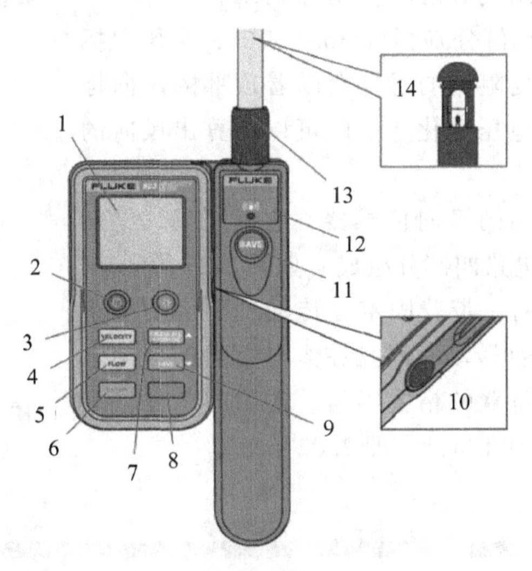

图2-24 热线式风速计

1. 显示屏LCD；2."电源"按钮；3."背光"按钮；4."风速"按钮；5."流量"按钮；6."输入"按钮；7."水平均值"按钮；8."转换"按钮；9."保存"按钮；10. 红外通信门；11."保存"按钮；12. 无线指示灯；13. 伸缩式探头；14. 风速传感器

热线风速仪分旁热式和直热式两种。旁热式的热线一般为锰铜丝，其电阻温度系数近于零，它的表面另置有测温元件。直热式的热线多为铂丝，在测量风速的同时可以直接测定热线本身的温度。热线风速仪在小风速时灵敏度较高，适用于对小风速测量。它的时间常数只有百分之几秒，是大气湍流和农业气象测量的重要工具。

2.7 风向传感器

风向传感器是一种以风向箭头的转动探测、感受外界的风向信息，并将其传递给同轴码盘，同时输出对应风向相关数值的物理装置。

风向传感器可测量室外环境中的近地风向，按工作原理可分为光电式、电压式和罗盘式等，被广泛应用于气象、海洋、环境、农业、林业、水利、电力、科研等领域。

通常风向传感器主体都采用风向标的机械结构，当风吹向风向标的尾翼时，风向标的箭头就会指向风吹过来的方向。为了保持对于方向的敏感性，同时还采用不同的内部机构给风速传感器辨别方向。通常有以下三类：电磁式风向传感器、光电式风向传感器和电阻式风向传感器。

(1)电磁式风向传感器

利用电磁原理设计，由于原理种类较多，所以结构也有所不同，目前部分此类传感器已经开始利用陀螺仪芯片或者电子罗盘作为基本元件，其测量精度得到了进一步的提高。

(2)光电式风向传感器

这种风向传感器采用绝对式格雷码盘作为基本元件，并且使用了特殊定制的编码，以光电信号转换原理，可以准确地输出相对应的风向信息。

(3)电阻式风向传感器

这种风向传感器采用类似滑动变阻器的结构，将产生的电阻值的最大值与最小值分别标成360°与0°，当风向标产生转动的时候，滑动变阻器的滑杆会随着顶部的风向标一起转动而产生不同的电压变化，由此可以计算出风向的角度或者方向了。

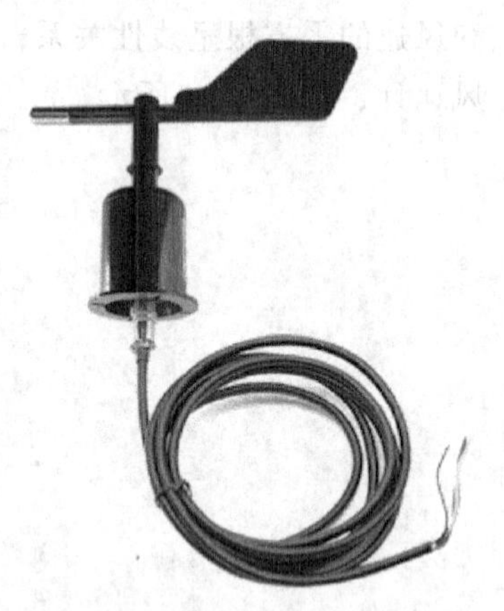

图 2-25 单翼风向标传感器

单翼风向标是最常用的风向传感器，它由尾翼、平衡锤、传动轴和信号发生电路四部分组成，如图 2-25 所示。

当尾翼随风向摆动时，带着固定在传动轴下部的多狭缝循环二进制(格雷)码盘转动，码盘在光电管组的作用下产生一组对应风标所在位置的格雷码值，常用的 7 位格雷码盘的测量分辨率为(360/128)°，即 2.82°。

本章小结

本章对常见的林业气象因子——温度、湿度、光照、降水量、风速和风向进行了介绍，分析了其对林木生长的影响。为了监测这些气象因子，引入了相应的气象传感器，在介绍了相应的监测传感器原理的同时，给出了常用的接口电路，配合单片机使用，从而构建小型气象站。气象站监测多种气象因子并记录，通过有线或无线的方式将气象数据传递到上位机供林业科技人员参考决策。

习　题

一、选择题

1. 在林业温度监测中，我们主要关注三种温度，分别是(　　　　　)。

A. 气温　　B. 土壤温度　　C. 水温　　D. 林木体内温度

2. 空气相对湿度大小是影响林木(　　　　　)和(　　　)的重要因子之一。

A. 蒸腾　　B. 光合作用　　C. 吸水　　D. 繁衍

3. (　　　　　)是林木通过光合作用制造有机养分的唯一能源。

A. 化肥　　B. 宇宙射线　　C. 灯光　　D. 太阳辐射

4. 对于林业来说，(　　　　　)是林业水分供应和土壤水分的主要来源。

A. 灌溉　　B. 降水　　C. 地下水　　D. 河流

5. 风对林业的不利影响包括(　　　　　)。

A. 大风危害较大　　B. 风能加重干旱

C. 风能造成土壤侵蚀　　D. 风能传播病虫害

二、应用题

1. 列举常用的林业气象传感器。

2. 参考教材或通过查找资料，画出 LM35 的测温电路及转换接口电路。

3. 参考教材或通过查找资料，选择一合适的林业用光照传感器，并画出其接口电路。

参考文献

吴寅，周雯，封维忠，2018. 简述“传感器原理及应用”课程教学改革——结合林业物联网工程项目[J]. 教育现代化，5(46)：287-288.

中华人民共和国质量监督检验检疫总局，国家标准化管理委员会，2017. 林业物联网　第 602 部分：传感器数据接口规范：GB/T 33776. 602—2017[S]. 北京：中国标准出版社.

沙占友，2004. 智能传感器系统设计与应用[M]. 北京：电子工业出版社.

陈国将，2006. 基于模糊 PID 控制的玻璃纤维机械温度控制系统研究[D]. 西安：西安建筑科技大学.

陈伟，2006. 基于温度器件检定的高精度温度控制系统的研究与实现[D]. 南京：东南大学.

叶佳晖，2012. 虚拟仪器技术在传感器智能检测系统中的应用与研究[D]. 上海：东华大学.

马彬，2007. 新型热量计测量技术研究[D]. 西安：西北工业大学.

乌海荣，2012. 湿度传感器特性分类及发展趋势的分析研究[J]. 科技信息(23)：143.

周放，2017. 光照传感器及其自动校准系统的研究与设计[D]. 贵阳：贵州大学.

张玲聪，刘思幸，何光宇，等，2019. 基于药材干燥的实时信号采集反馈系统设计[J]. 农业装备技术，45(6)：47-49.

杜永峰，2014. 数字温度计工作原理及设计[J]. 电子技术与软件工程(4)：263-264.

沈放，谢风连，夏小勤，2011. 自学习型的温控仪设计[J]. 科技信息(12)：121-122.

李炳亮，2012. 镍网电镀中电解液温度监控系统[J]. 甘肃科技，28(8)：17-18，13.

赵孙裕，黄伟康，孟岩，等，2020. 基于窄带物联网的海洋能源收集及海洋信息检测的智能信息共享平台[J]. 物联网技术，10(2)：7-10.

严火其，陈超，2012. 历史时期气候变化对农业生产的影响研究——以稻麦两熟复种为例[J]. 中国农史，31(2)：17-27.

叶钟城，秦立蟠，沈宇轩，等，2020. 智能遮光浇灌系统的设计与研究[J]. 科技风(12)：27.

张建民，杨旭，2007. 利用单片机实现温度监测系统[J]. 微计算机信息(5)：98-100.

周志华，2007. 三杯式风速计特性分析与实验研究[D]. 哈尔滨：哈尔滨工业大学.

韩新春，2010. 风帆助力船舶风速风向的检测方法研究[D]. 大连：大连海事大学.

张丰伟，2015. 山火的无线传感与 RBF 识别研究[D]. 昆明：昆明理工大学.

冯燕，2015. 江西省水利信息化管理系统[J]. 水科学与工程技术(6)：92-94.

柴继弢，2016. 翻斗式遥测雨量计与虹吸式自记观测降水量的差异及相关分析[J]. 科技创新与应用(27)：244.

郝欣，2013. 双馈式风力发电系统无速度传感器控制策略研究[D]. 合肥：合肥工业大学.

曲振林，2014. 基于 FPGA 的超声波测风系统的设计[D]. 南京：南京信息工程大学.

陈德生，2007. 河南省 GPRS 雨量监测系统研制[D]. 郑州：郑州大学.

张文华，2010. 基于 DSP 的塔式起重机安全监控系统研究[D]. 哈尔滨：哈尔滨工业大学.

颉登科，2011. 准朔铁路工程风力侵蚀规律研究[D]. 北京：北京交通大学.

马丽，2019. 夜间农业气象观测中新型自动气象站的应用研究[J]. 农业与技术，39(14)：148-149.

刘永超，2018. 虹吸式雨量计与称重式雨雪量计降水资料对比分析[J]. 内蒙古水利(12)：40-41.

周朕，卢佃清，史林兴，2011. 硅光电池特性研究[J]. 实验室研究与探索，30(11)：36-39.

李金夫，2016. 基于 WSN 的滑坡灾害监测系统设计[D]. 绵阳：西南科技大学.

焦渤，薛扬，付德义，等，2014. 低温对风杯式风速计测量风电机组功率特性的影响研究[J]. 电气应用，33(10)：55-79.

柳斌，龙俊，陈江云，2020. 三河闸水文站 JDZ05-1 型翻斗式雨量计比测分析[J]. 广西水利水电(5)：45-54.

第3章

土壤水分、养分和酸碱度传感器

土壤是林木生长的物质基础，土壤中的各种理化因子，如水、肥、气、热等是树木生长发育不可缺少的重要元素。土壤种类、质地和结构等直接影响林木的生长，影响森林的生产力和木材质量。

本章主要介绍土壤水分传感器、土壤养分传感器和土壤酸碱度传感器的相关工作原理，及其在林业物联网体系中的参考样例。

3.1 土壤水分传感器

土壤以及某些孔洞、碎石是大陆地面存储水分的主要容器。土壤中的水分含量直接影响空气和陆地表面的水分含量。大陆陆地表层以及空间大气的质量会间接地因土壤水分含量的改变而有所改变，与此同时，土壤水分含量的变化对于水文和气候的影响也是极其重要。

土壤含水量一般是指土壤绝对含水量，即100g烘干土中含有若干克水分，也称土壤含水率。测定土壤含水量可掌握植物对水的需要情况，对林业和农业生产有很重要的指导意义，其主要方法有称重法、张力计法、电阻法、中子法、γ射线法、驻波比法、时域反射法、高频振荡法(FDR)及光学法等。但目前各方法在森林土壤中的应用均在不同程度上受到使用成本、实地环境和测试精度、实时性等方面的限制，因此深入开展土壤传感器的研发，以满足林地测量实时性及远距离传输的需要是极其必要的。

3.1.1 土壤水分传感系统的典型设计

目前典型的土壤水分传感系统可由单片机、传感器、A/D转换器、显示屏和报警装置等器件构成。系统通过传感器采集土壤水分的湿度信号，经过模数转换后由单片机处理并在液晶屏显示，还可设置相应的报警结构，完整组成框如图3-1所示。

3.1.2 传感器的选择及介绍

(1)传感器的选择

为了能够快速准确地感应出土壤中的水分，本系统选择常用的YL-69型湿度检测传感器，该传感器是应用两个插入土壤的电极测量出土壤的导电性。土壤湿度越小，则土壤的导电性越差，阻值越大。这类传感器具有灵敏度高、响应速度快、滞后量小等特点。传感器输出为0～5V的模拟信号，经A/D转换后供单片机处理。

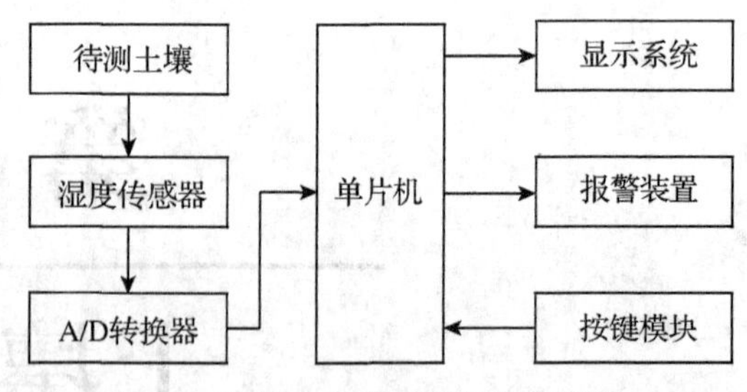

图 3-1　土壤水分传感系统组成框图

(2)传感器的工作原理和特点

从结构上而言，最为简单的水分传感器应该是湿敏元件。湿敏元件分为电容式和电阻式两大类。湿敏电阻的特点是在基片上覆盖一层用感湿材料制成的膜，当空气中的水蒸气吸附在感湿膜上时，元件的电阻率和电阻值都发生变化，利用这一特性即可测量湿度。相对湿度与湿敏电容变化量呈正比关系。聚苯乙烯、酪酸醋酸纤维、聚酰亚胺是制成湿敏电容常用到的高分子材料。与干湿球测湿的方法相比，电子式湿敏传感器准确度可达2%～3%RH。湿敏电容的介电常数和相应的电容量的变化幅度与环境中的湿度的变化息息相关。另外，与干湿球测湿的方法相比较，因受检测环境的影响，湿敏元件在抗污染性、测量精度这些方面功能略差一些。

但几乎所有的传感器都存在时漂和温漂。由于湿度传感器必须和大气中的水汽相接触，所以不能密封。这也就决定了这类传感器的稳定性和寿命是有限的。选择湿度传感器要考虑应用场合的温度变化范围，看所选传感器在指定温度下能否正常工作，温漂是否超出设计指标。值得使用者注意是：电容式湿度传感器的温度系数 a，它是一个变量，湿度范围以及使用温度的变化直接导致 a 变化。电容式湿敏元件的温度系数不是一个常数，待测水分和感湿材料的介电常数的变化并不同步于温度的变化，但是温度系数 a 的具体值是由感湿材料的介电系数及水的介电系数综合决定。在负温高湿区及高温高湿区的情况下温漂影响较大，必须要进行温漂修正或者补偿。

3.1.3　硬件电路设计

(1)水分监测电路设计

检测电路中首先对待测土壤进行模拟信号采集，并经过阻容滤波后连接到A/D转换器的输入端引脚，将采集信号转换成数字信号，而后输入到单片机STC89C52中进行处理，以最终完成待测对象水分的检测。部分测量电路如图3-2所示。

(2)显示电路设计

液晶显示器是一种功耗极低的被动式显示器件，多数是由一定数量的黑白像素或者多种颜色融合而成。液晶显示器在便携式仪器仪表中得到了广泛应用。显示电路的设计通常由两个部分组成：一个是显示在键盘上预设的上下限值；另一个是显示测得的水分。通常情况下，水分会以百分数的形式展示。显示的字符包含了英文字母、数字或者其他符号。因此可采用LCD1602作为显示芯片，具体电路如图3-3所示。

(3)报警电路设计

系统还可采用LED发光结合蜂鸣器发声的模式设计报警电路，通过调节单片机I/O口的状态来控制蜂鸣器发音以及LED发光的ON或者OFF的状态。相对于一般的声音报

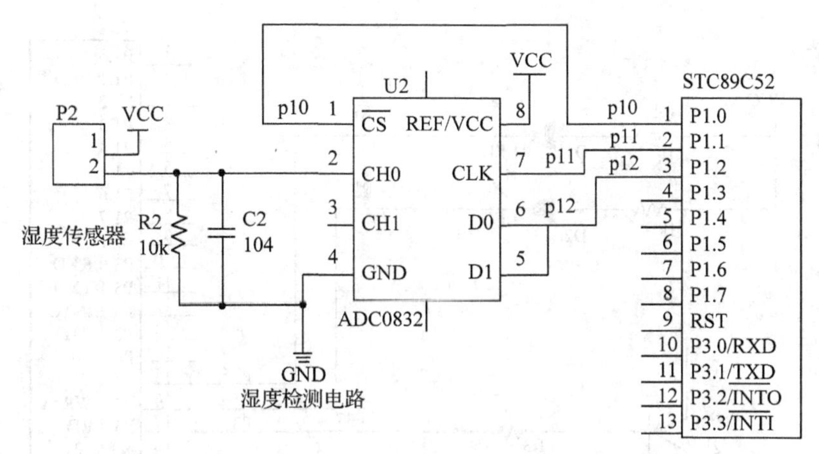

图 3-2　湿度检测电路

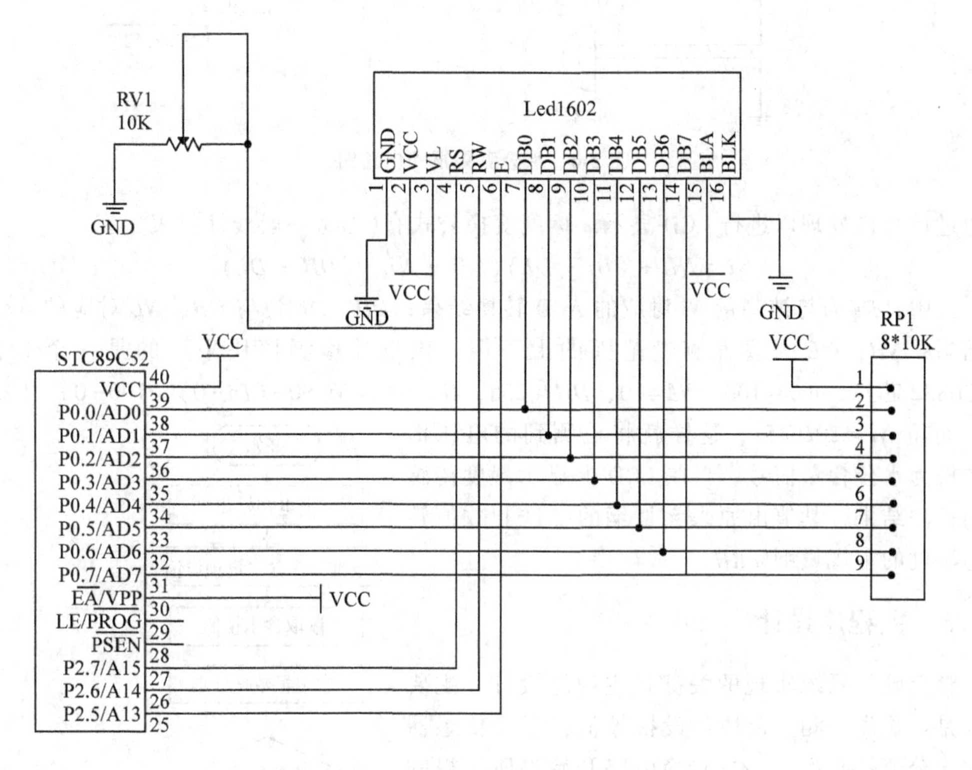

图 3-3　水分测量显示电路

警电路而言，由于单片机接口难以提供蜂鸣器工作的电流，故采用一个 PNP 三极管放大以增大通过蜂鸣器的电流，实现声音报警。报警电路开始接通以及电路开始工作所需要的条件是所能检测到的待测土壤的水分值并不在设定的上下限范围之内。具体电路如图 3-4 所示。

3.1.4　标度变换

标度变换的目的是将湿度传感器和 A/D 转换后的数值转化成带有量纲的具体参数，

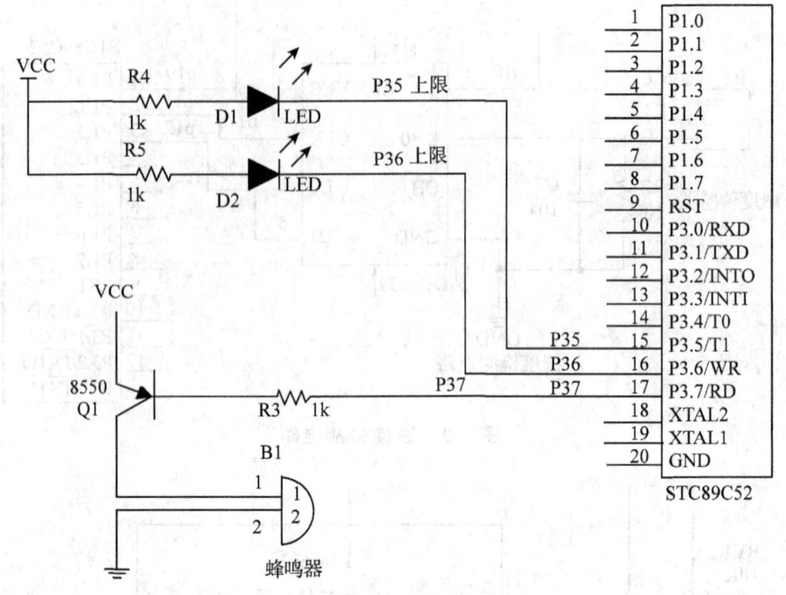

图 3-4　水分测量报警电路图

并通过单片机处理以进行 LCD 显示。标度变换公式有(参考一般线性仪表)：

$$Ni = NL + (Di - DL)(NH - NL)/(DH - DL) \tag{3-1}$$

式中，Di 为与被测量 Ni 对应的 A/D 转换结果；DH，DL 为与 NH，NL 对应的 A/D 转换结果；NH，NL 为线性测量范围的上下限。该设计检测模块采用的是一个 8 位的 ADC0832 芯片，$NH=100$，$NL=0$，$DH=255$，$DL=0$，$Ni=0+(Di-0)(100-0)/(255-0)$，可得 $Ni=20Di/51$，这样就将检测到的电压信号转换为水分含量信号。当在 LCD 上显示湿度传感器的检测结果，其值由原来无量纲的二进制数值转化为湿度的常规量纲%RH。

3.1.5　主程序设计

整个硬件系统实现的关键是主程序设计，主要流程是：首先，测量模块预设报警值，湿度传感器读取水分值；其次，A/D 转换电路开始将所测得的水分这一模拟量转换为单片机能够识别的数字量，送至 LCD 显示；最后，声光报警模块将测得的数字量与报警阈值进行对比，判断是否报警。采用模块化设计能使各个模块单独工作，不受影响。控制程序结构可包括水分检测子程序、A/D 转换功能子程序、报警子程序、显示功能子程序等设计，如图 3-5 所示。

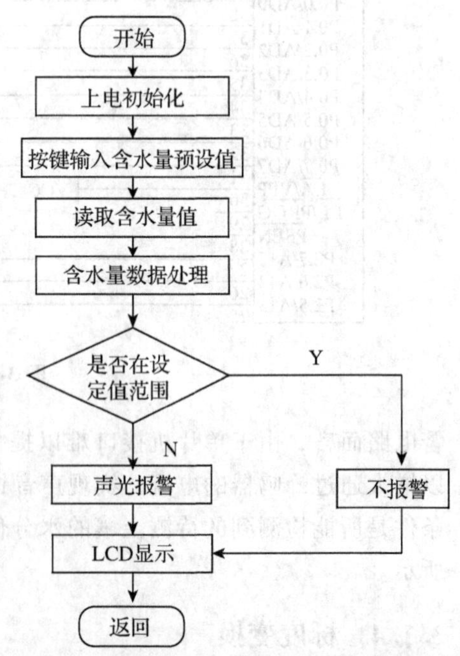

图 3-5　水分测量传感系统主程序流程图

3.2 土壤养分传感器

精准农林业是将现代信息技术、农林业科学技术、生物技术相结合的新兴农林业技术。精准农林业技术体系由信息获取系统、信息处理系统与智能化的农林业机械这三个部分组成，其中精准农林业的关键技术就是田间的信息获取技术。土壤肥力信息在农林业生产中具有相当重要的位置，为现代农林业生产提供可靠的决策支持。根据作物生长的土壤性状，调节对作物的投入，可以更好地调动土壤生产力，以最少的投入获得最高的效益。

目前，国内外关于土壤养分检测的研究主要集中在近红外光谱技术(P. C. Jean *et al.*, 2014；A. P. Raveendran *et al.*，2016)方面，主要研究土壤中有机质(orginic matter)和氮、磷、钾等元素，并且大多数已获得了较好的研究成果。

3.2.1 土壤养分传感器系统的总体结构设计

土壤养分传感器系统的总体结构如图 3-6 所示。

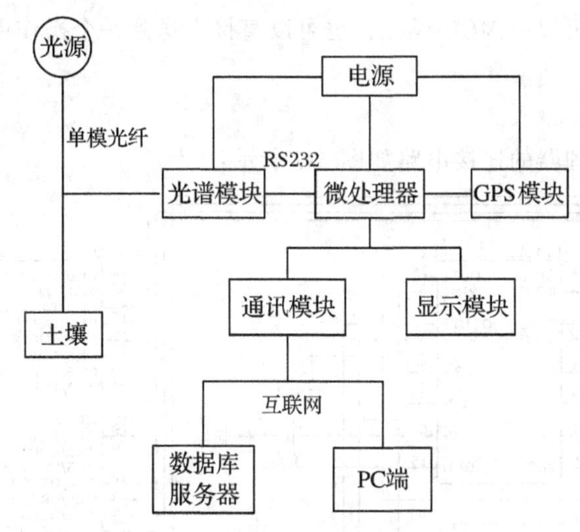

图 3-6　土壤养分传感器总体结构

3.2.2 传感器的工作原理

将光源照射在要测的土壤上，光源中的可见光和近红外光经过单模光纤照射在土壤的表面，光经过漫反射和表面反射后，通过单模光纤与光谱模块连接。光谱模块获取相关数据并将其传输至微处理器，微处理器中内置土壤养分光谱预测算法，读取光谱模块传输的数据后，运行光谱数据处理程序，完成土壤养分的计算并存储，由显示模块进行显示，同时微处理器通过并行接口从 GPS 模块中读取经纬度确定准确的地理位置并由通信模块将数据传输至 PC 端。

3.2.3 系统硬件

(1)光谱模块

采用USB4000-VIS-N，含有16位3MHz模/数转换器，3648像素CCD阵列检测器，USB2.0接口和RS232接口。光谱范围为35~1050nm。

(2)微处理器

采用的MSP430F149是美国德州公司开发的有16位总线带FLASH的单片机，外设和内存统一编址，寻址范围可达64k含有2个16位定时器、1个14路的12位的模数转换器、1个看门狗、2路USART通信端口、1个比较器、1个DCO内部振荡器和2个可支持8M的外部时钟。

(3)显示模块

采用的HD66421是Hitach出品的显示控制芯片，具有片内30kb的显示内存，最大支持160×100的4级PWM方式灰度显示，具有极为灵活的显示控制。

(4)GPS模块

GPS模块采用XT55，XT55是一款集合了GSM/GPRS和GPS接收器的模块。内置GPS接收器，其数据可以由MCU保存，也可以直接发送到一个操作中心。

3.2.4 接口电路

光谱模块与微处理器的连接电路如图3-7所示：

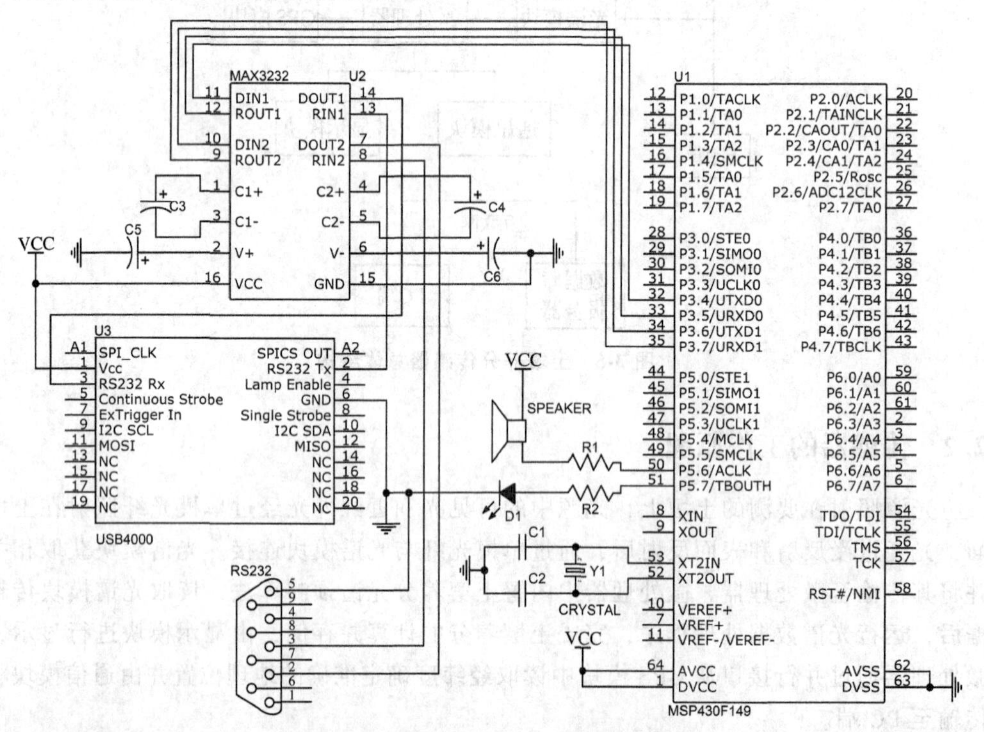

图3-7 微处理器与光谱模块连接图

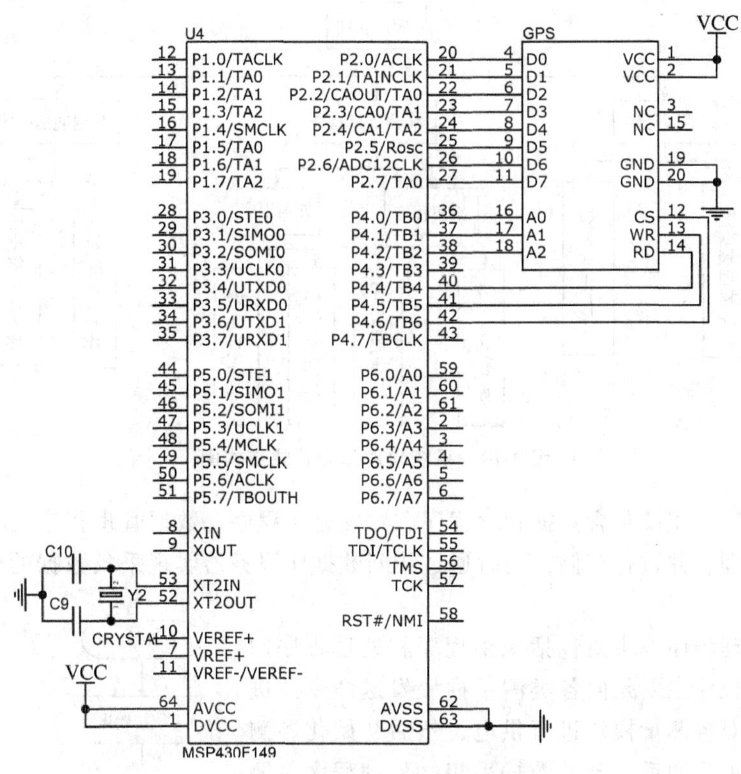

图 3-8　微处理器与 GPS 模块连接图

微处理器与 GPS 模块的连接电路如图 3-8 所示：

3.2.5　土壤养分检测系统软件设计

(1)光谱数据测量方法

对待检测的土壤样品采用绝对吸光度测量的方式，在对样品进行检测之前需要先使用一标准白板代替样品，测量得到标准白板的反射光强度，之后取出白板放入样品，再测量样品的反射光强度，通过两者的比值计算出样品的吸光度。在测量中可能会出现有一部分由分光系统色散的单色光可能会照射到积分球内部表面上这种情况，会导致背景光和漫反射光同时在积分球内部进行累积和叠加，并被传感器接收。因此，传感器的总输出是样品漫反射光强度的传感器输出与背景光引起的传感器输出两者之和。而这种情况同样出现在对标准白板的检测中。在检测过程中需要首先测得背景光输出信号和白板的输出信号之后才能获得准确的被测样品的光谱数据(图 3-9)。

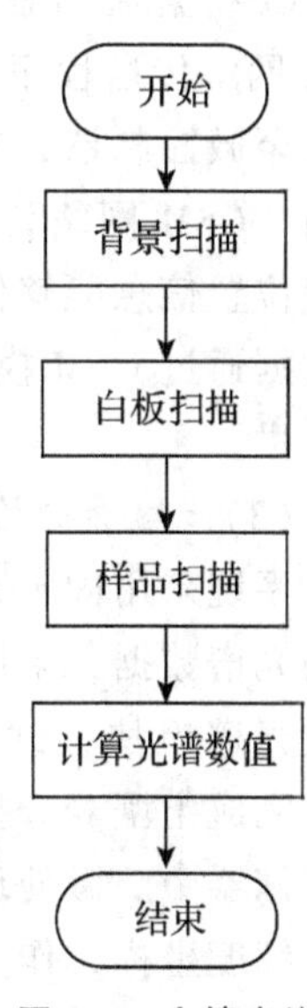

图 3-9　土壤光谱数据测量流程

(2)系统软件部分功能结构

土壤养分检测系统应用软件主要包括 3 个子程序块，即管理程序、采集处理程序和数据通信程序(图 3-10)。

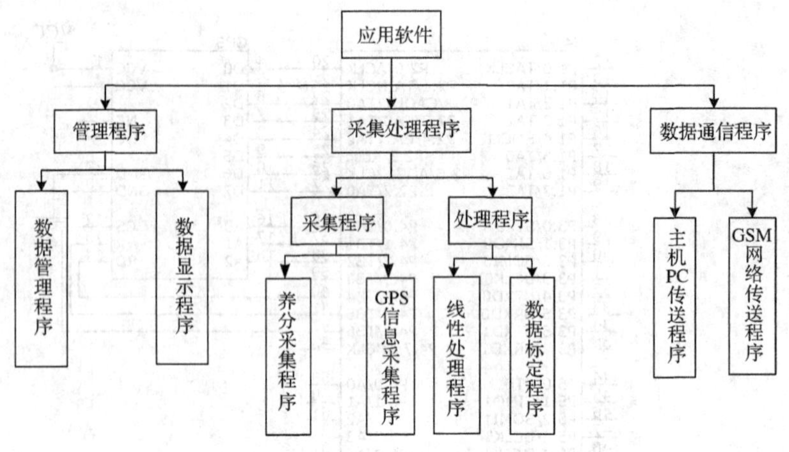

图 3-10　系统软件部分功能结构图

①管理程序　主要包含数据管理程序和数据显示程序。数据管理程序是将采集的数据进行分析和处理，并进行存储，同时通过访问数据库服务器实现采集数据的远程传输、查看和调用。

②采集处理程序　主要包括采集程序和处理程序两个部分。采集程序主要是向各类测量模块发送命令并进行控制。首先对各测量模块进行供电，然后初始化各测量模块，打开采集通道，开始数据采集。处理程序主要是对采集的数据进行梳理、总结，并将非线性数据进行线性化处理和数据标定处理，保证数据传输前数据的准确性和可操作性。

③数据通信程序　主要包括主机 PC 传送程序和 GSM 网络传送程序。各类测量模块采集的数据经过处理后传至微控制器，再通过通信模块完成与 PC 端的数据传输。GSM 网络传送程序主要是保证 GPS 模块采集的地理位置信息能够传输至单片机系统中。GPS 模块采集的数据通过 GSM 模块转换后以无线传输的形式传递给单片机。

(3)土壤养分检测系统软件流程

系统采用固定光路 CCD 检测型光谱模块获取土壤样品的光谱数据，采用低功耗微处理器，通过 RS232 接口连接光谱模块，读取光谱数据后运行光谱数据处理程序，完成土壤养分指标的计算，且结果存储在大容量数据存储器中。微处理器通过并行接口从 GPS 模块读取全球经纬度坐标，作为测量数据的地理标记。具体如图 3-11 所示。

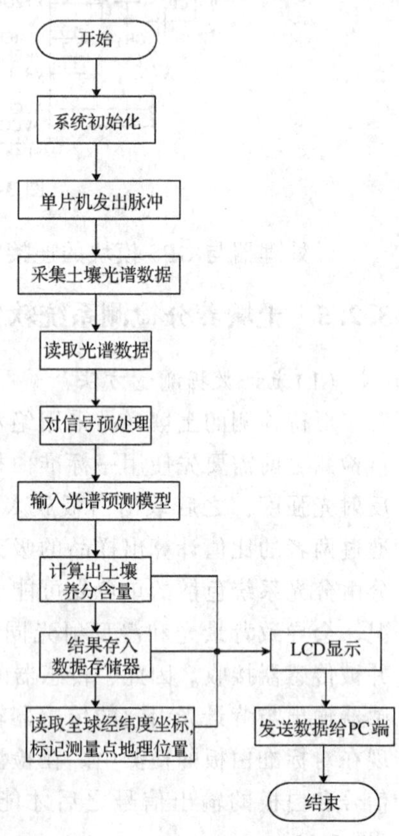

图 3-11　土壤养分检测流程图

3.3 土壤酸碱度传感器

土壤 pH 值是土壤酸碱度的强度指标，是土壤的基本性质和肥力的重要影响因素之一。它直接影响土壤养分的存在状态、转化和有效性，从而影响植物的生长发育。可以测量出土壤酸碱度的具体数值，并将其用作土壤结构及性质评价的重要参数。

目前，电位法、多光谱图像检测法和混合指示剂比色法是国外测量土壤的 pH 值使用较多的方法，其中的混合指示剂比色法是操作最为简单的一种方法，具有成本低，准确度高的特点。电位法的测量方法是利用复合电极在被测溶液中形成化学电池的原理从而检测到待测物的 pH 值。多光谱图像检测法的原理是捕捉在卤素灯照射下的土壤的近红外图像和彩色图像，同时在拍摄的待测物图像中分离出各异的数据通道，继而可以检测出土壤的 pH 值。混合指示剂比色法测量土壤的具体方法是：应用在不同酸碱溶液中指示剂可以显现出不同的颜色，从而直观地判定出溶液的酸碱性。总而言之，因为电位法测量精度较高，所以成为近些年最常用的测量土壤 pH 值的方法。同时在该领域的研究中，测量土壤溶液 pH 值的传感器有许多种类，例如，使用最为广泛的玻璃电极传感器，还有可以较为精确地检测数据的酶 pH 值传感器和光化学 pH 值传感器。

3.3.1 土壤酸碱度传感器结构设计

电位法土壤 pH 值检测传感器是以微控制芯片为核心的检测设备，配以无线通信的传输通道，连接信号处理电路，实现对土壤 pH 值信息的检测，如图 3-12 所示。

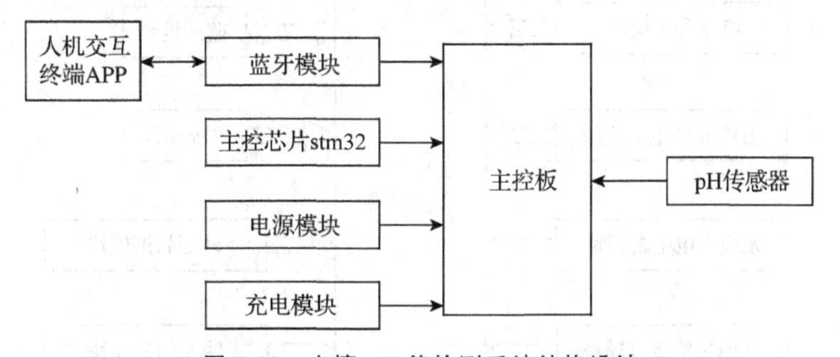

图 3-12　土壤 pH 值检测系统结构设计

3.3.2 传感器的选择及其原理

衡量土壤的酸碱程度就是测量该土壤的 pH 值。在测量待测物的 pH 值的时候，不是直接去获得待测物中的氢离子浓度的数值，而是对氢离子活动程度(摩尔浓度)的负对数进行取值操作，这便是传感器测量土壤酸碱度的工作原理，用式(3-2)表示，其中$[H^+]$为氢离子的摩尔浓度。

$$pH = -\lg[H^+] \tag{3-2}$$

例如，待检测溶液中的氢离子活跃度为 10^{-7}mol 时，其酸碱度值为 pH=7。pH 值的大小是描述所测溶液酸碱度的唯一标准，它对溶液的化学反应、物理化学性质、生成物成分以及微生物新陈代谢都有很大的影响，广泛地应用于水质监测、水产养殖、制药等行业中。

测量溶液 pH 值的电位法是通过测量 pH 电极的指示电极和参比电极的电位差，从而确定溶液的酸碱度。pH 电极放置在被测溶液中，其玻璃膜上会形成随 pH 值变化而变化的电位，且所测电位需要一个恒定的电位来进行参比。而参比电极就是用来提供这一恒定电位的，且不受溶液中 pH 值变化的影响。

碱性或酸性溶液之中，膜外表面上的电势与氢离子活动程度的变化呈线性，通过 Nernst（能斯特）方程推导得到电势与氢离子活度的表达式为：

$$E = E^{\ominus} + RT/nF \cdot \lg[H^{+}] \tag{3-3}$$

式中，E 为总的电势差；$E^{\ominus}$ 为标准电势；T 为绝对温度；R 为气体常量；n 为电子数量；F 为法拉第常数；$[H^{+}]$为氢离子活度。

从式(3-3)可以看出，温度对溶液的 pH 值存在一些影响。通常我们所描述的某溶液的 pH 值，指该溶液在 25℃下的酸碱度值。

3.3.3 系统硬件设计

土壤酸碱度检测系统主要包含单片机、传感器模块与低功耗蓝牙模块。其中单片机是整个系统的中央处理器，承担信号采集、数据发送以及数据处理等功能。主要以单片机控制器为中心，向外扩展连接电池充电电路、传感器接口电路、升压电路、数据传输电路、电源供电电路以及其他二次开发接口电路。系统硬件结构如图 3-13 所示。

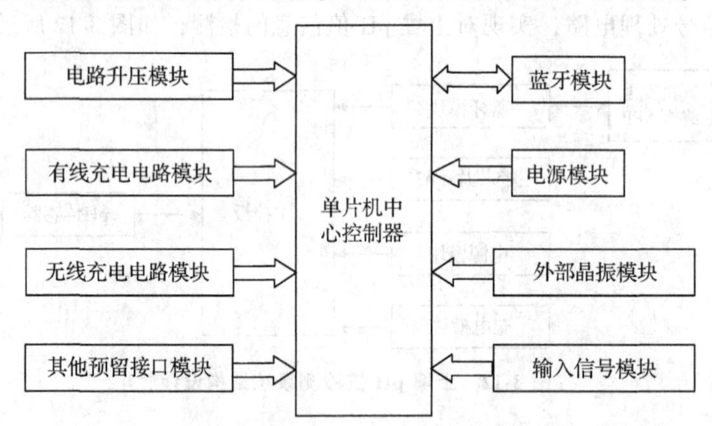

图 3-13 土壤酸碱度检测系统硬件结构图

在该设计中，硬件的开发选用的是 STM32F103RBT6 单片机。该单片机采用的是 ARM Cortex-M3 内核处理器，价格低廉并且具有丰富的片内资源，无需担心 32 位单片机的高成本和高功耗。

蓝牙模块选用 PTR5518。该模块选用具有低功耗内核的 nRF51822 芯片作为处理器，支持 BLE、Gazell 等无线通信传输协议，适用于较低功耗的蓝牙产品。其特点为运算快、体积小、低功耗、低成本等。

3.3.4　土壤 pH 硬件接口电路

在本设计中，选用型号为上海仪电科学仪器股份有限公司的 E-201-C 的复合电极 pH 传感器，表 3-1 中是传感器的各参数值。因为参比电极和指示电极输出均为模拟电压信号，则根据 Nernst 方程可推算出在某一温度下溶液的 pH 值。实际上测量出溶液中两个电极的电压信号，即可检测到所测溶液的 pH 值，因此本设计的重点是对电压信号的采集。

通过 BNC 接口将信号采集模块和 pH 复合电极模块连接起来，这两个模块是 pH 传感器测量模块的两个部分。因为微控制器（STM32）模数转换电压的输入标准是 0～3.3V，应用单片机进行模拟/数字信号转换时，需要对 5V 电压进行分压。将阻值为 5.1kΩ 和 10kΩ 的电阻串联分压，在其抽头处（AC5）得到 3.3V 的电压，将其用作微控制器的电源。微控制器对传感器所测得的电压信号进行数字处理，即可得到溶液的 pH 值（图 3-14）。

表 3-1　E-201-C 传感器参数

参数	属性
工作电压	4.8～5.2V
工作电流	5～10mA
元件功耗	小于等于 0
响应时间	小于等于 5s
输出方式	模拟电压输出

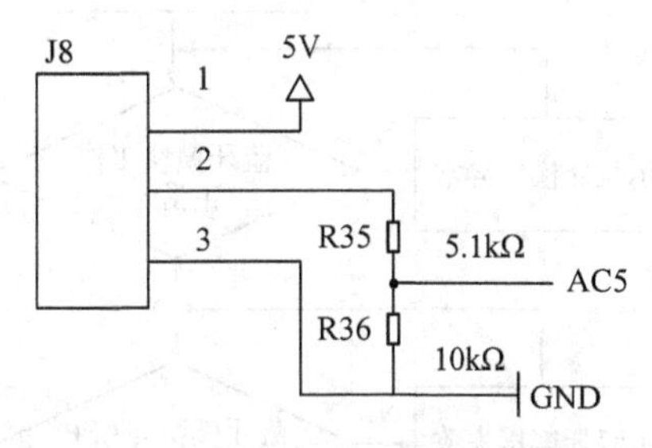

图 3-14　土壤 pH 传感器接口电路

3.3.5　升压电路设计

本系统采用锂电池供电，其额定输出电压为 3.7V。蓝牙模块正常工作的电压范围为 1.8～3.7V，因而可用锂电池直接供电。而部分传感器工作所需要的最低电压为 5V，可通过升压电路将 3.7V 的电压升至 5V，从而供电给各个其他的传感器模块。升压电路选用 FP6291 芯片 3.7V 的电压经升压芯片处理后输出 5V 电压。电路原理如图 3-15 所示。

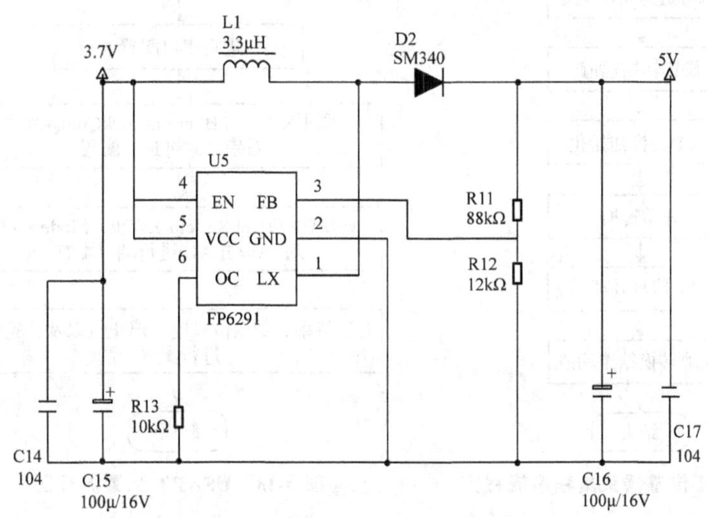

图 3-15　升压模块电路原理图

3.3.6 软件系统设计

软件设计包含主程序及各个模块程序。图3-16是系统主程序流程图，图3-17是pH传感器采集程序流程图，图3-18是串行收发模块(USART)配置流程图。

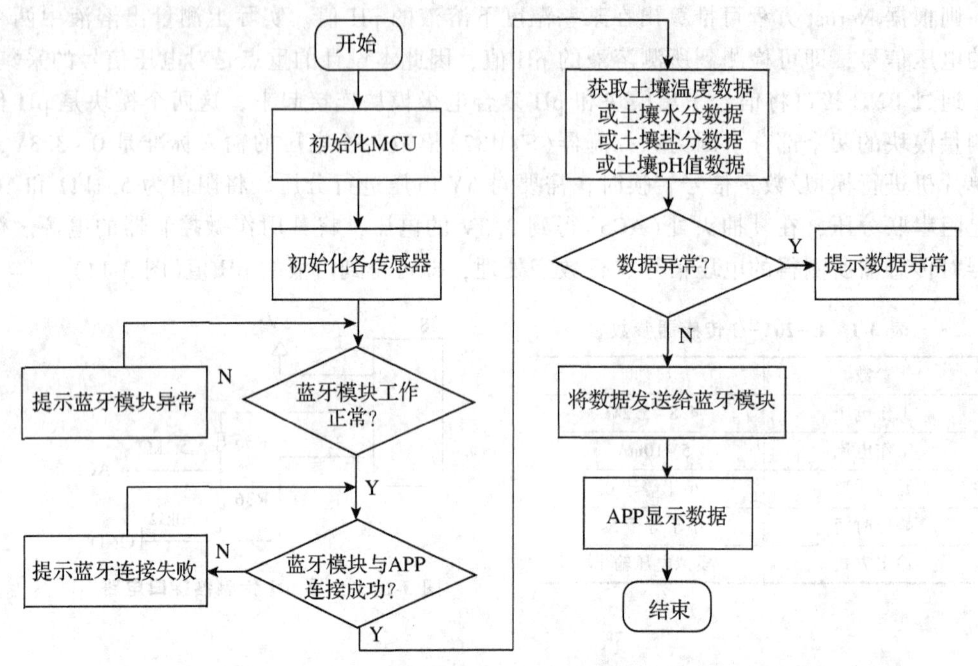

图3-16 系统主程序流程图

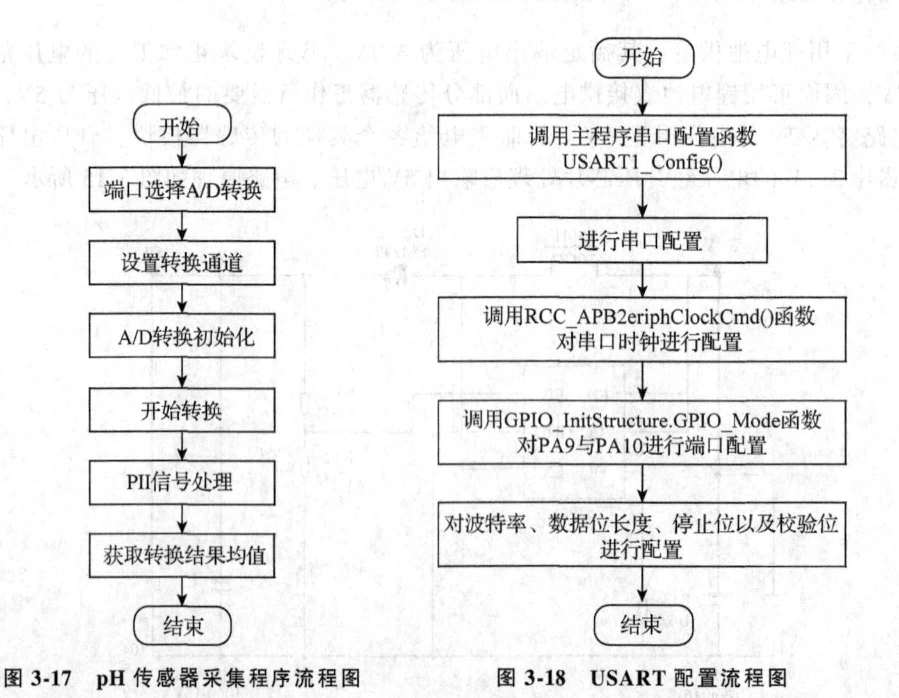

图3-17 pH传感器采集程序流程图　　图3-18 USART配置流程图

pH 传感器采集程序设计是软件设计部分的核心，只有采集到理想的信号才能求出正确的 pH 值；蓝牙模块传输子程序设计是软件设计的重要组成部分，依靠蓝牙传输功能，确保了信息的准确传输；手机端 APP 部分的软件设计贴合生活，具有实时性和便携性，方便研究人员和用户随时随地可以看到数据，是一种主流趋势。为了保证数据采集端的正常运行，我们通常是通过调用主函数中各个模块的子程序。继而再进行数据解析处理，其数据为传感器采集到的经 A/D 转换后的数字量。处理后的数据需要发送至手机端软件上。手机端软件可方便用户查看检测土壤的实时数据，了解信息简单便捷，用户可根据查看的信息及时处理，找到解决方案。

本章小结

本章分析了土壤水分、养分和酸碱度传感器的基本原理，并给出了设计方案，包括系统组成、传感器选型、硬件电路设计等，详细说明了系统软件设计流程及传感器标定方法。

习　　题

1. 土壤水分传感器系统主要包括哪些模块？试说明各模块的基本功能。
2. 试说明利用湿敏元件测量湿度的工作原理。如何解决湿度传感器的湿漂现象？
3. 报警电路主要包括哪些器件？试说明其工作原理。
4. 试说明电位法、多光谱图像检测法检测土壤 pH 值的工作原理。试比较其优缺点。
5. 土壤酸碱度传感器系统主要包括哪些模块？试说明各模块的基本功能。
6. 在传感器硬件电路中，为什么要设计升压模块电路？
7. 土壤养分传感器系统主要包括哪些模块？试说明各模块的基本功能。
8. 传统的土壤肥力检测技术有哪些问题？通常使用哪种传感器来解决这些问题？
9. 简述光谱数据测量方法。
10. 土壤养分检测系统软件流程是什么？

参考文献

张萌，2019. 阵列式电容传感器探测土壤水分方法研究[D]. 西安：西安理工大学.

王瑞琨，2018. 用电位法测定土壤 pH 值[J]. 山西化工，38(3)：64-65.

郑立华，李民赞，孙红，2009. 基于近红外光谱的土壤参数快速分析系统[J]. 光谱学与光谱分析，29(10)：2633-2636.

于潇禹，2015. 近红外土壤养分含量在线实时检测系统及关键技术研究[D]. 哈尔滨：哈尔滨理工大学.

黄勇萍，2021. 基于 GPS 技术的水稻土壤养分检测系统设计[J]. 农机化研究，43(2)：99-102.

JEAN PHILIPPE GRAS, BERNARD G. BARTHÈ S, BRIGITTE MAHAUT, *et al.*, 2014. Bestpractices for obtaining and processing field visible and near infrared (VNIR) spectra of topsoils[J]. Geoderma, 214-215: 126-134.

RAVEENDRAN ARUN PRASATH, PARASURAMAN GANESH KUMAR, 2016. Design of low power level shifter circuit with sleep transistor using multi supply voltage scheme[J]. Circuits and Systems, 7(7): 1132-1139.

第4章 胸径、树高、叶绿素和空气负离子传感器

针对森林资源监测时效性差、精度低、管理粗放等问题，采用自动检测技术获取林木生长信息，借助物联网等技术手段实时监测其生物量及森林质量，为森林高效培育及经营管理提供技术支撑。

本章着重介绍了树木胸径、树高、叶绿素和空气负离子等四个林分生长参数的测量传感器；分别从工作原理、设计过程和具体应用等角度进行了描述。

4.1 胸径监测传感器

在林业资源调查中，树木胸径的测量是一个重要的环节。一般我们称距离地面 1.3m 处的树木直径为胸径。树木胸径的测量有助于我们更好地了解活立木的质量和生长情况，并正确估算木材材积，对于林业资源的调查以及对后续规划有着重要的意义。目前，我们测量树木胸径主要都是依靠手工测量，如胸径卡尺和围尺，测量时难免会出现误差，费时又费力。

关于树木胸径的监测的现代化方法也有许多，这些方法虽然能够对胸径进行一般的测量，但是在实际操作中却存在着各种各样的问题：例如，采用刺入式测量树木胸径的方法，在操作过程中对树木会造成一定程度的损伤(黄晓东等，2015)；利用光学系统实现树木胸径的监测虽然精度比较高，但它的技术成本过于高昂，并且功耗较大，在实际的林区测量中难以实现长期有效地部署；广泛使用的 dendrometer 植物生长测量仪，如 DC2 测径仪自身量程较小，且易受到外部环境的影响，无法测量较大的胸径变化。本章节所研究的树木胸径传感器是对传统测量卡尺的改良，测试表明其具备更高的测量精度和实用性。

4.1.1 树木胸径监测传感器的结构设计

该树木胸径监测传感器结构如图 4-1 所示。包括两部分：数显组件和尺胚。其中尺胚中含有尺爪，主要是通过尺爪来测量位移从而达到测量胸径的目的。

数显组件包括显示器、单片机、传感器。位移量的获取由传感器完成，之后将获取到的位移信号通过转换电路变成数字信号；最后单片机将位移传感器获取的数据进行处理，

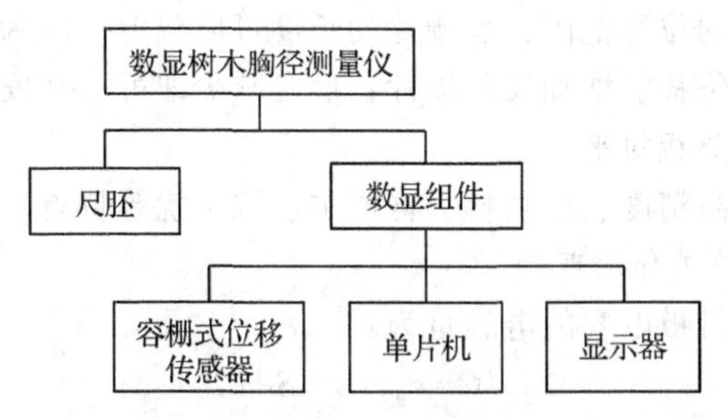

图 4-1　树木胸径监测传感器基本结构

显示器上就可以显示出树木的胸径尺寸。

4.1.2　传感器的选择及介绍

(1)传感器的选择

实现树木胸径测量的传感器种类有很多，其中包括：容栅式传感器、磁栅式传感器和光栅式传感器等。容栅式传感器与其他大位移传感器相比较，具有体积小、成本低、易安装、分辨率高等一些优势。容栅式传感器根据相位跟踪的原理测量位移，满足我们的需求，因此，本书选用容栅式位移传感器来进行位移的测量。

(2)容栅传感器的介绍

容栅式传感器可用于测量大的位移，是一种数字式位移传感器(陈征等，2012)。容栅式传感器的结构图 4-2 所示。由图 4-2 可知传感器包括两部分：动栅片和静栅片。容栅式传感器和平行板电容器相似，不同地方在于容栅式传感器有多个、多对、多组极板。动栅片上有平均分配的 6 组发射电极片，共 48 个，每个电极片的尺寸相同，宽度均为 I_0，一节距宽 D 等于每组电极片所占的宽度($D=8I_0$)。公共接收极 R 是一个长金属条，它位于发射极的下方。

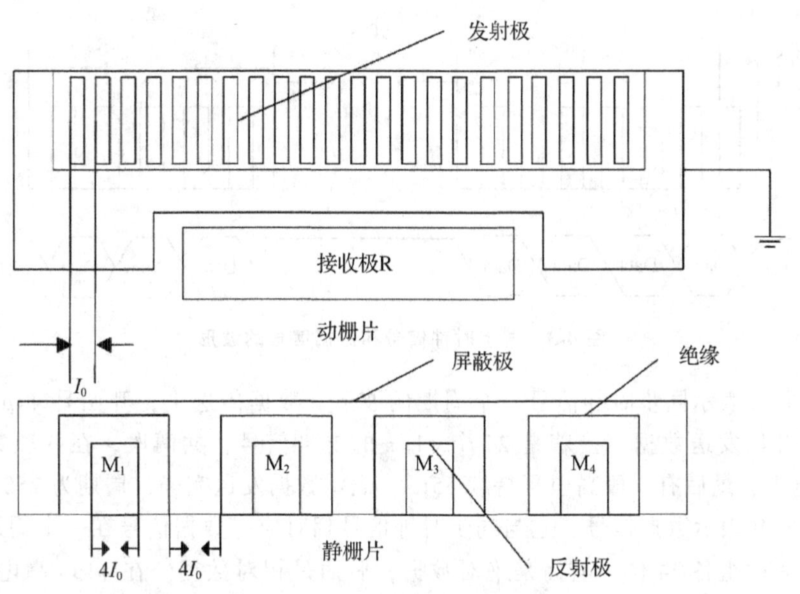

图 4-2　容栅传感器结构图

根据我们需要测量的位移范围，静栅片的长度可以裁剪。因为反射极片的个数可以增减，如果需要测量大的位移，增加反射极片；反之减少即可。在安装动栅片和静栅片的时候，注意有电极片的面要相对平行。

容栅式传感器具有高精度、低功耗、低成本、抗干扰等特点。

(3)容栅式传感器的工作原理

忽略边缘效应，平行板电容的电容量为：

$$C=\varepsilon_0 \cdot \varepsilon \cdot S/d \tag{4-1}$$

式中，ε_0为真空中的介电常数（$\varepsilon_0=8.854\times10^{-12}$F/m）；$S$ 为两极板的有效耦合面积；ε 为极板间的相对介电系数(空气中 $\varepsilon=1$)；d 为极板间的距离。

由式(4-1)可得：电容量 C 会随着上述参数的变化而变化，如果只改变一个参数，电容量就会发生变化，这个变化通过转换电路最终转变为电信号，最后所要的位移量可由测量得到的电信号计算得出。

由电容特性可得：在电容器的极板上施加电压 V，那么在另一个极板上会产生相应的 Q，且有：

$$Q=C \cdot V \tag{4-2}$$

式中，C 为电容量；V 为施加的电压；Q 为电量。

由 $Q=C \cdot V$ 可知，给电容器的一个极板施加周期性变化的激励信号，为了保持原电位差不变，在另一个极板上必然产生与激励信号具有相同周期变化的信号且产生的信号大小 V，ε，S 呈正比关系。

(4)容栅传感器的输出信号

容栅式传感器有动栅片和静栅片两部分组成，数据线、同步时钟线、电源线、地线这4个串行接口线在动栅片上，数据信号(DATA)由数据线输出，同步时钟线输出同步时钟信号(CLK)。两个信号(CLK，DATA)的波形如图4-3所示。

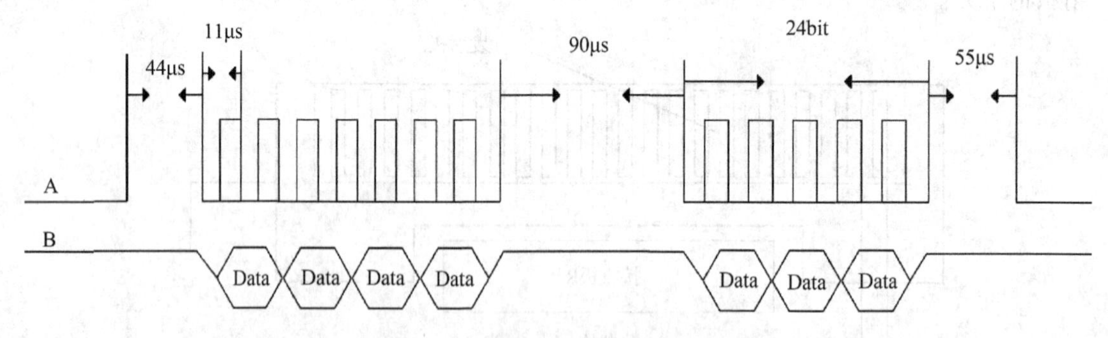

图 4-3　同步时钟信号和数据信号的波形

图4-3中A表示同步时钟信号一个周期的波形，数据传送中，开始是44μs的高电平信号，表示开始发送数据，接着是24个11μs的电平信号，共两段，在两段数据之间有90μs的高电平，最后有一段高电平持续55μs，表示数据发送完毕，周期为250~300ms。

图4-3中B表示数据信号，它与同步时钟信号相对应。数据信号在一个周期会发送两组数据，前后两组各24位，前面是绝对数据，后面是相对数据。在44μs高电平结束后，

就会发送共计 24 位的绝对数据 DATA。在 90μs 的高电平过后，接着就是下一组的 24 位 CLK 信号，与之同时将发送 24 位相对数据 DATA，这时候输出的信号反映的就是传感器的动栅片和传感器的静栅片之间发生的相对位移量。需要注意的是传感器的工作电压会影响信号的幅值大小。

容栅式传感器所输出的 DATA 信号就是被测物体的位移量，其与动、静栅片之间发生的相对位移量 L 的关系为：

$$L = \Delta S \cdot D/8 \tag{4-3}$$

式中，ΔS 为传感器的脉冲当量($\Delta S = 0.009\ 921\ 875$)；$D$ 为传感器输出的串行信号值(用十进制表示)。

由于容栅传感器自身的内部设计，使得 ΔS 是一个常数。所以想要知道极板间的相对位移量，只要采集到输出的 Data 信号即可。

4.1.3　传感器信号处理电路

(1)电平转换电路

容栅式传感器的输出信号为电容输出信号，需要通过自身内部电路转变成数字信号。但是由于芯片中集成电路所需要的供电电压为正 1.5V，而单片机中的 TTL 芯片所需要的供电电压为正 5V，所以两者之间必须要有电平转换电路才能使单片机处理由传感器的集成电路传输的数据，如图 4-4 所示。

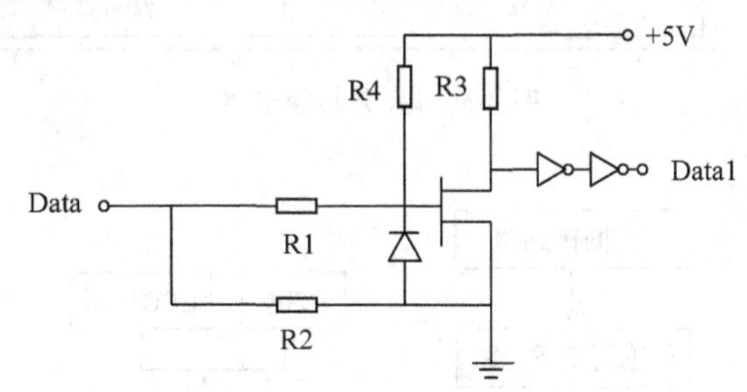

图 4-4　电平转换电路

(2)串并转换电路

容栅式传感器的最大传输速度约为 100kB/s，且它的输出是串行数据信号，如果传感器发送的数据较多，且与单片机直接进行串行通信，那么单片机就会处于忙碌的状态，没办法处理其他任务，所以采用了串并转换电路来解决这个问题，将输出的串行数据转换成并行数据后再进行相应的处理。为了实现数据的串并转换，采用了 741s164 移位寄存器进行信号的转换。由于 741s164 移位寄存器最多只能存储 8 位二进制数，而输出串行信号有 2 组，且每组有 24 位二进制数，为了完成信号转换，将 3 片 741s164 芯片串联起来使用，从而实现 24 位的转换。

经过转换电路后，单片机就可以正常接收信号，再通过单片机计算出被测物体的位移量，LED 显示器就会显示出最终的结果。整个电路的连接方式如图 4-6 所示。

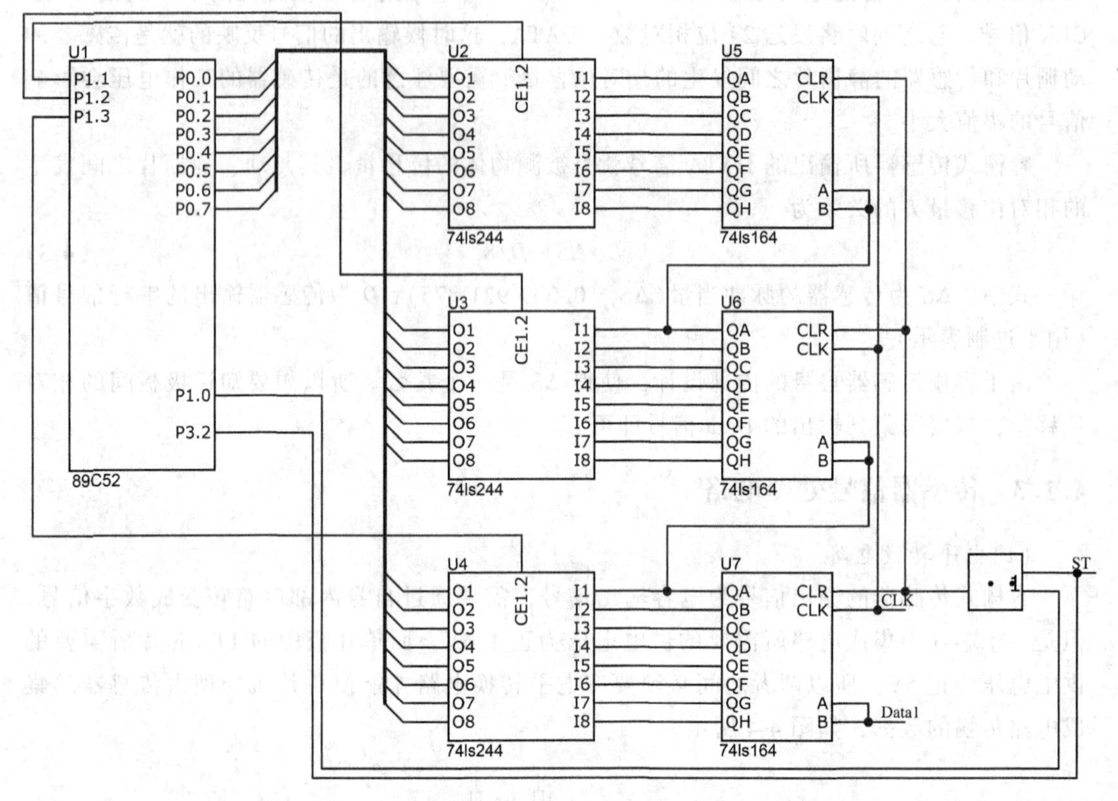

图 4-5 串/并转换电路

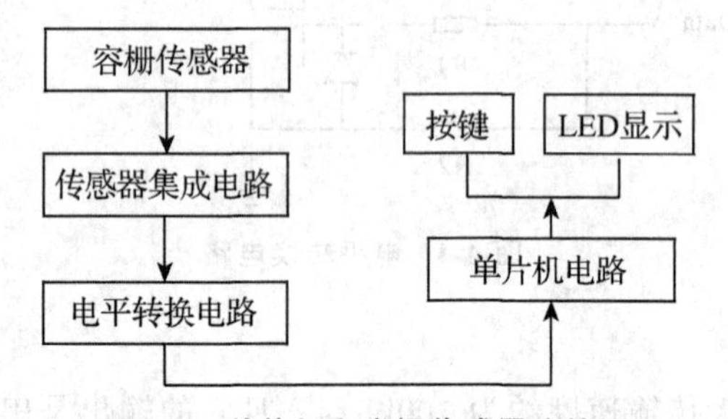

图 4-6 单片机和容栅传感器连接图

4.1.4 单片机的选型及软件流程图

(1)单片机选型

本传感器设计选用 AT89C52 单片机，有如下主要功能部件：8 位 ALU1 个；8kB EPROM；时钟电路、片内振荡器、寄存器；I/O 口、定时/计数器；可编程串行口；中断源。

(2)单片机程序模块构成及软件流程图

单片机各程序处理模块介绍(图 4-7)：

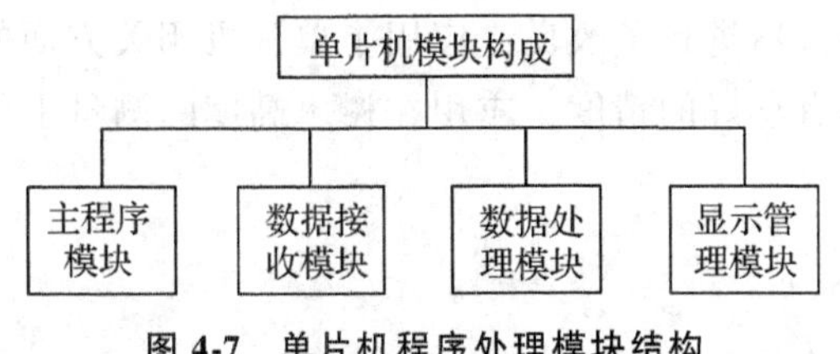

图 4-7　单片机程序处理模块结构

①主程序模块　程序初始化，设置定时和中断方式。

②数据接收模块　单片机接收数据为 8 位，而发送的数据是 24 位，所以要分三次读入数据。接收程序要能精准地定位和跟踪数据流。另外，要准确判断一组数据有没有接收完成，在一组数据接收完以后，将它转送至缓冲区以待进行接下来的处理。

③数据处理模块　将二进制数转换为 BCD 码。

④显示管理模块　首先要对显示的数据进行编码转换，然后需用 LED 数码管将需要显示的数据静态显示出来。

完成这一系列的流程首先需要单片机能够准确地采集信号，然后将采集到的信号进行数制转换，最后将输出结果在 LED 数码管上显示出，主程序流程如图 4-8 所示。

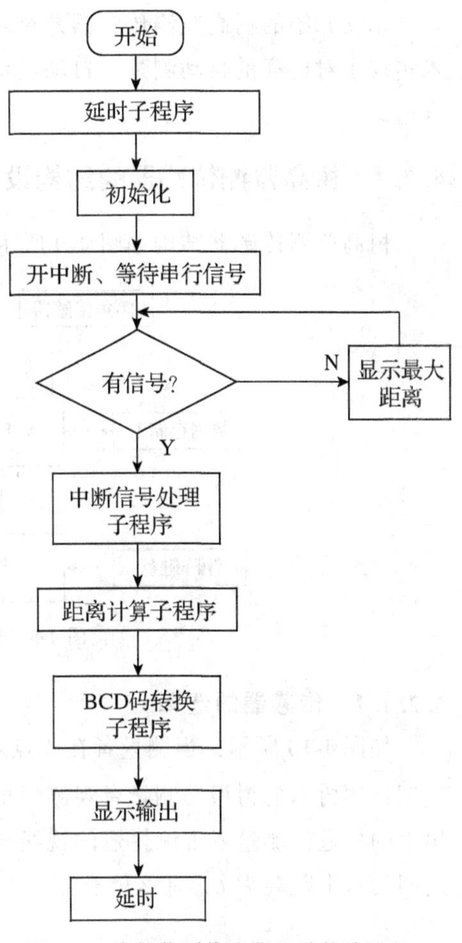

图 4-8　胸径监测传感器设计软件流程

4.2　树高监测传感器

树木高度测量是林业资源调查中的一个重要环节，也是测量问题的难点和重点。树高一般是指树木从地面上的根茎到树梢之间的距离，是评价树木生长情况的重要依据，因此，对树木的高度进行监测具有十分重要的意义。

目前，已经有很多测量树高的方法：经纬仪、全站仪、激光式仪器、机械式仪器等。虽然这些方法都可以测量出树木的高度，但是也都存在着各种各样的问题，比如用机械式仪器进行测量，设备操作麻烦，测量出来的树高精度、效率相对较低，并且仪器功能单一，不能很好地处理采集到的数据。经纬仪、全站仪等测量仪器虽然在时间、效率和精度方面有着一定的优势，且能够自己完成数据的采集、计算，但是需要操作设备的人员具有扎实的专业知识(潘启明等，2010；张维胜，2002)，且此类仪器与机械式仪器都存在不易携带的问题。对于激光式仪器而言，虽然携带方便、精度也相对较高，但是价格昂贵，不能很好地普及。

本文介绍的树高监测传感器是对之前的仪器进行了改良，应用了单片机相关方面的技术实现了对树高的自动测量、自动显示，具有良好的精度，应用在树木高度的测量上较为合适。

4.2.1 树高监测传感器的结构设计

树高监测传感器结构如图 4-9 所示：

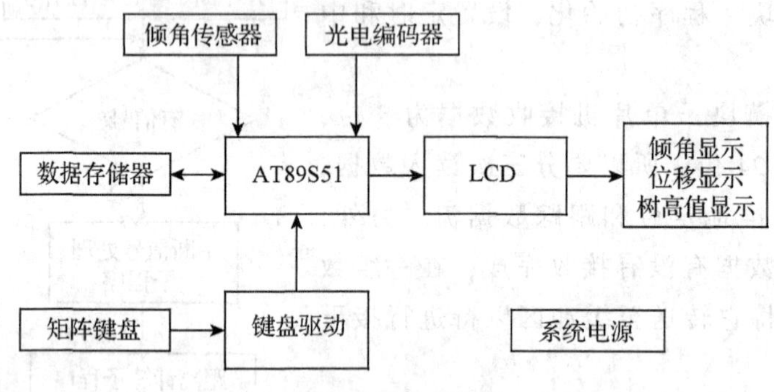

图 4-9 树高监测传感器基本结构

4.2.1.1 传感器的选择

如图 4-10 所示，当测量者在 A 点观测时，A 点所在位置与地面的垂直距离为 h_1，此时观测被测树木的树根，测量者观测树根的视线与水平方向形成的角度为 α_1，抬头观测被测树木的树冠，测量者观测树冠的视线与水平方向形成的角度为 β_1，假设测量仪到被测树木之间的水平距离为 L，那么就有：

$$\tan\alpha_1 = h_1/L \tag{4-4}$$

$$\tan\beta_1 = h_2/L \tag{4-5}$$

如果是在 B 点进行测量(即测量仪向上平移 h'高度)，那么此时测量仪距离树木根部的垂直的距离为 h_1+h'，测量者观测树根的视线与水平方向的夹角为 α_2，可得：

$$\tan\alpha_2 = (h' + h_1)/L \tag{4-6}$$

由以上几式可得：

$$L = h'/(\tan\alpha_2 - \tan\alpha_1) \tag{4-7}$$

最后得到树木的高度：

$$h = h_1 + h_2 = h'(\tan\alpha_1 + \tan\beta_2)/(\tan\alpha_2 - \tan\alpha_1) \tag{4-8}$$

由式(4-8)可知，在测量树木的高度时，只需要知道测量仪在不同高度时的倾角，然后通过计算就可得到结果，通过测量倾角从而测得树高的方法可以不用考虑测量时所处的地形，较为方便。对于怎样测出不同高度时的倾角，经过分析选择了倾角传感器。

从倾角传感器的分类来看倾角传感器可以分为单轴倾角传感器和双轴倾角传感器两种，单轴倾角传感器绕一个轴产生角度变化，双轴可以测相对于两个轴的角度变化。本书选择单轴倾角传感器。

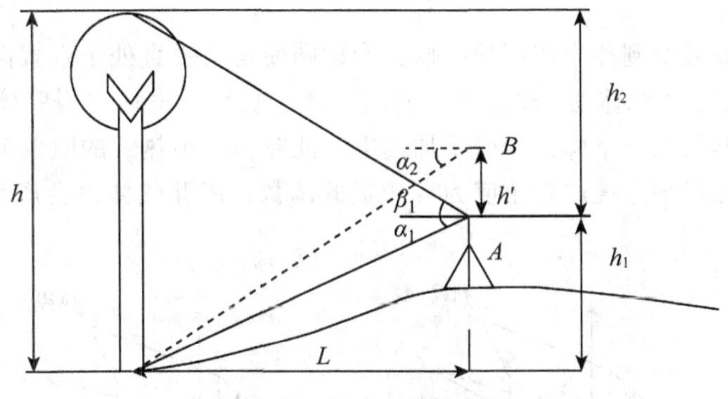

图 4-10　树高测量原理图

4.2.1.2　倾角传感器的结构及其工作原理

倾角传感器用来测量相较于水平面的角度变化，有固体、液体、气体 3 种不同工作原理的倾角传感器。

(1)固体摆式

一般采用力平衡式伺服系统，其组成结构如图 4-11，一般包括：摆锤、摆线、支架，由图 4-11 可知，对摆锤进行受力分析，其合外力 F 为：

$$F = G\sin\theta = mg\sin\theta \tag{4-9}$$

式中，θ 是竖直方向与线之间形成的角度。如果测量的角度是在一个较小范围内，就认为 F 与 θ 角呈线性关系。

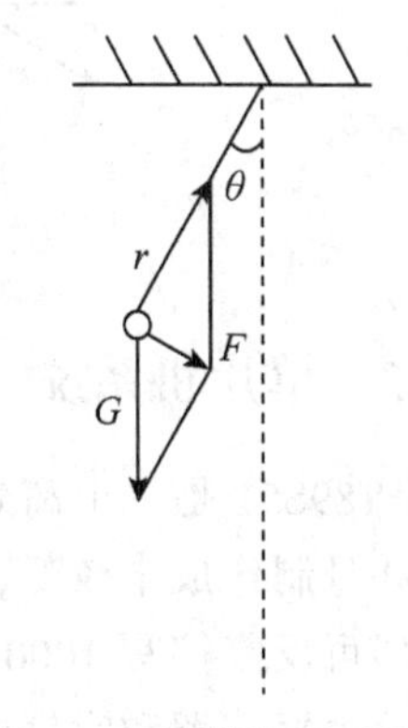

图 4-11　固体摆原理示意

(2)液体摆式

如图 4-12 所示，液体摆是在玻璃壳内装一些导电液，同时还有三根与外部相连的铂电极，这三根电极两两之间距离相等且相互平行。当玻璃壳处于水平状态的时候，电极浸入导电液的长度相等。如果在两根电极之间施加等幅值的交流电压，会产生离子电流，电极之间的液体就等同于两个电阻，分别记作 R_{I}、R_{III}。玻璃壳没有发生倾斜时，里面的液体水平，均匀分布，此时的电阻 R_{I} 与 R_{III} 相等。玻璃壳发生倾斜时，里面的导电液就会流动，不再是均匀分布，三根电极在液体内的长度随之变化，但是中间电极在导电液中的部分基本不变。在实际应用中就是根据液体位置的变化会导致应变片的变化，而应变片的变化又会导致电信号发生变化，从而判断倾角是否发生改变(图 4-13)。

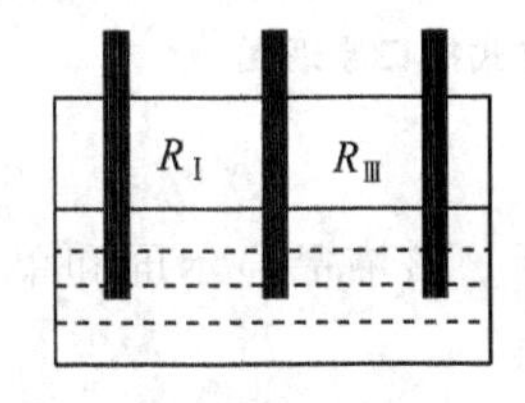

图 4-12　液体摆原理示意

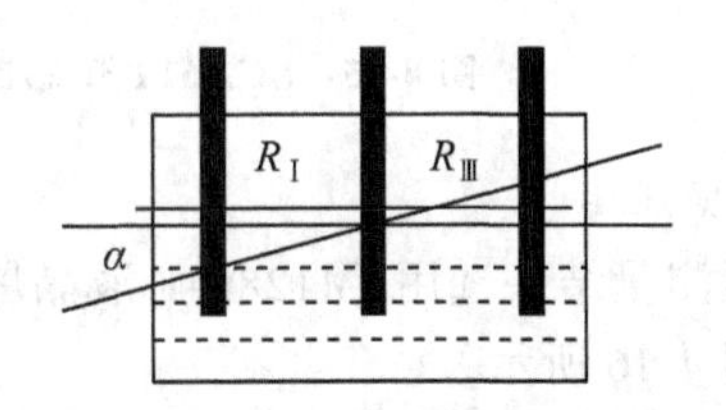

图 4-13　倾角为 α 时液体摆原理示意

(3)气体摆式

气体在受热或者受到浮力作用的时候，会试图使自己一直处于垂直向上的状态，所以也会有“摆”的特性。“气体摆”式包括：密闭腔体、热线、气体。当腔体所处的水平面发生倾斜或腔体突然受到一个外力产生了加速度，此时，图中热线的阻值就会发生相应的变化，且这个变化是以加速度或者角度为自变量的函数，因此气体也会产生“摆”的效果(图4-14)。

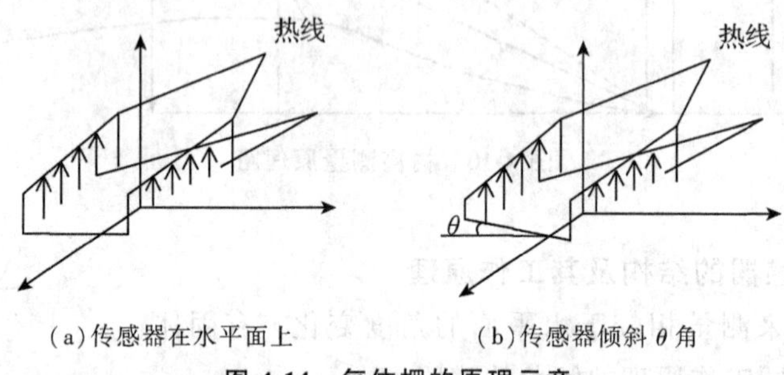

图 4-14　气体摆的原理示意

4.2.2　单片机系统

AT89S51是一个高效的微控制器，一些比较复杂的控制问题都可以用89S51单片机解决，并且制作成本较低，因此普遍受到电子公司的青睐。AT89S51主要特性有：内部程序存储器可反复擦写1000次；具有内部RAM、可编程I/O口、中断优先级、定时器/计数器、片内振荡器和时钟电路等等片内外设。

(1)传感器与单片机相连

芬兰VTI公司推出的SCA61T是一种单轴倾角传感器芯片，具有高分辨率、抗干扰、低噪声等特性，通过SPI接口与单片机连接进而进行通信，两者的连接方式如图4-15所示。

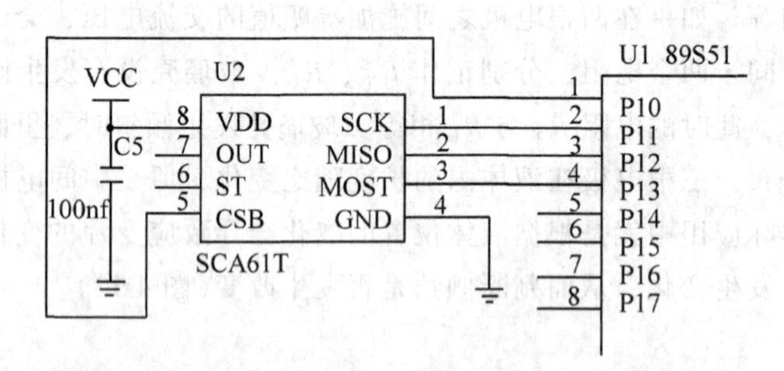

图 4-15　SCA61T传感器与单片机连接方式接口原理图

(2)数据显示

传感器测量结果选用JM12864F液晶屏进行数据显示。该液晶显示屏和单片机的连接电路图如图4-16所示。

(3)树高测量传感器工作流程图

树高测量程序流程如图4-17所示，包含角度测量、平移测量、显示等。

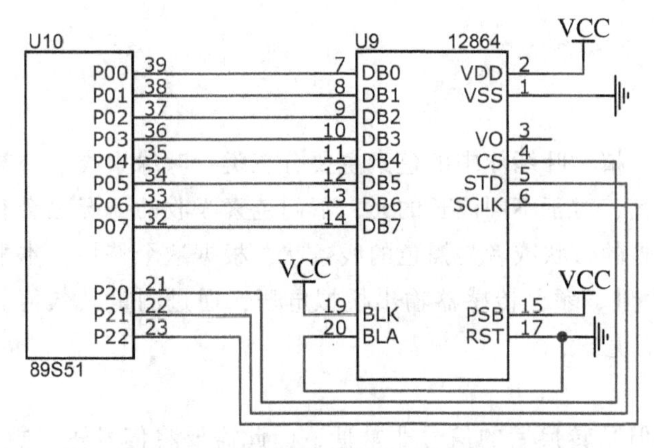

图 4-16　12864 液晶与单片机接口电路图

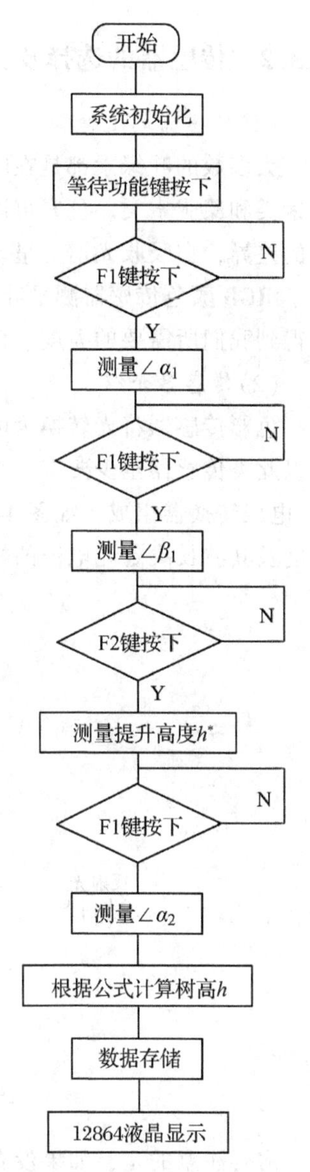

图 4-17　树高测量程序流程图

4.3　叶绿素监测传感器

叶绿素是植物进行光合作用必不可少的成分，叶绿素含量是判断植物生长情况的重要标志，因此能够对叶绿素含量进行准确的监测，在植物研究、农业生产等方面有着深远的意义。

目前在国外，以日本柯尼卡美能达公司的 SPAD-502 为代表的便携式叶绿素检测仪（S. Mumtazuddin，2004）已经在某些场合得到了一定的应用，但是主要问题仅限于日本、美国等国家生产，这类仪器价格比较昂贵，功能较为单一，在我国范围内还没有得到推广使用。国内当前的发展现状仍然是以较为传统的分光度检测法为主，这种方法的测量过程大部分是由人来完成，所以会耗费大量的人力、财力和物力，且测量的结果误差较大。因此，深入研究适用于我国的高性价比的植物叶绿素测量传感器具有重要的意义。

4.3.1　叶绿素监测传感系统的框架设计

叶绿素监测信息系统框架设计如图 4-18 所示。

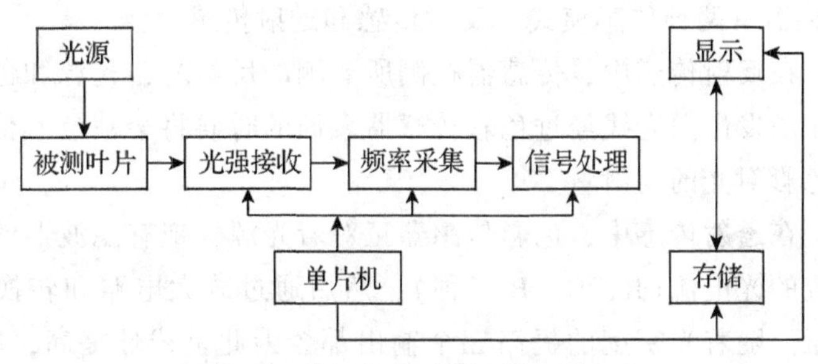

图 4-18　叶绿素监测传感器系统框图

4.3.2 传感器的选择及介绍

(1)传感器的选择

大多数的叶绿素都是在叶片中。植物叶绿体中的色素主要分三类：叶绿素类、类胡萝卜素类和藻胆素类。色素可以吸收光，对于不同波长的光，不同色素吸收的情况也会有一定的差异，在吸收光谱上呈现出较暗的带状或者是黑色的线条状，根据这个特性，本书选择了 RGB 颜色传感器测量叶绿素含量。颜色传感器输出模拟电压，通过测量其数值，即可得到我们所需要的亮度、色彩等信息。

(2)传感器介绍

色彩传感器将光转换为电信号但是转换后的信号非常低，因此需要将信号进行放大，所以此类传感器至少要有一个放大器，且提供相应的电压输出。传感器由光电二极管和电流/电压转换器组成，如图 4-19 所示。照射的光会通过光电二极管转变成光电流，光线的亮度及其波长决定光电流的幅值大小。

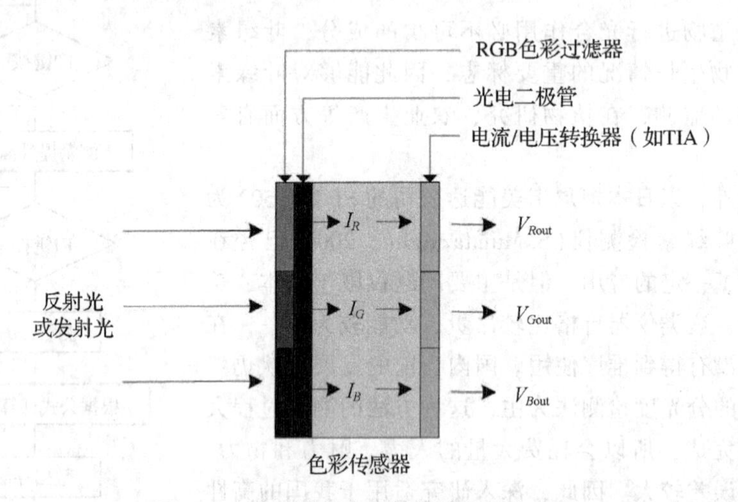

图 4-19 光到模拟电压转换的色彩传感器

需要注意的是，如果没有 RGB 色彩过滤器，硅光电二极管会对超紫色区与可视区之间的所有区域都会产生相应的响应。光电二极管的光电流会通过电流—电压转换器，也称转阻放大器(transimpedance amplifier，TIA)，转换成 V_R、V_G、V_B 3 种电压输出。

RGB 颜色传感器有两种传感模式：反射传感和透射传感。

①反射传感　在反射传感中，传感器检测所要测的反射光，光源和色彩传感器一同放置在目标旁，从光源发出的光线经过色彩传感器表面的时候将会被色彩传感器捕获，其物体表面颜色决定色彩对光的反射量。

②透射传感　在透射传感中，色彩传感器正对着光源，带有滤波器的光电二极管会将入射光转变成对应的光电流(R，G，B 三种)，然后通过放大电路和转换电路转变成我们所需要的模拟电压。随着光密度的提高三个输出都会因此呈线性提高，所以光线的颜色、总密度都可以通过传感器测得。如果想要知道介质的颜色，可以通过透射传感的方式得

到，如利用玻璃、塑料等，让光穿过其中，随后会撞击色彩传感器，通过传感器的输出电压即可以判断出它的颜色。

4.3.3　硬件设计

(1) LED 光源驱动

MAX1910 是电荷泵驱动芯片，用来驱动 LED，芯片内部通过电荷泵的作用，将 10 管脚(SET)的电压一直维持在 200mV，使得流过 LED 的电流不发生变化，保持 LED 的亮度就不会发生变化。电荷泵技术通过控制开关阵列的开关动作，先控制电容充电然后再控制放电，就可以让电压成倍数增加或者反转，从而得到想要的电压。MAX1910 的管脚如图 4-20 所示。

MAX1910 的应用电路如图 4-21。通过增大输入输出电容可以减小输入输出纹波。

引脚	名称	引脚	名称
1	GND	10	SET
2	IN1	9	C1-
3	C2-	8	IN2
4	C1+	7	C2+
5	OUT	6	SHDN

MAXIM
MAX1910
MAX1912
μMAX

图 4-20　MAX1910 的管脚图

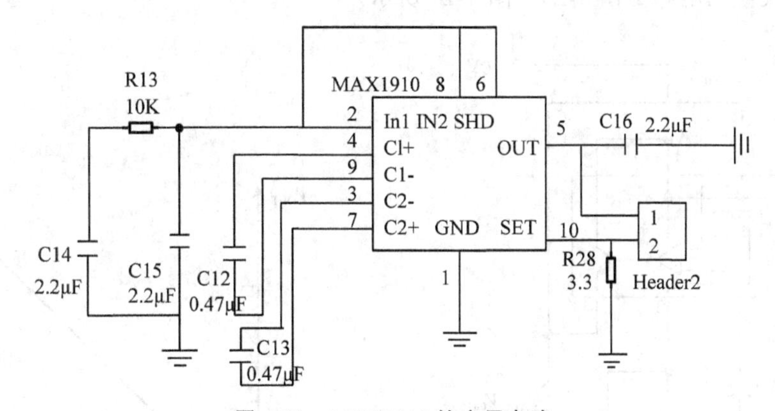

图 4-21　MAX1910 的应用电路

(2) 单片机介绍

单片机 PIC16F877A(关晓丽，2008)采用 14 位的 RISC 指令系统，内部集成了 A/D 转换器、EEPROM、模拟比较器、带比较和捕捉功能的定时器/计数器、PWM 输出、异步串行通信电路等模块，并且性能稳定，可以很好地满足本设计的需求。

PIC16F877A 采用 14 位的 RISC 指令系统，主要性能包括：全静态设计、在线串行编程、数据存储器、PWM 输出、8 级深度的硬件堆栈，具有低功耗、抗干扰等特点。

(3) 基于频率/电压转换的频率计数

频率/电压转换流程如图 4-22 所示。

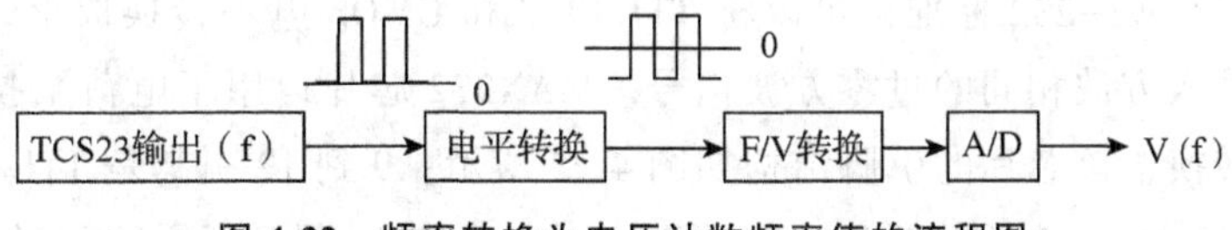

图 4-22　频率转换为电压计数频率值的流程图

整个转换过程为：可编程彩色光到频率的传感器 TCS230 输出 CMOS 电平的方波信号，经过 MAX232（陈廷侠，2009）的转换后，原来的 CMOS 电平的方波转换成 RS-232 电平的方波，再通过频率/电压转换芯片 LM2907 将频率信号转换为电压信号。

（4）频率/电压转换器 LM2907

LM2907（齐永利，2005）通过连接少量的外围元件就可以完成频率信号到直流电压信号的转换。LM2907 芯片主要是由比较器、电荷泵、放大器组成，其内部结构及应用电路如图 4-23、图 4-24 所示。

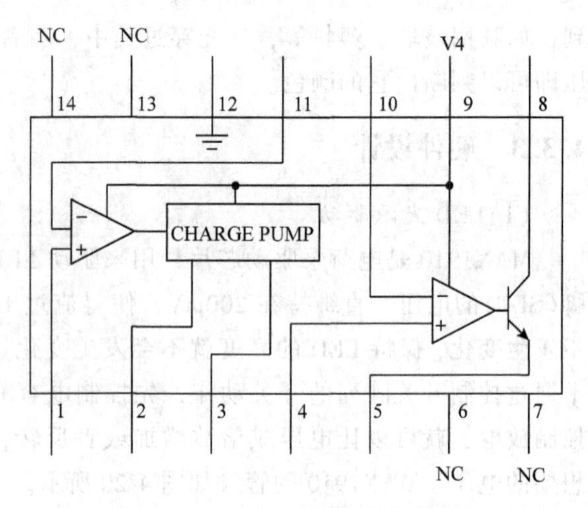

图 4-23 LM2907 管脚及结构框图

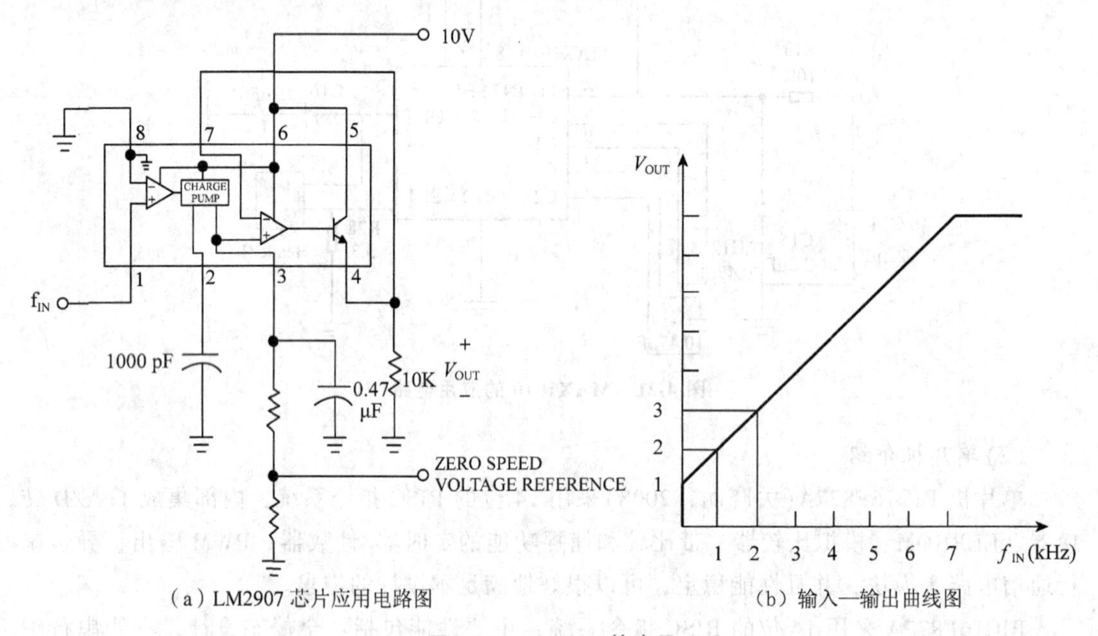

（a）LM2907 芯片应用电路图　　（b）输入—输出曲线图

图 4-24 LM2907 的应用

（5）电平转换

为了将方波信号转换成 LM2907 可以识别的过零电压，采用 MAX232 芯片进行电平转换。MAX232 兼容 RS-232 标准，可以将 TTL 电平和 CMOS 电平转换成 RS-232 电平，从而产生频率与输入方波相同的过零方波信号。MAX232 芯片运用了电荷泵技术，因此可实现电路的电平转换，该芯片的引脚结构如图 4-25 所示：9 到 12 引脚是 TTL/COMS 输入端，在引脚 10、11 接入 TCS230 的输出，就可以在引脚 7 和 14 得到所需要的过零电压。

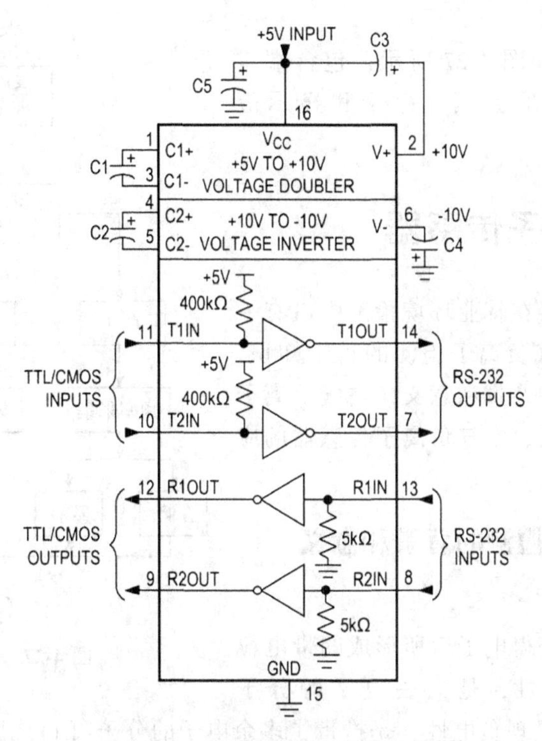

图 4-25　MAX232 管脚及结构框图

(6) 显示模块

采用 LCD 显示模块来进行显示。LCD 低功耗、体积小、质量轻，适合设计的需求。由于 PIC16F877A 的 I/O 口有很强的驱动能力，可直接驱动 LCD 进行显示。单片机和显示模块的引脚如图 4-26 所示。

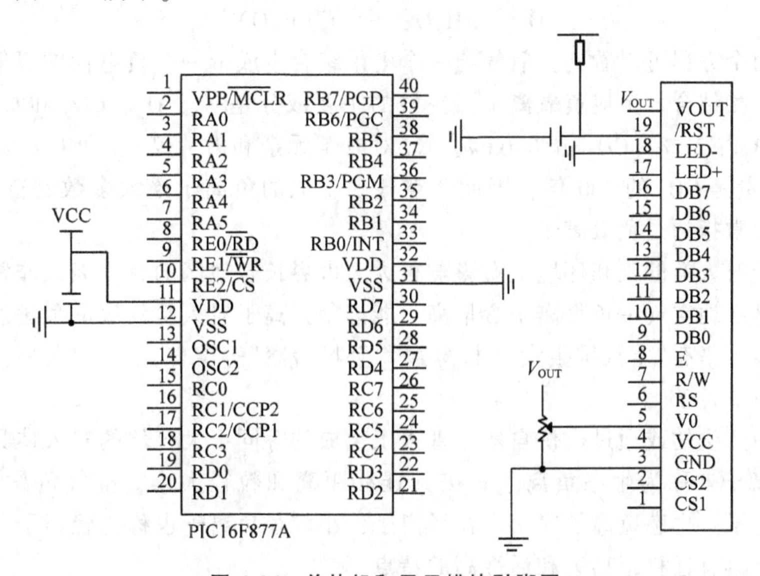

图 4-26　单片机和显示模块引脚图

(7)软件设计

整个程序的流程如图4-27所示，包含端口设置、频率采集、读取数据、存储和显示等功能。

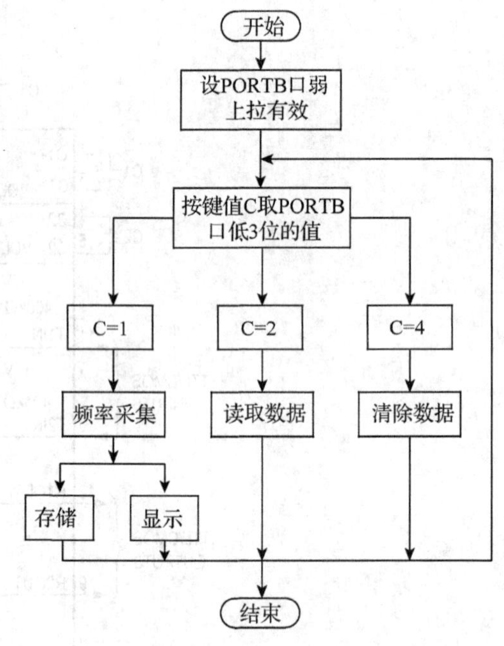

图 4-27　整体流程图

4.4 空气负离子传感器

空气负离子传感器在林业环境检测中占有一席之地，本节介绍空气负离子检测的若干知识，包括空气负离子检测的背景和意义、空气负离子传感器原理和系统电路、空气负离子传感器的应用等方面。

4.4.1 空气负离子检测的背景和意义

(1)空气负离子

离子是指失去或获得电子后所形成的带电粒子。正离子显示正电性，是失去电子的分子(团)或原子；负离子呈现负电性，是携带了多余电子的分子(团)或原子。

负氧离子是指获得1个或1个以上的电子带负电荷的氧气离子称为负氧离子。阳光中紫外线、闪电等作用于空气中的氧分子时，即可产生负氧离子。

空气电离产生的自由电子大部分被氧分子获得，进而形成负氧离子 $[O_2^-(H_2O)_n]$，该过程如下：

$$O_2 + e^- \longrightarrow O_2^-$$

$$O_2^- + nH_2O \longrightarrow O_2^-(H_2O)_n$$

从上面两个方程可以看到：氧气与一个电子结合生成带一个负电荷的氧气分子，然后与若干水分子相结合，生成负氧离子。空气的主要成分是 N_2、O_2、CO_2 和水蒸气，其中，N_2占78%，O_2占21%，CO_2 占0.03%。N_2 对电子无亲和力，仅 O_2 和 CO_2 对电子有亲和力，而 O_2 含量是 CO_2 的700倍，因此，空气中生成的负离子绝大多数是空气负氧离子，空气负离子通常指的是负氧离子。

负氧离子对人类健康和环境生态影响很大。世界长寿地区的百岁老人非常多，其重要原因之一就是当地空气中负氧离子含量高，能抑制正离子对人类健康的危害。因此，在医学界，负氧离子享有“空气维生素”“长寿素”“环境警察”等美誉。

(2) 生态负离子

自然界中产生的或通过模仿自然原理人工生成的等同于大自然的对人体具有较好疗养功效的负氧离子，称为生态负离子。按其迁移距离和粒径大小，空气负离子可分为大、中、小3种离子。生态负离子属于小粒径离子，小粒径负离子也称为轻离子或小离子或生态级负离子，具有迁移距离远和活性高的特点。

医学研究表明，小粒径负离子对人体有医疗保健作用。只有小粒径的负离子才易于透过人体血脑屏障，发挥它的生物效应。中离子和大离子通常有助于净化空气和杀菌等。植被多、绿化好、空气清新的地区之所以有益于人体健康，就是因为其生态负离子比例高，而上述负氧离子就是小离子，属于生态负离子。

目前很多负离子家电效果不佳，其原因在于传统的负离子生成技术很难产生小粒径的生态负离子，对人体医疗保健的作用一般，仅有除尘降尘作用，通常用于空气净化领域。很多负离子生产厂家都知道小粒径负离子好，所以对外宣称自己生产的是小径负离子，这类说法可能是有问题的。小粒径负离子并不单指其粒径小，它的主要特点是活性高、粒径小且迁移距离远，这才是真正的小粒径负离子。

(3) 空气负离子浓度与健康

空气质量对人类的生产、生活有非常重要的影响，衡量空气质量优劣的重要指标之一是空气清新度，而该指标由空气负离子的浓度决定。2011 年，世界卫生组织规定空气清新标准的空气中，负离子数为 1000~1500 个/cm^3。空气负离子有助于缓解疲劳、控制血压、呼吸顺畅等。因此，从人类健康的角度来讲，空气负离子浓度检测研究具有重大意义。

表 4-1 给出了负氧离子浓度与健康的关系，可以看到：负离子浓度越高的场所，对人体健康越有利。例如，在普通的办公室，城市的房间等场所，负离子浓度较低，不足 100 个/cm^3，人们呆久了会发生头痛、失眠等现象。但是，在森林、瀑布等自然风光优美的地区，负离子浓度可达 10 000~20 000 个/cm^3，此时人体的自愈力被充分激发出来，这些地方甚至具备治病的功能。

表 4-1　负氧离子浓度与健康的关系

环境场所	森林瀑布	高山海边	乡村田野	公园	旷野郊区	城市公园	街道绿化地带	楼宇办公室	城市房间	工业开发区
负离子浓度/(个/cm^3)	10 000~20 000	5000~10 000	1000~5000	400~1000	100~1000	400~600	200~400	100	40~50	0
与人类健康关系度	人体具有自然痊愈力	杀菌、减少疾病传染	增强人体免疫力、抗菌力	增强人体免疫力、抗菌力	增强人体免疫力、抗菌力	改善身体健康状况	改善身体健康状况	诱发生理障碍、头痛、失眠等	诱发生理障碍、头痛、失眠等	易发各种疾病

注：表中的数据由台湾科技大学叶正涛先生收集整理。

4.4.2　空气负离子传感器工作原理和电路

(1) 空气负离子产生机理、物理参数

空气负离子的产生可以分成两种情况：自然界产生和人工制造。

自然界产生的空气负离子包括以下方式：

①勒纳德(Lenand)效应　又称喷筒电效应，指的是空气被瀑布、水浪等撞击，发生电离。

②植物尖端放电　叶片尖端的电势差击穿空气放电，发生电离。

③植物光合作用中的光电效应　植物的光合作用激发了叶绿素，导致其失去电子，之

后电子结合空气中的分子，形成了负离子。

④放射性元素　放射性元素释放粒子、射线产生的能量电离了气体分子。

⑤宇宙射线　射线击破了原子核，导致“雪崩效应”，并且电离空气分子。

⑥紫外线　空气分子被波长大于290nm的紫外线电离。

人工生成的包括以下方式：

①热离子发射法　加热金属材料至一定温度，材料会发射出电子，这些电子再附着氧气或者小灰尘粒子，便会生成离子。该方法产生的负离子多数为大离子，只有小部分是对人的生理起活化作用的小离子。

②放射性物质辐射法　不稳定的原子核发出射线作用于空气分子。例如，^{210}Po 的一个 α 粒子可以产生约150 000个离子对，能够电离 N_2 和 O_2。

③电荷分离法　当细微的粒子被吹进空气管道时，其灰尘粒子与管壁接触，失掉一个电子，电子附着到其他粒子上。

④紫外线照射法　从石英汞灯产生的紫外线可以电离空气，其电子通过光电效应在附近的金属或灰尘粒子上产生，由附着形成产生了负离子。这种紫外线同时会产生臭氧。

负离子的物理参数包括离子半径、离子迁移率和离子带电量等，其中，离子迁移率是分辨离子粒径大小的主要参数。表4-2给出了离子迁移率与粒径的关系。可以发现，大、中、小离子的半径和迁移率都不相同，离子半径越大，无论是空气还是电场的迁移率都越低。也就是说，离子迁移率与离子半径呈反比。

表4-2　离子迁移率与粒径的关系

离子种类	离子半径/μm	空气中的迁移率/[cm^2/(V·s)]	单位电场中的迁移率/[cm^2/(V·s)]
小离子	0.001~0.003	>0.4	0.1~2
中离子	0.003~0.03	0.04~0.4	0.001~0.1
大离子	0.03~0.1	<0.04	0.0001~0.001

(2) 空气负离子检测原理

图4-28是空气负离子传感器的工作流程图，反映了其基本工作原理。空气负离子传感器主要由离子收集器和电流检测两部分组成。方框内为离子收集器，它由收集板、极化板、吸气机和极化电源组成。检测包括以下4个步骤：第一步，初始化操作，将直流电压加载于离子收集器的正负极化板，使得收集器内形成电场；第二步，启动吸气机，吸进空气并进入离子收集器。在电场力的作用下，空气中的负离子将偏向于收集板的正极板；第三步，空气负离子撞击到收集板，放电形成电流；第四步，后续特定电路检测出电流强度，再根据公式计算空气负离子浓度并显示出来。

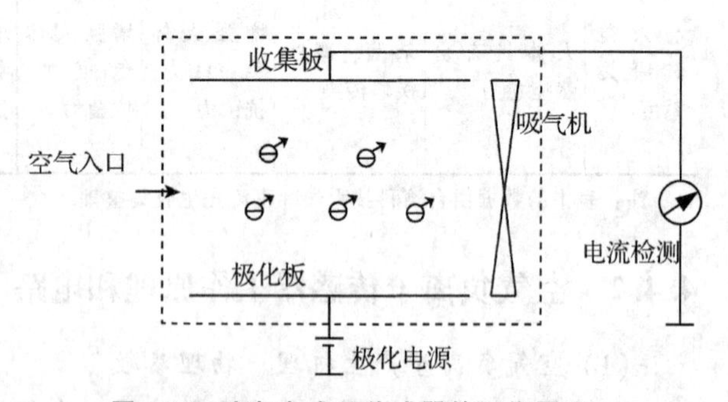

图4-28　空气负离子传感器的工作原理

负离子浓度的测量见式(4-10)：

$$I = N \times q \times V \times A \tag{4-10}$$

式中，I 为收集电极采集到的离子电流强度(单位：A)；N 为空气中单位体积的负离子个数(单位：个/cm^3)；q 为基本电荷电量(单位：C)；V 为空气流速(单位：cm/s)；A 为收集器的有效截面积(单位：cm^2)。A 容易获知，应用风速计等装置可测量出 V，再由微电流测量电路测出离子电流 I，即可推算出负离子浓度 N。

通常负离子采集系统有多种分类。按其结构分，空气离子采集器主要有平行板式、圆筒式、格栅式和球形 4 种类型。如图 4-29(a)是平行板式，图 4-29(b)是格栅式，构造都比较简单。图 4-29(c)是球形离子采集器，它体积小，便携性好。图 4-29(d)是圆筒式离子采集器，它的面积比平行板的面积大很多，空气的采集量也更大，离子采集的灵敏度更高。

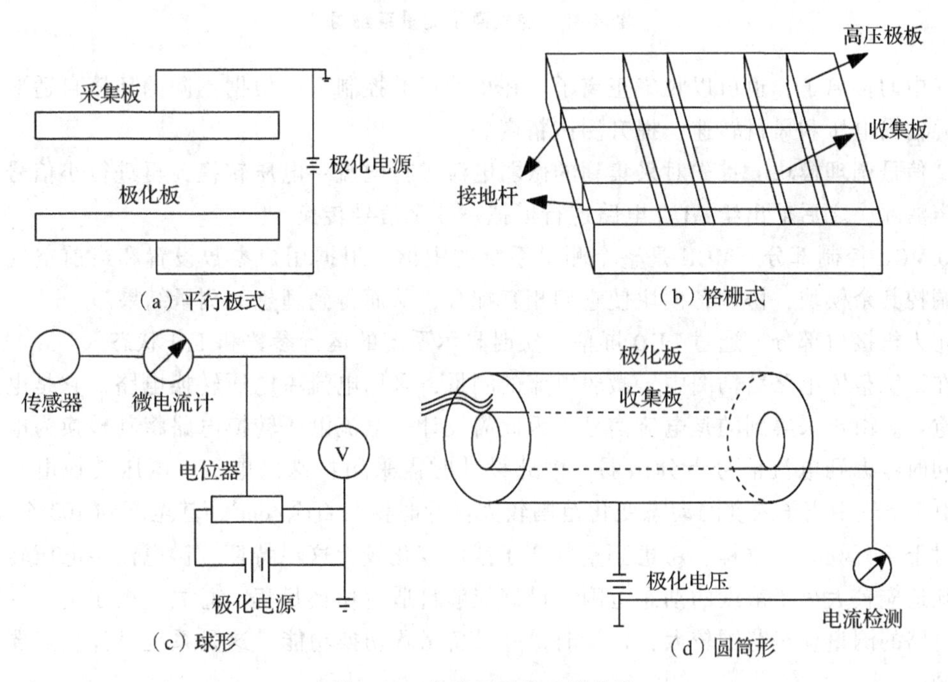

图 4-29　负离子采集系统分类

平行板式和圆筒式(同轴式)是两种较为常见的离子采集系数。在平行板系统的设计中，应该尽量减小电场的边缘效应；在同轴式系统的设计中，不仅要考虑边缘效应，还要考虑电场的极限，避免电容介质被击穿。研究表明，当 $x/d=0.5$，平行板式有较好的设计方案，此时电场边缘效应不明显。这里 x 是板长度，d 是两板间距；同轴式较好的设计方案为：$L \gg R-r$，此时电场边缘效应可以忽略；为了避免介质被击穿，选取内外半径比：

$$R/r = L/e \tag{4-11}$$

式中，L 为圆筒的长度；r 为内筒半径；R 为外筒半径。

(3) 系统电路结构和设计要求

图 4-30 为空气离子测量系统，该系统由信号采集模块、信号调理模块、MCU 控制系统、人机接口四部分组成，现分别介绍它们的功能。

①信号采集模块　包括离子采集器、极化电源、风机等。根据用户设置，不仅可以收

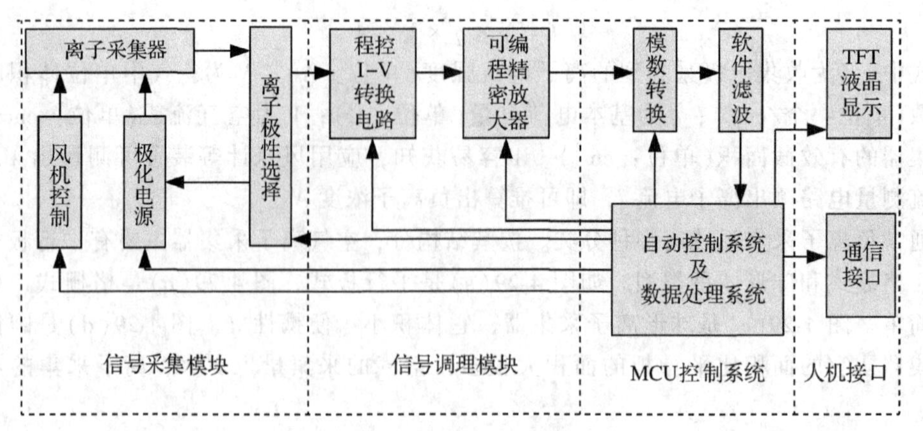

图 4-30 空气离子测量系统图

集空气中的负离子，也可以收集正离子。在单片机的控制下，根据不同的环境自适应地调整电源输出电压和风机转速，提升测试精度。

②信号调理模块 首先对采集到的微弱电流进行电流—电压转换，再进行小信号放大和噪声滤除，之后输出给 ADC 电路进行模拟—数字信号转换。

③MCU 控制部分 MCU 是整个测量系统的中枢。根据用户参数设置和当前空气离子浓度调控其余模块，协调各模块使它们相互配合，从而得到理想的测量结果。

④人机接口部分 通过 LED 屏幕，实时显示系统的运行参数和工作状态。

在系统整体电路结构图中，微弱电流的测量，采用电流—电压转换电路，它是电路设计的重点。由于采集到的是电流信号，因此需设计一电流电压转换电路将其转换为电压信号；同时考虑到电流信号十分微弱，因此设计时需采用特殊的电流—电压转换电路。另外，由于空气中离子浓度的动态变化范围较大：低时仅几百个/cm^3，甚至不到 100 个/cm^3，而高时上千万/cm^3。这样，考虑到空气离子浓度变化较大这一特征，微电流—电压转换电路必须适应较大离子浓度的动态范围，最好能够自适应切换量程。总之，由于电流—电压转换电路的测量动态范围较大，设计时最好具备量程切换功能，这是系统设计重点要考虑的问题。

在微弱电流测量领域，常见的电流—电压转换法有以下 3 种：取样电阻法、高输入阻抗法和开关电容积分法。这里我们主要考虑前面两种方法。

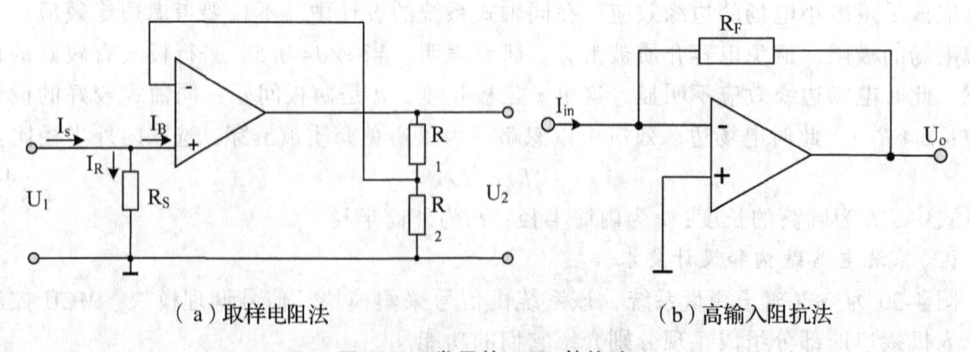

图 4-31 常用的 *I—V* 转换法

图 4-31(a)是取样电阻法电路图，可以看到，在运放正输入端连接了取样电阻 R_S，通过运放的负输入端将其电压(大小为 U_1)送入输出端电阻 R_1 和 R_2 的连接处，这样小电流信号转换成为电压信号，公式如下：

$$U_2 = I_s R_S \frac{R_1 + R_2}{R_2} \tag{4-12}$$

此电路的设计重点是取样电阻 R_S 的取值选取。由于输入电流较小，选取的采样电阻过小将会影响电流的分辨率；但电阻选取过大容易使运放产生零漂及造成更大的噪声输出。

图 4-31(b)是高输入阻抗法的电路图，其特点是采样电流经反馈电阻 R_F 直接连接到运放的输出端，不同于图 4-31(a)，此图没有取样电阻，设计重点包括：①反馈电阻的大小，这决定输出电压的灵敏度；②运放的选择，其精度受偏置电流的影响，因此应选择偏置电流低、阻抗高的运放。

程控精密放大电路也是系统电路设计的一个重点。采集的电流经微电流—电压转换电路处理后，其输出电压不适合直接送入数模转换电路进行数据变换，需要借助程控精密放大电路作预处理。其原因有：①前级转换电路的量程切换范围较大，输入信号稳定性较差；②输出信号是双极性信号，而数模转换电路的输出多数是单极性，需要对前级信号进行预处理。为解决上述问题，可分成三个部分设计该程控放大电路，第一，设计一阶 RC 低通滤波器，滤除噪声和高频干扰；第二，设计信号极性转换电路，将单极性转成双极性；第三，设计放大电路，将小信号电压幅度放大。

最后，系统设计还要考虑 ADC 的选择、单片机和周围电路等问题。若对 ADC 的分辨率要求高于 16 位及以上，系统应采用独立芯片的方案；否则可采用集成芯片方案。

4.4.3　空气负离子传感器举例和应用

目前，市面上常见的负离子传感器有平行电极板和圆筒电容法两种。前者容易受到静电和外界气流的影响，精度方面不如后者；但是其生产成本较低，所以仍占据较大市场份额。平行板式特点是成本较低(3000~5000 元)、精度一般，如日本 KEC900 系列[图 4-32(a)]、美国 AIC 系列[图 4-32(b)]。圆筒式特点是：成本高(1 万元以上)、精度较高，如日本的 COM-3200PRO 型传感器[图 4-32(c)]。

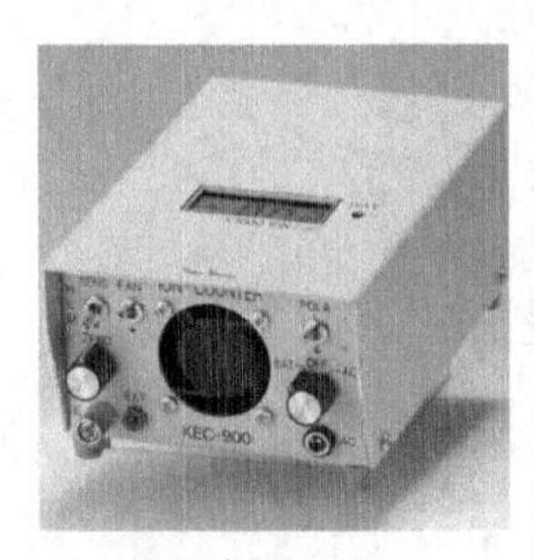

(a)日本 KEC900

(b)美国 AIC1000

(c)日本 COM-3200PRO型

图 4-32　常见几种负离子传感器

最后，我们给出空气负离子检测的一个应用实例(图 4-33)。这是甘肃两当县云屏风景区省级旅游监测屏，可实时监测空气负离子浓度、温湿度等参数。系统主要采用日本的 KEC900+型传感器，采用百叶箱进行野外长期监测，并且通过有线/无线模式将传感器测得的数据传输至远程电脑，然后在 LED 大屏幕上显示，供游客观看或者进行科研调查等。

图 4-33　空气负离子检测的应用实例

本章小结

本章分析了叶绿素、胸径、树高传感器、负氧离子传感器的基本原理，并给出了设计方案，包括系统组成、传感器选型、硬件电路设计等，详细说明了系统软件设计流程。最后分析了各种传感器的应用场景。

习　题

1. 树木胸径监测传感器包括哪些部分？试分别说明其功能。
2. 容栅式传感器的工作原理？图解其时钟信号和数据信号的对应关系。
3. 电平转换电路和串并转换电路的意义？试说明其工作原理。
4. 树木胸径监测传感器的单片机包括哪些模块？试分别说明其功能。
5. 试说明树高监测传感器的基本结构。
6. 倾角传感器有哪些类型？分别说明其工作原理。
7. 试说明叶绿素监测传感器的基本结构。
8. RGB 颜色传感器有哪些传感模式？试说明其工作原理。
9. LM2907 芯片的组成？试说明其信号转换的原理。
10. MAX232 芯片有哪些作用？试说明其各个引脚的功能。
11. 写出空气负氧离子的化学反应方程式。
12. 空气负离子的检测意义是什么？
13. 写出自然界空气负离子的产生方式(至少 3 种)。
14. 根据结构，负离子采集系统分成哪几类？
15. 在微弱电流测量领域，常见的 I—V 转换法有哪几种？写出 3 种。

参考文献

黄晓东，冯仲科，解明星，等，2015. 自动测量胸径和树高便携设备的研制与测量精度分析[J]. 农业工程学报，31(18)：92-99.

段成丽，蒋亚东，魏鸿雁，等，2013. 光栅式大应变传感器结构设计与特性研究[J]. 电子测量与仪器学报，27(6)：504-508.

胡鹏，2013. 绝对式磁栅传感器的设计与研究[D]. 武汉：武汉理工大学.

张银芳，2005. 容栅位移传感器的工作原理及其特点[J]. 航空精密制造技术(4)：58-59.

王盼盼，2012. 容栅传感器在数字式皮革测厚仪中的应用研究[D]. 西安：陕西科技大学.

陈征，王剑，2012. 基于PIC单片机及阵列电路方式控制大量外设的研究[J]. 科技广场(10)：94-97.

闫伟，马岩，2012. 基于激光测距的树高测量方法研究[J]. 林业机械与木工设备，40(2)：30-32.

徐伟恒，冯仲科，苏志芳，等，2013. 手持式数字化多功能电子测树枪的研制与试验[J]. 农业工程学报，29(3)：90-99.

潘启明，曾志龙，赵立民，等，2010. 基于AT89S51单片机的树高测量仪的设计[J]. 机电产品开发与创新，23(4)：49-51.

张维胜，2002. 倾角传感器原理和发展[J]. 传感器世界(8)：18-21.

吴蓬勃，卜新华，张金燕，2008. 基于SCA61T的倾角传感系统设计[J]. 单片机与嵌入式系统应用(3)：36-37.

汪显波，2007. 高亮度LED背光源设计[D]. 合肥：合肥工业大学.

王璞，2008. RGB颜色传感器叶绿素仪的研究[D]. 天津：天津大学.

关晓丽，2008. 基于PIC16F877A的温室自动控制系统的研究[D]. 哈尔滨：哈尔滨理工大学.

陈廷侠，赵红枝，2009. MAX232在串口通信中的作用分析与测试[J]. 新乡学院学报(自然科学版)，26(4)：19-21.

齐永利，鲁云峰，刘鸣，2005. LM2907频率/电压转换器原理及应用[J]. 国外电子元器件(5)：71-72.

于志强，2015. 空气负离子测量仪检测系统的研究[J]. 计量技术(6)：3-8.

行鸿彦，周慧萍，2016. 负氧离子收集器的分析及设计[J]. 电子测量与仪器学报，30(4)：621-628.

徐昭晖，2004. 安徽省主要森林旅游区空气负离子资源研究[D]. 合肥：安徽农业大学.

中国空气负离子暨臭氧研究学会专家组，2010. 空气负离子在医疗保健及环保中的应用[R]. 中国空气负离子暨臭氧研究学会.

周慧萍，2016. 空气负氧离子浓度检测方法及其系统设计[D]. 南京：南京信息工程大学.

甘罕，2013. 空气离子浓度测量仪的设计[D]. 保定：河北大学.

LEON A P, VINA S Z, FREZZA D, *et al.*, 2007. Estimation of chlorophyll contents by correlations between SPAD-502 meter and chroma meter in butterhead lettuce[J]. Communications In Soil Science And Plant Analysis, 38(19-20): 2877-2885.

MUMTAZUDDIN S, 2004. A new spectrophotometric method for the assay of plant phenolics[J]. Asian Journal Of Chemistry, 16(2): 1203-1204.

MIYADA M, TANIGUCHI Y, 2001. Determination of aluminium in portland cement by the spectrophotometric method with chrome azurol S[J]. Bunseki Kagaku, 50(1): 83-85.

SONAL G, RANINGA P, Patel H, 2017. Design and implementation of RGB color line following robot[M]. New York: IEEE: 442-446.

RAJA A S, SANKARANARAYANAN K, 2007. Performance analysis of a Colorimeter designed with RGB Color

Sensor[M]. New York: IEEE: 305.

LIN T P, HU K T, LIU C L, *et al.*, 2010. The Optimal Rgb Led Driving Scheme for Color Sequential Lcd[M] Idw. Minato-Ku: Inst Image Information & Television Engineers, 2145-2147.

第5章

林业物联网近程通信关键技术

林业物联网的架构中，通信技术的选取与评判，离不开林业场景与需要开展的业务。采用人工调查方法，其人力成本相对较高，而林业物联网往往部署在地广人稀、基础设施相对较落后的区域，因此物联网技术得以发挥巨大潜力的同时，也对其技术方案带来了很大的挑战。

林业物联网研发为林业资源管理、生态监测、灾害监控以及林木培育经营等方面提供高效、可靠的监测方法，需要针对场景的复杂性选取具有先进性、适应性和可持续性的关键技术，本章着重从以下四个方面介绍林业物联网近程通信的关键技术。

5.1 信息传输技术概述

人类社会是建立在信息交流的基础上，通信是推动人类社会文明进步与经济发展的巨大动力。人类最原始的信息交流方式是语言，随着文字和印刷术的发明，出现了文字通信。直到20世纪30年代莫尔斯发明了有线电报以后才开启了用电信号方式传递信息的时代。第二次世界大战刺激了通信技术的发展。20世纪50年代以来，随着电磁场理论、信息论、数字信号处理理论、微电子技术和计算机技术的发展，通信技术，特别是数字通信技术，得到了迅猛发展。20世纪60年代高琨发明光导纤维，牵动了全世界神经，也开启了光通信时代。进入21世纪后，在移动通信、光纤通信和互联网的发展和广泛应用推动下，通信技术的发展更是进入一个全盛时代。

现代通信与经济的发展密切相关，通信网已经成为支撑现代经济的最重要的基础设施之一，而且它正在改变着人类的工作和生活方式。林业信息传输技术主要指将林业信息从发送端传递到接收端，并完成接收的技术。林地信息传输技术主要包括有线通信技术、无线通信技术和林业物联网技术。有线通信技术是指利用电缆或者光缆作为通信传导的技术。无线通信技术是利用电磁波信号进行信息交换的一种技术。林业物联网技术是指在森林、湿地、荒漠化和沙化等环境中，通过感知设备，按照约定的协议，进行物与物之间的信息交换和通信，实现智能化识别、定位、跟踪、监控和管理等功能的系统。

作为林业物联网中的关键环节，林业物联网传输层起着衔接传感层和应用层的作用。

它利用现有的各种通信网络，将底层传感器收集到的林业信息传输出去。在此层中，主要实现大量传感器、传感器网络节点和物联网网关的接入，接入后通过互联网和下一代通信技术进行数据传输。在条件层面，林业涉及的领域，往往面临着地域广阔、地貌复杂、基础设施相对落后的情况。而在需求层面，林业物联网既有林间低功耗广域间断性传输信号的需求，以实现传感器网络信息的收集；又有大量集中数据传输的需求，以实现收集数据的打包批量运输。可以说林业物联网在通信方面既有先天困难、条件落后的问题，又有多重异构的需求。

因此，构建林业物联网面临很多技术问题。要拓展林地内的通信技术，其主要矛盾在于：分布广泛而离散的大量传感器节点如何高效利用现有基础设施、如何选取合适的通信协议并部署新的基础设施、如何在设计上保证长效的通信质量、如何组网、数据传输和计算的任务如何调度，等等。

本章重点阐述林业物联网中的信息传输技术，主要包括林业近程传输技术(WiFi 技术、蓝牙技术和 ZigBee 技术)、林业物联网组网、监测场和监测点的覆盖及路由技术和林业近程传输应用示范以期使读者对林业近程传输技术有一个清晰的认识和了解。

5.2 近程信息传输技术

森林资源监测以往主要依靠卫星遥感和人工地面监测。卫星遥感监测能够在较大尺度上很好地进行人工林资源监测，但受限于卫星回访周期和云量变化，监测数据的时效性较低，精细化程度不够。而人工地面监测则收到更多限制，例如，交通、观测工具、人力等，效率极低，而且数据基本没有连续性，时效性更低。这种低时效性数据是远远无法满足人工林资源监管决策的需求。随着对林业资源智慧监管的要求越来越高，对高时效性数据的需求也越来越迫切。

物联网监测技术是新一代信息技术高度集成和综合运用，采用传感器网络动态组网及无线通信技术及时地感知林分生长与环境因子，实现林业资源的连续、自动、实时监测，大大提高数据的时效性与精细程度，为林业经营决策提供依据，便于实现精细化经营。此外，随着信息传输技术的发展，人们提出了通信范围在几百米到几米内的通信需求，这样就出现了近程信息传输技术。近程信息传输是指可以在室内、室外提供近距离通信的技术。一般近程信息传输可以在 100m 以内实现传输速率为 10~100 Mb/s 的低功率近距离通信。近程信息传输技术可以分为 3 种：无线局域网(WLAN)、无线个人区域网(WPAN)和无线体域网(WBAN)。

5.2.1 WiFi 技术

5.2.1.1 WiFi 简介

WiFi 是 IEEE 定义的一个无线网络通信的工业标准，使用 IEEE802.11 系列协议的无线局域网又称为无线保真(Wireless Fidelity，WiFi)。WiFi 是当前应用最为广泛的 WLAN 标准，也可以将 WiFi 理解为 WLAN 的分支。在传输速率方面，WiFi 技术目前能够提供 54~300Mb/s 的数据率，甚至高达 600Mb/s 的数据率，信号的覆盖范围扩展到几平方千米。

WiFi 实质上是一种商业认证，是由一个名为“无线以太网相容联盟”(Wireless Ethernet Compatibility Alliance，WECA)的组织发布的业界术语。WiFi 为用户提供无线宽带互联网访问服务，如访问电子邮件、Web 和流式媒体等。同时，它也是在居家、办公室或在旅途接入互联网的快捷方式，通过 WiFi 可以将 PC、手持设备(如 PDA、手机)等终端以无线方式互连。

5.2.1.2 WiFi 工作原理

WiFi 是一种短距离无线传输技术，使用 2.4GHz 或 5GHz 附近的频段。目前，可使用的标准有：IEEE 802.11a、IEEE 802.11b、IEEE 802.11g 和 IEEE 802.11n。IEEE 802.11 标准主要定义了介质访问接入控制层(MAC 层)和物理层。物理层定义了工作在 ISM 频段上的两种无线调频方式和一种红外传输的方式，总数据传输速率设计为 2Mb/s。两个设备之间的通信可以采用自由直接(Ad Hoc)的方式进行，也可以在基站(BS)或者访问点(AP)的协调下进行。WiFi 连接点网络成员及其结构如下：

①站点 网络最基本的组成部分。最简单的服务单元(BSS)可以只由两个站点组成。站点可以动态地连接到基本服务单元中。

②分配系统(DS) 用于连接不同的基本服务单元，所使用的传输介质在逻辑上与基本服务单元使用的传输介质是截然分开的，尽管它们物理上可能会是同一个传输介质，如同一个无线频段。

③接入点(AP) 既有普通站点的身份，又有接入到分配系统的功能。

④扩展服务单元(ESS) 由分配系统和基本服务单元组合而成。

⑤关口(portal) 用来将无线局域网和有线局域网或其他网络联系起来。简言之，WiFi 是由 AP 和无线网卡组成的网络。任何一台装有无线网卡的 PC 均可通过 AP 分享有线局域网络甚至广域网络的资源，其工作原理相当于一个内置无线发射器的 Hub 或路由器，而无线网卡则是负责接收由 AP 所发射信号的客户端设备。

5.2.1.3 WiFi 技术特点

WiFi 以其自身诸多优点而受到人们推崇。

①无线电波的覆盖范围广 WiFi 的半径可达 100m，适合办公室及单位楼层内部使用。在开放性区域，通信距离可达 305m；在封闭性区域，通信距离为 76～122m，方便与现有的有线以太网络整合，组网的成本更低。

②速度快，可靠性高 基于 IEEE 802.11b 的 WiFi 技术能够提供最高带宽 11Mb/s，在信号较弱或有干扰的情况下，带宽可调整为 5.5Mb/s、2Mb/s 和 1Mb/s。带宽的自动调整，有效地保障了网络的稳定性和可靠性。

③健康、安全 WiFi 规定的发射功率不可超过 100mW，实际发射功率约为 60～70mW，手机的发射功率在 200mW～1W 之间，手持式对讲机高达 5W，而且无线网络使用方式并非像手机直接接触人体，是绝对安全的。

WiFi 的不足主要是因其热点覆盖范围小，在快速移动情况下信号质量不好、空中接口数据本身没有安全保证、信号的稳定性不好等方面。

5.2.1.4 WiFi 技术应用

由于 WiFi 的频段在世界范围内是无需提供任何电信运营执照的免费频段，因此 WiFi

设备提供了一个世界范围内可以使用的、费用极其低廉且带宽极高的无线空中接口。用户可以在 WiFi 覆盖区域内快速上网，随时随地接听和拨打电话。几乎在世界各处，都可以使用 WiFi。家用 WiFi 网络能将多台计算机互相链接，以及链接到外围设备和互联网。WiFi 网络已经出现在人群聚集的繁忙地点，如咖啡店、旅馆、机场休息室等场所。这也是 WiFi 服务迅速发展的方向。WiFi 网络已经覆盖市中心，甚至主要高速公路，使旅客们能到处停步以便上网。WiFi 技术作为现有通信方式的一种重要补充，与其他通信方式结合使用，大大提高了人们的生活质量。

5.2.2 蓝牙技术

5.2.2.1 蓝牙简介

蓝牙技术是一种无线数据与数字通信的开放式标准，由爱立信、诺基亚、IBM 等公司在 1998 年共同推出。它以低成本、近距离无线通信为基础，为固定与移动设备提供了一种完整的通信方式。利用蓝牙技术，能够有效地简化个人数字助理(PDA)、便携式计算机和移动电话手机等移动通信终端设备之间的通信，也能够成功地简化以上这些设备与互联网之间的通信，从而使这些现代通信设备与互联网之间的数据传输变得更加迅速、高效。蓝牙工作频率为 2.4GHz，有效通信半径大约在 10m 内。在此范围内，采用蓝牙技术的多台设备，如手机、微机、激光打印机等能够无线互联，以约 1Mb/s 的速率相互传递数据，并能方便地接入互联网。

蓝牙技术标准的主要内容有：①蓝牙工作在全球通用的 2.4GHz ISM 频段；②采用快速确认和跳频技术，以确保链路的稳定；③采用二进制调频(FM)技术的跳频收发器，抑制干扰和防止衰落；④采用前向纠错(FEC)技术，抑制长距离链路中的随机噪声；⑤数据传输速率为 1Mb/s；⑥采用时分双工传输，其基带协议是电路交换和分组交换的结合；⑦一个跳频频率发送一个同步分组，每个分组占用一个时隙，也可扩展到 5 个时隙；⑧支持一个异步数据通道或 3 个并发的同步语音通道，或一个同时传送异步数据和同步语音的通道。每一个语音通道支持 64kb/s 的同步话音。异步通道支持最大速率为 721kb/s、反向应答速率为 57.6kb/s 的非对称连接，或者是 432.6b/s 的对称连接。

5.2.2.2 蓝牙技术体系结构

蓝牙技术标准为 IEEE 802.15，通信协议也采用分层结构。通信协议可以分为底层协议、中间协议和选用协议三部分。

①底层协议　包括无线层协议、基带协议和链路管理协议。这些协议主要由蓝牙模块实现。基带协议与链路控制层确保微微网内各蓝牙设备单元之间由射频构成的物理层连接，链路管理协议负责各蓝牙设备间连接的建立。

②中间协议　建立在主机控制接口(Host Controller Interface，HCI)之上，它们的功能由协议软件在蓝牙主机上运行。中间协议包括：逻辑链路控制和适应协议(Logical Link Control and Adaptation Protocol，L2CAP)，它是基带的上层协议，当业务数据不经过链路管理协议(Link Manager Protocol，LMP)时，L2CAP 为上层提供服务，完成数据的装拆、服务质量和协议复用等功能；服务发现协议(Service Discovery Protocol，SDP)，它是所有用户模式的基础，能使应用软件找到可用的服务，以便在蓝牙设备之间建立相应的连接；电话

控制协议(Telephone Control Protocol，TCS)，提供蓝牙设备间语音和数据的呼叫控制命令。

③选用协议　根据不同的应用要求来决定所采用的不同协议的，例如，点对点协议(PPP)、TCP/UDP、IP、对象交换协议 OBEX、电子名片交换协议 vCard、电子日历及日程交换格式 vCal、无线应用协议(WAP)和无线应用环境(VAF)等。

5.2.2.3　蓝牙技术应用

蓝牙技术具有低成本、高速率的特点，它可将内嵌有蓝牙芯片的计算机、手机和多种便携通信终端互连起来，为其提供语音和数字接入服务，实现信息的自动交换和处理，并且蓝牙的使用和维护成本要低于其他任何一种无线技术。目前蓝牙技术开发重点是多点连接，即一台设备同时与多台(最多 7 台)设备互连。

采用蓝牙技术的设备使用方便，可自由移动。与无线局域网相比，蓝牙无线系统更小、更轻薄，成本和功耗更低，信号的抗干扰能力强。蓝牙技术的应用主要有以下三类：

①语音数据接入　指将一台计算机通过安全的无线链路连接到通信设备上，完成与广域网的连接。

②外围设备互连　指将各种设备通过蓝牙链路连接到主机上。

③个人局域网　主要用于个人网络与信息的共享与交换。蓝牙技术已在个人局域网中获得了很大成功，包括无绳电话、PDA 与计算机的互联，便携式计算机与手机的互联，以及无线 RS-232、RS-485 接口等。

5.2.3　ZigBee 技术

5.2.3.1　ZigBee 简介

IEEE 任务组 TG4 于 2003 年发布 IEEE802.15.4 标准的第一版后，于 2006 年对其进行了升级。ZigBee 技术是建立在 IEEE 802.15.4 标准之上，称作 IEEE802.15.4(ZigBee)技术标准，发展至今已有 4 种版本。ZigBee 增加了逻辑网络、网络安全和应用软件，更加适合于产品技术的一致化，利于产品的互联互通。

ZigBee 协议并不是完全独有的全新标准，它的物理层和 MAC 层采用 IEEE 802.15.4 标准，而且有关带宽和速率方面的参数也与 IEEE 802.15.4 标准一样。ZigBee 可使用的频段分别是 2.4GHz 的 ISM 频段、欧洲的 868MHz 频段以及美国的 915MHz 频段，而不同频段可使用的信道分别是 16、10、1 个。中国采用 2.4GHz 频段，这是免申请和免使用费的频率。ZigBee 在 2.4GHz 的频段上有 16 个信道，在 2.405~2.480GHz 之间分布，信道间隔为 5MHz，具有很强的信道抗串扰能力。

ZigBee 协议体系结构如图 5-1 所示，由高层应用标准、应用汇聚层、网络层、IEEE 802.15.4 协议组成。

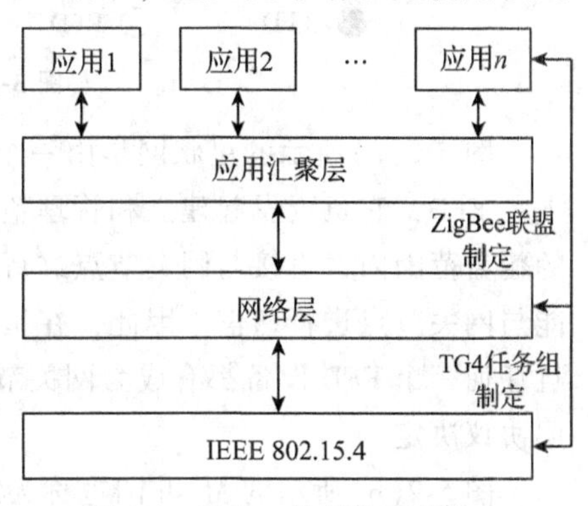

图 5-1　ZigBee 协议体系结构

高层应用负责向用户提供简单的应用软件接口(API)，包括应用子层支持(APS)和 ZigBee 设备对象(ZDO)等，实现对应用层设备的管理。

应用汇聚层与 ZigBee 设备配置和用户应用程序

组成在 ZigBee 协议的应用层。应用层提供高级协议管理功能，用户应用程序由各制造商自己来规定，它使用应用层协议来管理协议栈。

网络层负责拓扑结构的建立和维护网络连接，它独立处理传入数据请求、关联、解除关联业务，包含寻址、路由和安全等。网络层包括逻辑链路控制子层，该子层是基于 IEEE802.2 标准的。

5.2.3.2 ZigBee 网络配置

支持 ZigBee 技术的设备包含两种：全功能设备(FFD)和精简功能设备(RFD)。其中，FFD 可以和 FFD、RFD 通信，而 RFD 只能与 FFD 通信，RFD 之间无法进行通信。RFD 的应用相对简单，例如，在无线传感器网络中，它们只负责将采集的数据发送给网络协调器，而自身并不具备数据转发、路由发现和路由维护等功能。RFD 占用资源少，所需的存储容量也小，因而成本比较低。

在一个 ZigBee 网络中，至少存在一个 FFD 充当整个网络的协调器，也称为 ZigBee 网关。一个 ZigBee 网络只有一个网关。通常，网关是一个特殊的 FFD，它具有较强大的功能，是整个网络的主要控制者，负责建立新的网络、发送网络信标、管理网络中的节点以及存储网络信息等。FFD 和 RFD 都可以作为终端节点加入 ZigBee 网络。此外，普通 FFD 也可以在它的个人操作空间(POS)中充当网关，但它仍然受整体网络的网关的控制。ZigBee 中每个网关节点最多可连接 255 个节点，一个 ZigBee 网络最多可容纳 65 535 个节点。

5.2.3.3 ZigBee 网络拓扑结构

ZigBee 技术具有强大的组网能力，通过无线通信组成星状网、网状(Mesh)网和混合网，如图 5-2 所示，可以根据实际项目需要来选择合适的网络结构。

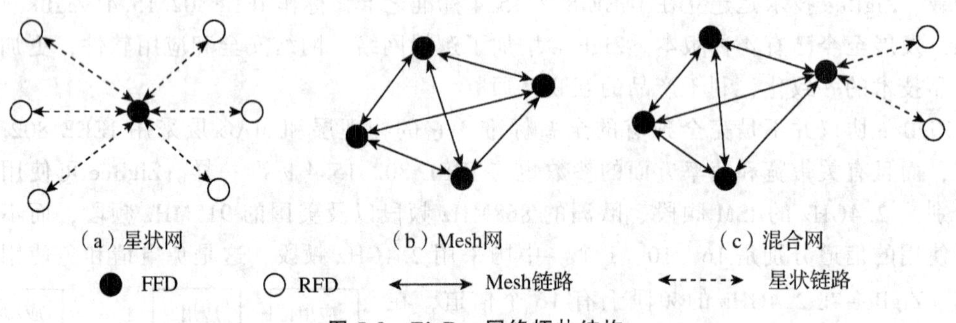

图 5-2 ZigBee 网络拓扑结构

图 5-2(a)所示的星状网是由一个网关节点和一个或多个终端节点组成的。网关节点必须是 FFD，它负责发起建立和管理整个网络；其他终端节点一般为 RFD，分布在网关节点的覆盖范围内，直接与网关节点进行通信。在星状网中，以网关节点为中心，所有设备只能与网关节点进行通信。因此，在星状网络的形成过程中，第一步就是建立网关节点，而且任何一个 FFD 设备都有成为网关节点的可能。一个网络如何确定自己的网关节点，由上层协议决定。

图 5-2(b)所示的 Mesh 网也称为对等网，一般是由若干个 FFD 连接在一起形成的，它们之间是完全的对等通信，每个节点都可以与它的无线通信范围内的其他节点通信，不需

要其他设备的转发。Mesh 网是一种高可靠性网络，具有“自恢复”能力，它可以为传输的数据提供多条路径，一旦一条路径出现故障，就可以选择另外一条或多条路径。

图 5-2(c)所示为由 Mesh 网与星状网所构成的混合网。在混合网中，各个子网内部以星状网连接，其主器件之间又以 Mesh 网的方式连接在一起。信息流首先流到同一子网内主节点，通过网关节点到达更高层的子网，随后继续上传到达中心节点。该拓扑结构还可以组成极为复杂的网络，其网络具备自组织、自愈功能。

当 ZigBee 技术用于无线传感器网络时，由于网络拓扑结构的多样性，应根据应用场景选择适合的网络层协议。此外，无线传感器网络作为物联网的核心技术，需要低功耗短距离的无线通信技术。ZigBee 是针对低速无线个域网的无线通信标准，低功耗、低成本是其主要目标，它为个人或者家庭范围内不同设备之间低速联网提供了统一标准。

5.2.3.4　ZigBee 网络系统

ZigBee 技术的出现给人们的工作和生活带来了极大的方便和快捷。ZigBee 技术的应用领域主要包括无线数据采集、无线工业控制、消费性电子设备、家庭和楼宇自动化、远程网络控制等场合。

(1)ZigBee 网络系统的构建

图 5-3 所示为一个典型的 ZigBee 网络系统。在该 ZigBee 网络系统中，部署了一个 ZigBee 协调器与 PC 相连，同时部署了若干 ZigBee 终端节点或路由器，使其连接温度、湿度和光敏电阻等传感器来监测环境。ZigBee 网络系统的整体工作过程是：首先由协调器节点成功创建 ZigBee 网络，然后等待终端节点加入。当终端节点及传感器上电后，会自动查找空间中存在的 ZigBee 网络，并加入网络，将自己的物理地址发送给协调器。协调器将节点的地址信息等通过串口发送给计算机进行保存。当计算机想要获取某一节点处的传感器值时，只需向串口发送相应节点的物理地址及测量指令。协调器通过串口从计算机收到物理地址后，会向与其对应的传感器节点发送数据，传达传感器测量指令。传感器节点收到该数据后，通过传感器测量数据，然后将测量结果发送给协调器，并在计算机端进行显示。

(2)ZigBee 网络系统的特点

ZigBee 这个名字来源于蜂群的通信方式，蜜蜂之间通过跳 ZigZag 形状的舞蹈来交换信

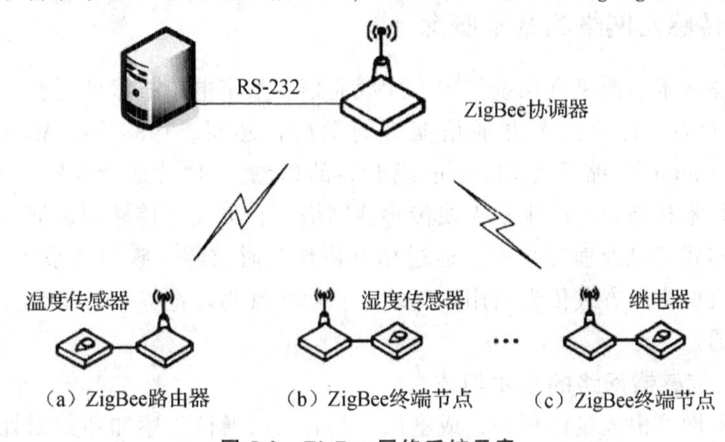

图 5-3　ZigBee 网络系统示意

息，以便共享食物源的方向、位置和距离等信息。与其他无线通信协议相比，ZigBee 协议复杂度低，对资源要求少，它主要有以下几个特点：

①低功耗　ZigBee 协议采用了休眠机制，ZigBee 终端仅需要两节普通的五号干电池就可以工作 6 个月到 2 年。这是 ZigBee 的一个显著低功耗特点。

②时延短　ZigBee 通信时延和从休眠状态激活的时延都非常短。设备搜索时延为 30ms，休眠激活时延为 15ms，活动设备信道接入时延为 15ms。这样，一方面节省了能量消耗，另一方面更适用于对时延敏感的场合。例如，一些应用在工业上的传感器就需要以毫秒级的速度获取信息，安装在厨房内的烟雾探测器也需要在尽量短的时间内获取信息并传输给网络控制者，从而阻止事故的发生。

③传输范围小　在不使用功率放大器的前提下，ZigBee 节点的有效传输范围一般为 10~75m，能覆盖普通的家庭和办公场所。

④数据传输速率低　2.4GHz 频段为 250kb/s，915MHz 频段为 40kb/s，868MHz 频段只有 20kb/s。

⑤数据传输可靠　ZigBee 协议采用了碰撞避免机制，同时为需要固定带宽的通信业务预留了专用时隙，从而避免了发送数据时的竞争和冲突。MAC 层采用完全确认的数据传输机制，每个发送的数据包都必须等待接收方的确认信息，保证了节点之间传输信息的高可靠性。

5.3　近程组网和路由技术

林业生产一般都在野外，有线传输基本不可能，因此无线传感器网络是林业信息传输的一种重要方式和渠道。一般通过将大量的林业单要素/多要素传感器节点构成监控网络，以采集林分生长与环境因子来帮助林业工作人员及时发现问题，并且准确地确定发生问题的位置。本章从林业物联网的体系结构出发，阐述了林业物联网中常用的近程组网、监测区覆盖和路由技术，提出了物联网应用于现代林业的优势，以及对未来物联网应用于现代林业关键问题的展望。

5.3.1　无线传感器网络的基本概念

随着半导体技术、微机电系统技术、无线通信和数字电子技术的进步和日益成熟，出现了具有感知能力、计算能力和通信能力的微型传感器。1988 年，MarkWeiser 提出了“Ubiquitous Computing”(缩写为 Ubicomp 或 UC)的思想，即“普适计算”，促使计算、通信和传感器 3 项技术相结合，产生了无线传感器网络。它集成了传感器、嵌入式计算、现代网络通信和分布式信息处理等技术，通过相互协作实时监测、感知和采集各种环境信息，并以自组织多跳网络的方式传送给用户终端，从而实现物理世界、计算世界以及人类社会三元世界的连通。

5.3.1.1　无线传感器网络的基本组成

无线传感器网络由大量体积小，成本低，具有无线通信、感知和数据处理能力的传感器节点组成。它通过对感知信息的协作式数据处理，获得感知对象的准确信息，然后通过

Ad Hoc 方式传送给需要这些信息的观察者，即用户。由无线传感器网络的描述可知，无线传感器网络包含有传感器、感知对象和观察者 3 个基本要素。通常情况下，一个典型无线传感器网络系统的基本组成结构如图 5-4 所示。它由分布式传感器节点、汇聚节点、互联网和远程用户管理节点组成。

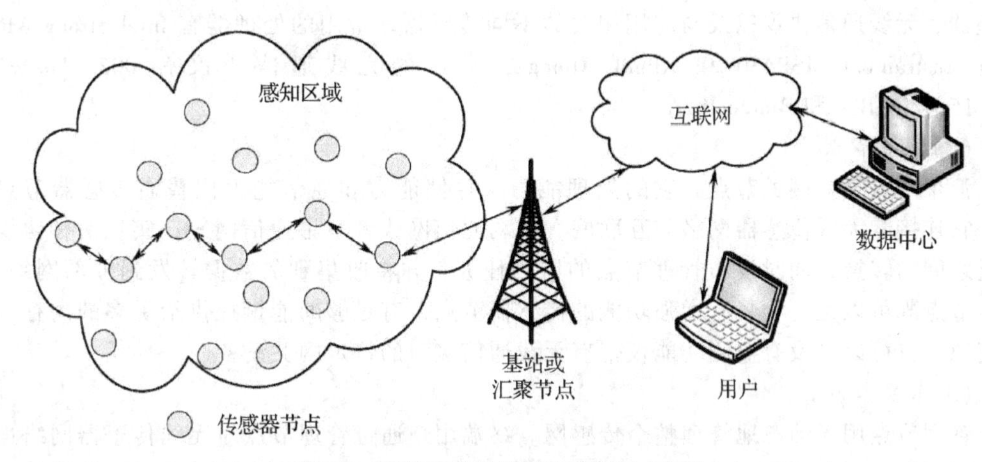

图 5-4　无线传感器网络的基本组成结构

大量传感器节点散布在感知区域内部，这些节点能够采集数据，并以自组织多跳的方式构成无线网络，将数据传送到汇聚节点。同时，汇聚节点也可以下达控制信息给各节点。汇聚节点直接与互联网以有线方式或无线方式相连，通过互联网实现与管理节点(即用户)之间的相互通信。管理节点可以对无线传感器网络进行配置和管理，发布测控任务并收集监测数据。

(1)传感器节点组成

传感器节点是一个微型化的嵌入式系统，它构成了无线传感器网络的基础支持平台。典型的传感器节点由数据采集的感知模块、数据处理模块、无线通信模块和节点供电的电源供给模块 4 个部分组成。图 5-5 所示是传感器节点硬件基本组成示意。其中，感知模块由传感器、A/D 转换器组成，负责感知监控对象的信息；电源供给模块负责供给节点能量，一般为小体积的电池；无线通信模块完成节点间的交互通信工作，一般为无线电收发装置；数据处理模块包括存储器和微处理器等部分，负责控制整个传感器节点的操作，存

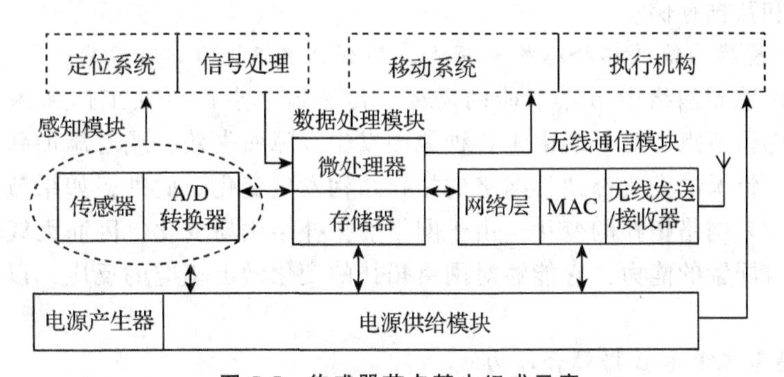

图 5-5　传感器节点基本组成示意

储和处理本身采集的数据以及其他节点发来的数据。

由于具体的应用背景不同，目前国内外出现了多种无线传感器网络节点的硬件平台。典型的节点包括美国CrossBow公司开发的Mote系列节点Mica2、MicaZ和Mica2Dot，以及Infineon公司开发的EYES传感器节点等。实际上，各平台最主要的区别是采用了不同的处理器、无线通信协议以及与应用相关的不同传感器。常用的处理器有Intel Strong ARM、Texas Instrument MSP430和Atmel Atmega，常用的无线通信协议有802.11b/WiFi、802.15.4/ZigBee和Bluetooth等。

(2)汇聚节点

汇聚节点又称网关节点，它的处理能力、存储能力和通信能力比普通传感器节点更强，它连接着无线传感器网络与互联网、移动通信网或者卫星通信网等，实现两种协议栈协议之间的转换，同时发布管理节点的监测任务，并将收集到的数据转发到外部网络上。汇聚节点既可以是一个具有增强功能的传感器节点，有足够的能量提供给更多的内存与计算资源，也可以是没有监测功能仅带有无线通信接口的特定网关设备。

(3)管理节点

管理节点用于动态地管理整个传感网。终端用户通过管理节点对无线传感器网络进行管理与配置，发布感知任务及收集感知数据。管理节点通常为运行网络管理软件的PC、便携式计算机或手持终端设备。

5.3.1.2 无线传感器网络的特点

无线传感器网络作为一种物联网的核心技术之一，具有极其广阔的应用前景。同传统网络相比，无线传感器网络具有许多显著的特点：

(1)大规模网络

在一个无线传感器网络中，为了保证网络的可用性和生存能力，可能有成千上万的节点，节点的密度很高。正由于传感器节点数目大，而且网络中一般不支持任意两个节点之间的点对点通信，以及每个节点不存在唯一的标识，因而在进行数据传输时采用空间位置寻址方式。

(2)传感器节点的能量、计算能力和存储容量有限

随着传感器节点设计的微型化，其能量有限，而且由于受到条件限制，难以在使用过程中更换电池，所以传感器节点的能量限制是整个无线传感器网络设计的瓶颈，它直接决定了网络的工作寿命。另一方面，传感器节点的计算能力和存储能力都较低，使其不能进行复杂的计算和数据存储。

(3)无线传感器网络的拓扑结构易变化，具有自组织能力

由于无线传感器网络中节点节能的需要，传感器节点可以在工作和休眠状态之间切换。同时，传感器节点随时可能由于各种原因发生故障而失效，或者添加新的传感器节点到网络中，这些情况的发生都使得网络的拓扑结构发生变化。此外，如果节点具备移动能力，也必定会带来网络拓扑的变化。由于网络的拓扑结构易变化，因而无线传感器网络应具有自组织、自配置的能力，它能够对网络拓扑的变化做出相应的反应，以保证网络的正常工作。

(4)传感器节点具有数据融合能力

在无线传感器网络中，由于传感器节点数目大，很多节点会采集到具有相同类型的数

据，因而，通常要求其中的一些节点具有数据融合能力，对来自多个传感器节点采集的数据进行融合，再送给信息处理中心。数据融合可以减少冗余数据，从而可以减少在传送数据过程中的能量消耗，延长网络寿命。

(5)无线传感器网络是任务型的网络

无线传感器网络中的节点采用节点编号标识，是否需要节点编号唯一取决于网络通信协议的设计。由于传感器节点随机部署，构成的无线传感器网络与节点编号之间的关系是完全动态的，表现为节点编号与节点位置没有必然联系。用户在使用无线传感器网络查询事件时，直接将所关心的事件通告网络，而不是通告给某个确定编号的节点；网络在获得指定事件的信息后汇报给用户。这种以数据本身作为查询或传输线索的思想更接近于自然语言交流习惯，所以通常说无线传感器网络是一个以数据为中心的网络。

5.3.2　无线传感器网络的体系结构

无线传感器网络作为一种自组织通信网络，其基本组成单元是服务器上的应用平台、公众电信网络、物联网网关、传感器网络节点。每个传感器网络节点可以是单要素监测节点，也可以是多要素监测节点。尽管传统通信网络技术中已有成熟的解决方案可以借鉴到林业物联网技术中来，但由于林业物联网是能量受限制的自组织网络，且其工作环境和条件与传统网络有非常大的不同，所以设计网络时要考虑更多地考虑影响林业物联网的因素，尤其是林业物联网的拓扑结构和协议标准。

5.3.2.1　林业物联网拓扑结构

林业物联网的组网技术有多种形态和组网方式。按照组网形态和方式有集中式和分布式。集中式结构类似于移动通信的蜂窝结构，集中管理；分布式结构类似 Ad Hoc 网络结构，可自组织网络接入连接，分布式管理。如果按照节点功能及结构层次来看，林业物联网通常可分为平面网络结构、分级网络结构、星型网络结构和 Mesh 网络结构。根据林业监测的需要、地理环境、现有技术限制以及成本控制等多方面的因素，进行适林适地的林业物联网组网技术的选择尤为重要。在林业物联网中，组网技术要考虑的主要因素有：①网关和传感器节点应部署在株行距的中间位置，减少树干对观测设备的影响。避免跨越两个林分，要避开道路、小河、防火道、林缘；②不同密度、林龄、树种类型的林分应结合无线信号传输的特性，确定最适宜的无线通信距离，并据此设置传感节点之间的距离；③物联网网关、传感节点、传感器及感知终端应具有防水、防潮、防虫等特性，以适应林区复杂环境；④应注意地形对无线通信距离的影响，在不同地形、地貌下，监测节点之间的距离要适宜。

(1)平面网络结构

平面网络结构是无线传感器网络中最简单的一种拓扑结构，如图 5-6 所示。所有节点为对等结构，具有完全一致的功能特性。这种网络拓扑结构简单，易维护，具有较好的健壮性，实际上它就是一种 Ad Hoc 网络结构形式。由于没有中心管理节点，故采用自组织协同算法形

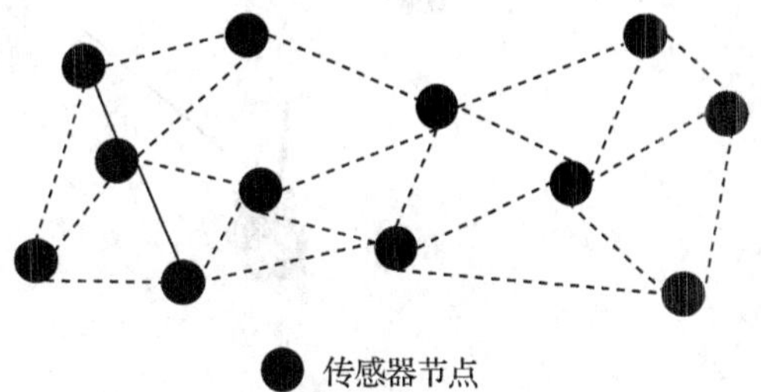

图 5-6　无线传感器网络平面网络结构

成网络，其组网算法比较复杂。

(2)分级网络结构

分级网络结构如图5-7所示，它是无线传感器网络平面网络结构的一种扩展，网络分为上层和下层两部分：上层为骨干节点，下层为一般传感器节点。通常网络可能存在一个或多个骨干节点，骨干节点之间或一般传感器节点之间采用的是平面网络结构。所有骨干节点为对等结构，骨干节点和一般传感器节点有不同的功能特性。这种分级网络通常以簇的形式存在，按功能分为簇首(具有汇聚功能的骨干节点，即 cluster head)和成员节点(一般传感器节点，即 members)。这种网络拓扑结构扩展性好，便于集中管理，可以降低系统建设成本，提高网络覆盖率和可靠性；但是集中管理开销大，硬件成本高，一般传感器节点之间可能不能够直接通信。

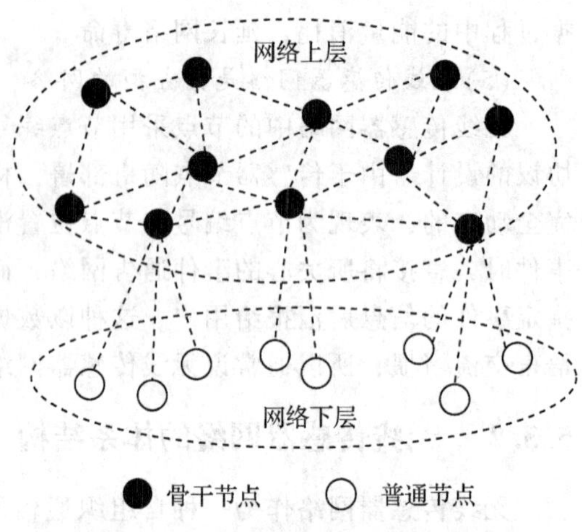

图5-7 无线传感器网络分级网络结构

(3)星型网络结构

星型网络拓扑结构是单跳结构，所有终端节点直接与网关通信，彼此之间并不建立连接，网络中各终端节点也可以根据应用各不相同。星型网络拓扑结构如图5-8所示。星型网络的优点在于能耗低，但因为每个节点只能和网关连接这一条通路，也存在通信距离短，网络不够稳定等问题。在林业监测应用中，小班到中等林班规模(不超过200)的信息

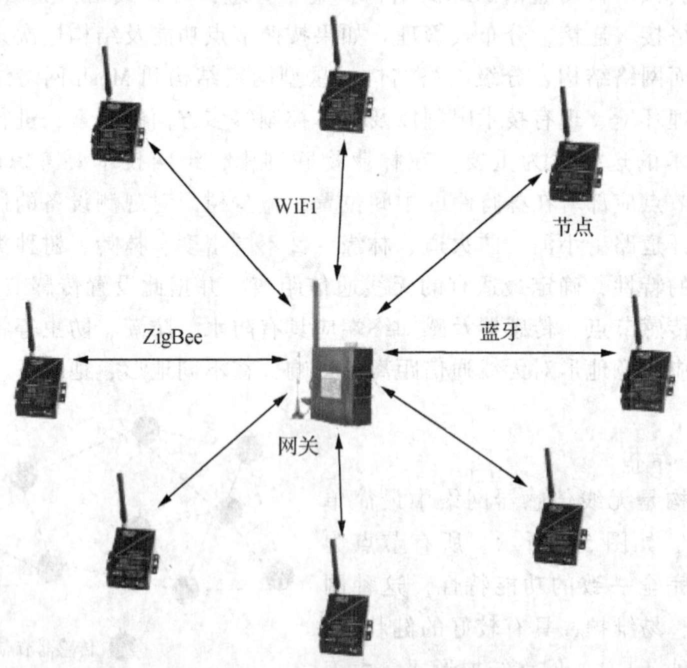

图5-8 无线传感器网络星型网络结构

采集物联网应用中，无线传感器网络拓扑结构以星型网络为主，即可保证在采集区内节点通信正常，信息采集和传输正常。

(4) Mesh 网络结构

Mesh 网络结构也称为多跳网络结构，它是一种新型的无线传感器网络拓扑结构，它与前面的传统网络拓扑结构具有一些结构和技术上的不同。从结构来看，Mesh 网络是规则分布的网络，任何节点都可以同时作为终端节点和中继器，网络中的每个节点都可以发送和接收信号，每个节点都可以与一个或者多个对等节点进行直接通信，如图 5-9 所示。Mesh 网络的优点在于即使某个节点出故障，仍能够保证网络正常联通，所以网络稳定。由于有多跳结构的存在，可以大大增加了通信距离，使得网络覆盖面积大大增加，但也因此增加了能耗。超过中等林班规模(大于 200)林业信息采集物联网监测应用中，传感器网络的拓扑结构可采用 Mesh 网络结构，以满足更大区域尺度的网络覆盖，确保监测区内节点间通信正常，信息采集和传输正常。然而，森林环境信号衰减比较迅速，为保证节点到网关之间连接的稳定性，同时为了降低能耗，传感节点到物联网网关之间的连接不应超过 2 跳。

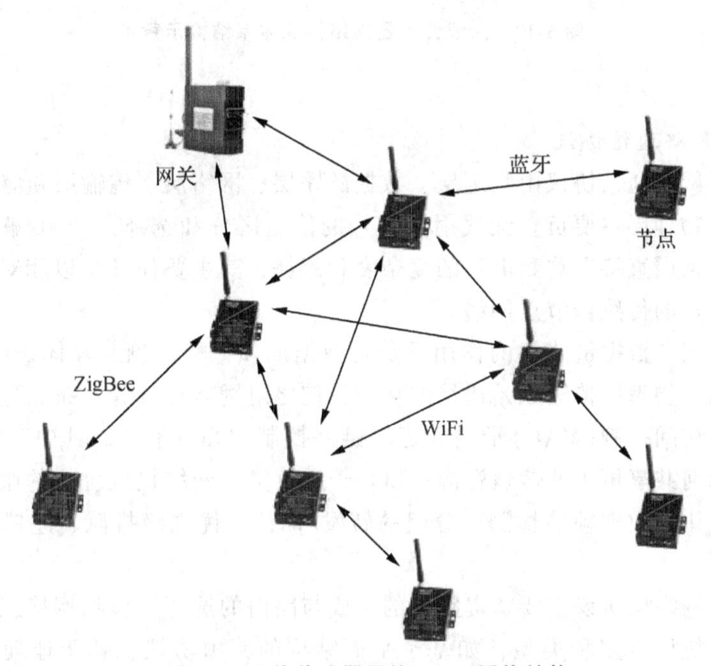

图 5-9　无线传感器网络 Mesh 网络结构

5.3.2.2　林业物联网协议体系结构

网络协议体系结构是网络的协议分层以及网络协议的集合，是对网络及其部件所应完成功能的定义和描述。对无线传感器网络来说，其网络体系结构具有二维特点，如图 5-10 所示。该网络体系结构由分层的网络通信协议模块、传感器网络管理模块和应用支撑服务模块三部分组成。分层的网络通信协议模块类似于 TCP/IP 协议体系结构；传感器网络管理模块主要是对传感器节点自身的管理以及用户对传感器网络的管理；应用支撑服务模块是在网络通信协议模块和传感器网络管理模块的基础上，给出支持无线传感器网络的应用

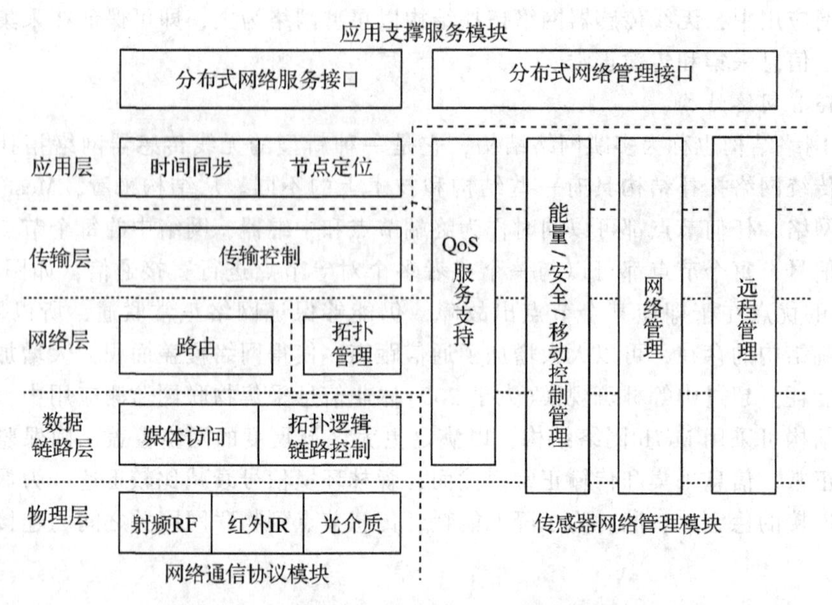

图 5-10 无线传感器网络协议体系结构示意

支撑技术。

(1)分层的网络通信协议

无线传感器网络通信协议由物理层、数据链路层、网络层、传输层和应用层组成。

①物理层　物理层主要负责无线射频信号的信道区分和选择，调制/解调，以及信号的发送与接收。该层直接影响到电路的复杂度和能耗，其主要任务是以相对较低的成本以获得较大链路容量的传感器节点网络。

②数据链路层　数据链路层的作用是负责数据成帧、帧检测、媒体访问和差错控制，其主要任务是加强物理层传输原始比特的功能，使之对网络显现为一条无差错链路。该层又可细分为媒体访问控制(MAC)子层和逻辑链路控制(LLC)子层。其中，MAC 子层规定了不同的用户如何共享可用的信道资源；LLC 子层负责向网络提供统一的服务接口，具体包括数据流的复用、数据帧的检测、分组的转发/确认、优先级排队、差错控制和流量控制等。

③网络层　网络层协议主要负责路由的生成与路由的选择，包括网络互联、拥塞控制等。网络层路由协议有多种类型，如基于平面结构的路由协议、基于地理位置的路由协议、分级结构路由协议等。

④传输层　传输层负责数据流的传输控制，帮助维护无线传感器网络应用所需的数据流，提供可靠、开销合理的数据传输服务。

⑤应用层　应用层协议基于检测任务，包括节点部署、动态管理、信息处理等，因此在应用层需要开发和使用不同的应用层软件。

(2)无线传感器网络管理技术

①能量管理　在无线传感器网络中，电源能量是各个节点最宝贵的资源。为了使无线传感器网络的使用时间尽可能长，必须合理有效地利用能量。例如，传感器节点接收到其

中一个相邻节点的一条消息后，可以关闭接收机，这样可以避免接收重复的消息；当一个传感器节点剩余能量较低时，可以向其相邻节点广播，通知它们自己剩余能量较低，不能参与路由功能，而将剩余能量用于感知任务。

②拓扑管理　在传感网中，为了节约能量，一些节点在某些时刻会进入休眠状态，导致网络的拓扑结构不断变化。为了使网络能够正常运行，必须进行拓扑管理。拓扑管理主要是节约能量，制定节点休眠策略，保持网络畅通，提高系统扩展性，保证数据能够有效传输。

③QoS 服务支持　QoS 服务支持是网络与用户之间以及网络上相互通信的用户之间关于数据传输与共享的质量约定。为满足用户要求，无线传感器网络必须能够为用户提供足够的资源，以用户可以接受的性能指标进行工作。

④网络管理　网络管理是对网络上的设备和传输系统进行有效的监视、控制、诊断和测试所采用的技术和方法。网络管理包括故障管理、计费管理、配置管理、性能管理和安全管理。

⑤移动控制　移动控制管理用于检测和记录传感器节点的移动状况，维护到达汇聚节点的路由，还可使传感器节点能够跟踪它的邻居。传感器节点获知其相邻传感器节点后，能够平衡其能量和任务。

5.3.3　林业物联网节点部署与覆盖

网关的部署是林业物联网工作的基础，它直接关系到网络监测信息的准确性、完整性和时效性。当林业环境内公网信号(3G/4G/5G)稳定时，无线传感器网络网关的部署可以与传感节点部署同等对待，部署位置不需要进行特别选择。但如果林业环境内公网信号不稳定时，则应将物联网网关部署在林缘位置，以获得更好的公网连接，从而保证网关到数据中心的网络连接，确保采集数据能够上传到云端数据中心。

5.3.3.1　无线传感器网络网关部署问题

在林业环境中大规模部署物联网监测系统时，要考虑多个网关节点的部署问题，既要保证网关信号足够的覆盖，尽可能减少覆盖区域重叠，又要避免不连续。此外，主要应考虑以下 4 个指标，网络覆盖、连通性、位置选择及信息可传输性。此外，在网关部署时，还应将网关天线部署在高点，以提供更好的网络覆盖。

无线传感器网络网关节点的通信覆盖范围是以网关为圆心，以通信半径 R 为半径的圆。当 3 个圆两两相交，且圆心之间的距离是圆半径的 $\sqrt{3}$ 倍时，圆域的面积最大，相交部分最小。在这种情况下，3 个圆构成的无缝拓扑面积为最大，如图 5-11 所示。

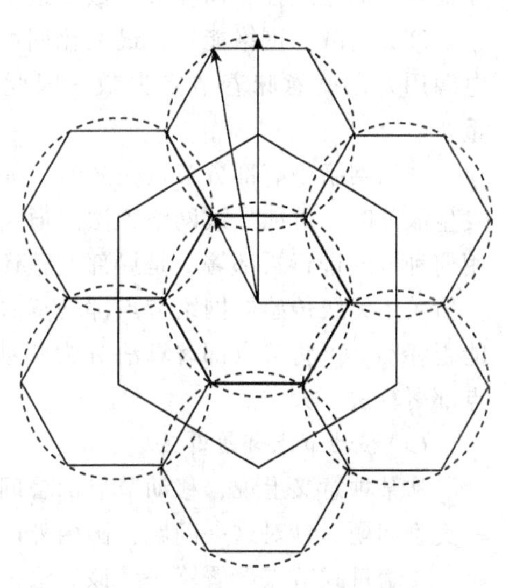

图 5-11　正六边形蜂窝部署

由以上理论可知，无线传感器网络网关节点

是每个圆的圆心，圆代表以传感半径 R 为半径的辐射圆，相邻节点之间的距离都是其传感半径 R 的 $\sqrt{3}$ 倍。每个辐射圆的面积都充分利用，这样监测区域就能够实现无缝覆盖。这样形成的外围 6 个圆的圆心构成正六边形，而每个圆的内接正六边形可以形成一个无重复覆盖蜂窝网络结构，称为正六边形部署。这样的一个正六边形蜂窝结构称为一个部署单元。为简化计算，只计算正六边形蜂窝网络覆盖的范围。如圆形半径为 R，$R <$ 节点间最大有效通信距离，则：内接正六边形面积为：

$$S = \frac{3\sqrt{3}}{2}R^2 \tag{5-1}$$

由图 5-11 可知，一个部署单元共有 7 个正六边形，则一个部署单元的面积为：

$$S = \frac{21\sqrt{3}}{2}R^2 \tag{5-2}$$

由此，根据监测区面积，可以大致计算出所需要部署的网关数量。

5.3.3.2　无线传感器网络节点部署问题

节点部署指的是在特定的监测区域内，通过适当的方法布置无线传感器网络节点以满足某种特定需求。节点部署的目的是通过一定的算法布置节点，优化已有网络资源，以获得最大化的网络效用。节点部署也是网络正常工作的基础，只有将传感器节点布置好，才能进一步进行其他的工作和优化。

合理的节点部署不仅可以提高网络工作效率，还可以根据应用需求的变化改变活跃节点的数目，动态调整网络的节点密度。此外，在某些节点发生故障或能量耗尽时，通过一定策略重新部署节点，使网络具有较强的健壮性。

设计无线传感器网络的节点部署方案一般需要考虑以下问题：

①如何实现对监测区域的完全覆盖并保证整个网络的连通性　对监测区域的完全覆盖是获取监测信息的前提；由于地形或者障碍物的存在，即使满足了全覆盖，但也未必能够保证网络的连通性，而在节点数量最小化的同时实现覆盖和连通则更具挑战。

②如何减少网络能耗，最大化网络生命周期　无线传感器网络节点大多由电池供电，电源用完也就意味着节点失效，因此，在考虑覆盖和连通性的同时，能效问题也至关重要。

③当网络中有部分节点失效时，如何对网络进行重新部署　当某些节点能源耗尽或者发生故障时，可能导致网络无法连通，这时需要重新对网络进行部署。此时需要考虑：采用何种方式进行再部署，是局部调整还是全局变化，每步调整是否影响原有的部署等。

关于无线传感器网络节点部署算法，尚处在研究形成阶段。根据无线传感器网络节点能否移动，可将节点部署算法分为移动节点部署算法、静止节点部署算法和异构/混合节点部署算法 3 大类。

(1)移动节点部署算法

从某种意义上说，移动节点部署问题并不是一个新问题，它与移动机器人的部署是同一类型问题。针对这一问题，国内外已提出了许多算法。

①增量式节点部署算法　该算法是逐个部署无线传感器网络节点，利用已经部署的无线传感器网络节点计算出下一个节点应该部署的位置，旨在达到网络的覆盖面积最大。该

算法需要每个节点都有测距和定位模块。该算法适用于监测区域环境未知的情况，如巷战、危险空间探测等。其优点是利用最少的节点覆盖探测区域；缺点是部署时间长，每部署一个节点可能需要移动多个节点。

②基于网格划分的算法　这类算法通过网格化覆盖区域，将网络对区域的覆盖问题转化为对网格或网格点的覆盖问题，网格划分有矩形划分、六边形划分、菱形划分等。这类算法的优点是可以利用最少的节点达到对任务区域的完全覆盖。

③基于概率检测模型的算法　这类算法通过引入概率检测模型，在确保网络连通性的条件下，寻求以最少节点数达到预期的覆盖需求，并得到具体的节点配置位置。

(2)静止节点部署算法

静止节点部署算法一般有确定性部署和自组织部署两种部署算法。

①确定性部署算法　指手工部署，节点间按设定的路由进行数据传输。这是最简单、直观的一种方法，一般适用于规模较小、环境状况良好、人工可以到达的区域。例如，在室内等封闭空间部署无线传感器网络，可以将问题转化为经典的线性规划问题；如果在室外开放空间部署(小规模)无线传感器网络，则可以利用基于网格划分的节点部署算法或者基于矢量的节点部署算法。

②自组织部署算法　主要应用于当监测区域环境恶劣或存在危险时，人工部署无法实现的情况下。同样，当布设大型无线传感器网络时，由于节点数量众多、分布密集，采用人工方式部署节点不切合实际时，通常通过飞机、炮弹等载体随机地将节点抛撒在监测区域内，节点到达地面后自组成网。通过空中散播部署节点虽然很方便，但在节点被散播到监测区域后的初始阶段，形成的网络一般不是最优化的。可能出现覆盖漏洞或者部分网络不连通，此时需要进一步进行二次部署。

(3)异构/混合节点部署算法

目前，无线传感器网络技术主要以同构的无线传感器网络作为研究对象。所谓同构，是指无线传感器网络的所有节点都是同一类型的。在实际应用中，可能会部署一些异构的无线传感器网络。在构成无线传感器网络的节点中，有一小部分是异构节点，与其他大部分廉价的节点相比，它在电源、计算能力、存储空间等方面具有明显的优势。在无线传感器网络中部署适量的异构节点，不仅能提高数据传输成功率，还能延长网络生命周期。

在林业物联网应用中，监测点应尽量具有林分代表性，处于林分典型区域，如上、中、下部。避免设置在坡顶、坡底、沟谷以及建筑物、道路、河流旁边。在无线传感器节点中，传感节点天线应优先选择部署在树干中部至树冠高度之间，不低于 1.5m，避免部署在地表植被层和冠层植被比较密集的部位。当测量林分垂直结构时，传感器需要在垂直方向上部署，此时传感节点与传感器的连线可以考虑延长馈线，保证传感节点(天线)能够部署在树干范围。传感节点单元的部署应考虑海拔、坡位坡向以及通信距离等影响。传感节点水平部署时优先选择相同海拔高度，并且相同坡向的位置，避免地形变化对通信影响。传感节点位置的海拔高度变化范围控制在 5%～20%；两个需要通信的传感节点部署时应选择坡位无明显改变的环境。由于坡面变化对通信质量有明显影响，因此，节点部署方式应优先选择相同坡向，特殊原因需部署到坡背面的节点，通信距离应不超过 250m 以上，海拔高度变化控制在 5%以内，确保地形环境对节点之间的无线信号传输影响最小；

由于通信质量因传输距离增加而逐渐降低，传感节点与网关之间或传感节点与节点之间应控制适当的距离。节点部署间隔应控制在1000~3000m的区间范围，当林木平均胸径小于等于7cm同时株间距小于1m的林分，适当调整节点部署间隔在1000~1500m的区间范围。确保节点之间的通信质量和保证传输距离最大化。根据测试，当通信模块功率2W，天线增益为3.5dBi时，针叶林不同林分有效通信距离为1000~3000m；当通信模块发射功率为100mW，天线增益为3dBi时，有效通信距离为450~850m。

5.3.3.3 无线传感器网络覆盖问题

如何利用节点完成对目标区域的监控或检测，是无线传感器网络的覆盖问题。覆盖问题不仅反映了网络所能提供的感知服务质量，而且通过合理的覆盖控制还可以使网络空间资源得到优化，降低网络的成本，延长网络的生命周期，使得网络更好地完成环境感知、信息获取和有效传输的任务。

(1)无线传感器网络覆盖问题

无线传感器网络覆盖问题需要考虑两个问题：一是初始传感器节点的布置是否覆盖了整个目标区域；二是这些节点能否完整、准确地采集目标区域的信息。在不同的应用中，覆盖问题可以从不同的角度建模。影响覆盖问题的因素有：

①传感器节点部署方法　传感器节点部署通常有确定性部署和随机性部署两种方法。在一些友好的、容易接近的环境中可以选择确定性部署算法；而在一些军事领域的应用或者遥远、荒凉的环境中，必须选择随机部署算法。

②感知半径和通信半径　无线传感器网络中的节点，其感知半径可以相同也可以不同；其通信半径则与网络的连通性有着密切关系，可以和感知半径相等，也可以不相等。

③附加的需求　如基于能量效率的覆盖(energy-efficiency coverage)和连通的覆盖(connected coverage)等。

(2)无线传感器网络覆盖方式

由于无线传感器网络是基于应用的网络，不同的应用具有不同的网络结构与特性。因此，无线传感器网络的覆盖也有着多种方式。

①确定性覆盖和随机覆盖　按照无线传感器网络节点是否知道自身位置信息，可将无线传感器网络的覆盖分为确定性覆盖和随机覆盖两大类。

如果无线传感器网络的状态相对固定或是环境已知，可根据先配置的节点位置确定网络拓扑情况，这种方式被称为确定性覆盖。此时的覆盖问题是一种特殊的网络或路径规划问题。典型的确定性覆盖有确定性区域/点覆盖、基于网格的目标覆盖和确定性网络路径/目标覆盖3种类型。

在许多自然环境中，由于网络情况不能预先确定，导致确定性覆盖在实际应用中具有很大的局限性，不能适用于战场等危险或其他环境恶劣的场所。因此，需要在感知区域随机分布节点，即随机覆盖，具体又分为随机节点覆盖和动态网络覆盖两类。随机节点覆盖是指在无线传感器网络中节点随机分布且预先不知节点位置的条件下，网络完成对监测区域的覆盖任务。动态网络覆盖则是考虑一些特殊环境中部分节点具备一定运动能力，这类网络可以动态完成覆盖任务，更具灵活性和实用性。

②区域覆盖和点覆盖　按照无线传感器网络对覆盖区域的不同要求和不同应用，大致

可以分为区域覆盖和点覆盖两种。区域覆盖要求目标区域中的每一点至少被一个节点覆盖，同时保证网络内各节点间的连通性，并在满足覆盖和连通性的前提下尽可能减少节点数，使网络成本最低。图 5-12 所示为无线传感器网络对给定的正方形区域进行覆盖的例子。

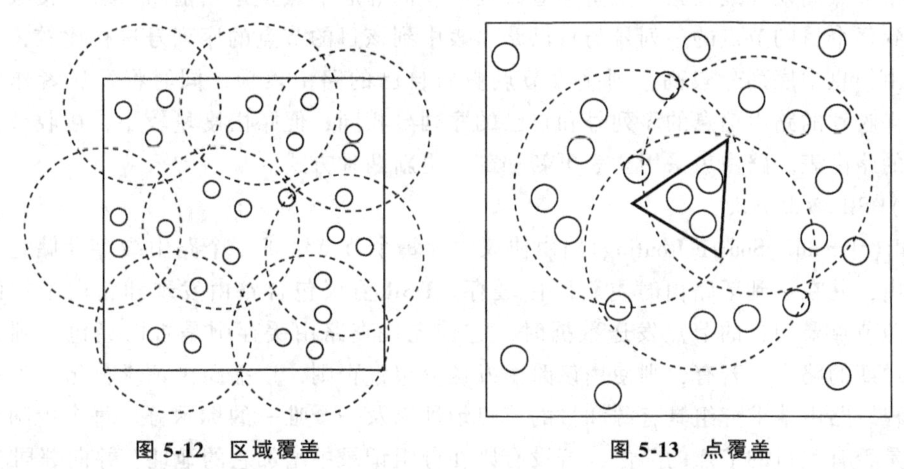

图 5-12 区域覆盖　　图 5-13 点覆盖

点覆盖关心的是覆盖区域中的一组点，它只需对目标区域内的有限个离散点进行监测，并确定覆盖这些点所需的最少节点数以及节点的位置。图 5-13 所示为一组随机分布的传感器覆盖一组观测点的例子。

5.3.4 无线传感器网络路由协议

无线传感器网络路由协议的任务是将分组从源节点(通常为传感节点)发送到目的节点(通常为汇聚节点)，主要实现两大功能：一是选择适合的优化路径；二是沿着选定的路径正确转发数据。由于传感器网络资源严重受限，因此路由协议要遵循的设计原则包括：不能执行太复杂的计算，不能在节点上保存太多的状态信息，节点间不能交换太多的路由信息等。为了有效地完成上述任务，大多已提出的路由协议都利用了以下特点：①以数据为中心，即传感器节点按照数据属性寻址，而不是 IP 寻址；②传感器节点监测到的数据往往被发送到汇聚节点；③原始监测数据中有大量冗余信息，路由协议可以合并数据、减少冗余。

在无线传感器网络中，根据源节点何时获得路由信息，可以将路由协议分为基于路由表驱动(table driven)的路由协议和按需驱动(on-demand driven)的路由协议 3 大类。基于路由表驱动的路由协议，每个节点试图维护到所有已知目的节点的路由表，节点之间周期性或在网络拓扑改变时交换路由信息，由此减少了获得路由的延时，能够立即判断目的节点的可达性，但是耗费了网络资源。按需驱动的路由协议，包括路由发现和路由维护两个过程。这种路由协议平时并不实时地维护网络路由，只有在节点有数据要发送时才激活路由发现机制寻找到达目的节点的路由。它不需要花费资源来维护无用的路由，但路由发现过程比较昂贵而且不可预测。下面将介绍 4 种典型的路由协议。

(1) DSDV 路由协议

DSDV (Destination Sequenced Distance Vector)路由协议是一种基于路由表驱动的路由

协议，是传统的距离向量算法的改进版本。每个节点维护一张路由表，包含所有可达的目的节点、达到目的节点的跳数和由目的节点指定的序列号。序列号用于从新的路由中区分过时路由，避免环路。

每个节点周期性或在路由发生显著改变时，向邻居节点发送当前路由表。接收节点将收到的到每个目的节点的序列号与自己路由表中到该目的节点的序列号进行比较，如果收到的路由信息中序列号较高，则接收节点更新自己的路由表项，同时将发送者作为下一跳；如果收到的路由信息的序列号和自己的序列号相同，但路由度量较小，接收节点也更新自己的路由表。路由表采用全表更新和部分更新两种方式。

(2) DSR 路由协议

DSR(Dynamic Source Routing)路由协议中，每个节点维护一个路由缓存存储它所知道的源路由，并在学到新路由时更新路由缓存。DSR 协议包含路由发现和路由维护两个部分。当源节点要向目的节点发送数据时，它首先检查路由缓存中是否已经包含到目的端的、未过期的路由。若有，则使用该路由发送分组；否则，广播路由请求分组，发起路由发现过程。路由请求分组具有源和目的节点地址以及一个唯一的标示符。每个中间节点同样检查是否有到目的节点的路由，若没有则在分组记录中增加它的地址，并向邻居转发。

DSR 协议采用路由错误分组和确认分组进行路由维护。当节点在数据链路层遇到传输错误时，向源端发送路由错误分组。收到路由错误分组的节点，从路由缓存中删除错误的路由。确认分组用于证实路由的正确运行，同时节点也可以通过检测到路由的下一跳节点转发分组来被动地获得确认。

(3) AODV 路由协议

AODV(Ad hoc On-demand Distance Vector Routing)路由协议是在 DSDV 协议基础上结合了类似 DSR 中的按需路由机制改进后提出的，它既借用了 DSR 的路由发现和路由维护机制，又利用了 DSDV 的逐跳路由、顺序编号和路由维持阶段的周期性更新，还加入了对广播路由 QoS 的支持，其最显著的特点是为路由表中每个项都使用了目的序列号，因而还可以避免环路的发生。

在 AODV 协议中，当源节点需要和新的目的节点通信时，就会发起路由发现过程，通过广播路由请求(RREQ)信息来查找相应路由。当 RREQ 到达目的节点本身或一个拥有足够新(通过目的序列号来判断)的到目的节点路由的中间节点时，目的节点或中间节点通过原路向源节点返回一个路由应答 RREP 信息来确定路由。当路由表项建立后，路由中的每个节点都要执行路由维持和管理路由表的任务，其路由表中都需要保持一个相应目的地址的路由表项，以实现逐跳转发。在维护路由表的过程中，当路由不再被使用时，节点就会从路由表中删除相应项。同时，节点会监视一个活动路由中下一跳节点的状况，当发现有链路断开的情况时，就发出路由错误 RERR 消息通知其他节点以修复路由。在 RERR 消息中，指明了由于断链而导致无法到达的目的节点。每个节点都保留了一个“先驱列表”来帮助完成错误报告的功能，该列表中保存了将自己作为到当前不可达节点的下一跳的相邻节点。

(4) TORA 路由协议

TORA(Temporally Ordered Routing Algorithm)路由协议是基于链路逆转(link reversal)算

法的高度自适应的、分布式、按需路由算法，能够提供目的节点的多条路由，主要特点为控制信息位于发生拓扑改变链路附近的小的节点集合中。每个节点维护有关相邻节点的路由信息，协议具有路由产生、路由维护和路由删除三个基本功能。

5.4 林业近程传输应用示范

目前，我国仍是一个缺林少绿、生态脆弱的国家，森林覆盖率远低于全球 31%的平均水平，人均森林面积仅为世界人均水平的 1/4，人均森林蓄积量只有世界人均水平的 1/7，森林资源总量相对不足、质量不高、分布不均的状况仍未得到根本改变，林业发展还面临着巨大的压力和挑战。

此外，森林有效供给与日益增长的社会需求的矛盾依然突出。我国木材对外依存度接近 50%，木材安全形势严峻；现有用材林中可采面积仅占 13%，可采蓄积量仅占 23%，可利用资源少，大径材林木和珍贵材树更少，木材供需的结构性矛盾十分突出，生态产品短缺的问题依然是制约我国可持续发展的突出问题。

随着信息传输技术的发展，无线传输技术已在林业中得到应用，但无线传感器网络在林业生产的应用仍面临许多难题。在林区，为了获取林业生产信息，需要将大量的传感器节点构成监控网络，通过各种传感器采集信息，以帮助林业工作人员及时发现问题，并且准确地确定发生问题的位置，这样林业生产将有可能逐渐地从以人力为中心的模式转向以信息和软件为中心的生产模式。本节重点介绍目前为数不多的近程传输技术在林业中的应用示范，以期使读者了解一些简单的应用思路和设想。

5.4.1 大鸭岛实验

大鸭岛(Great Duck Island，GDI)实验是大西洋学院和加州大学伯克利分校 Intel 研究实验室于 2002 年启动的合作项目，研究的对象是缅因州大鸭岛上的海鸟分布和数量。该实验是早期将无线传感器网络部署到环境应用的项目之一。该实验所采用的无线传感器网络由 Mica 传感器组成来测量洞穴和筑巢的占用情况，以及微气候因素对海鸟栖息地选择的影响。具体而言，就是监测巢穴在 1~3d 内的占用情况，以及在繁殖季节中环境的变化与鸟类行为的相应变化关系。

大鸭岛的栖息地监测网络采用双层结构。第一层中的传感器用于采集信息。此层选用了配备 Mica 气象板的 Mica 微尘，包含温度、光敏、气压、湿度和温差传感器。这些传感器节点具有两种不同的用途：第一组传感器节点是巢穴传感器平台，部署在巢穴中侦测占用情况，使用的是非接触式红外温差和温度/湿度传感器；第二组传感器节点是气象传感器平台，用于监测地面的微气候。每组传感器都连接于网关，该网关可以将收集到的数据发送给第二层的网关。第二层的网关通过点对点的通信方式为岛上的远端基站和现场传感器提供通信服务。这个项目使用了两个不同的平台：一个是装备有 IEEE 802.11 标准网卡的嵌入式 Linux 系统和一个具有 12dBi 增益的能够覆盖 30.5m 范围的全向天线。此外，还有配备频率为 916MHz，能够覆盖 365.75m 范围的定向天线的 Mica 节点。

5.4.2 厄瓜多尔火山监测

无线传感器网络主要用于诸如人类不能长时间停留的极端环境中。火山监测就是这些极端环境应用的一个例子，一个无线传感器网络可以部署到靠近活火山的地方，实时监测其活动，并将监测到的数据信息传送回信息中心。

无线传感器网络在2004—2005年被运用于对厄瓜多尔的两座火山的监测案例中。2004年，具有3个配备有麦克风的传感器节点的小型网络被部署于厄瓜多尔中部的Tangurahua火山上来监测正在喷发的火山。2005年，16个装备了地震和声学传感器的TMote Sky节点被用于持续监测一座位于厄瓜多尔北部的Reventador活火山的19d活动。这些传感器节点配置了高增益外部天线来延长通信距离，一台装备了定向天线的便携式计算机被用来接收收集的信息和管理远程网络。

这项应用主要是为发生在火山附近的地震来收集资料。由于这些地震通常持续不到60s，所以要部署高采样率的地震传感器，例如，100Hz的采样率，这就缩短了本地信息存储时间，使得存储火山活动信息量的最长时间为20min。为此，每个传感器节点将本地存储当作一个循环缓存，通过短期平均/长期平均阈值检测器来滤除收集到的信息，阈值检测器的作用就是确定与火山活动有关的事件。这些传感器节点使用泛洪时间同步协议进行同步，由一个配置了MicaZ节点的GPS单元提供位置信息。该项应用提供了有关火山内部活动的物理过程的重要信息。

5.4.3 中国信息林

“中国信息林”是由国家林业局于2012年组织提出，并由北京市园林绿化局具体实施的一个示范项目。国家林业局信息办经过多次实地调研，确定在第九届中国(北京)国际园林博览会的北京园建设国内第一片信息林。建设方案中指出将采用不同方式，增强互动性和参与性，向全社会推广绿色生态保护理念，展现节能环保的新材料、新技术、新工艺和再生水、太阳能、风能等低碳环保技术的科学、合理利用。

2013年5月9日，“中国信息林”挂上了最后一批电子身份证，这标志着中国第一片“智慧森林”正式建成。它不仅集中展示了中国林业物联网的应用，也将进一步加快推动林业实现标准化、数字化和网络化，推动管理实现信息化和现代化的实现。随着信息林在全国的扩大、推广，必将为推进林业信息化建设，促进绿色增长，弘扬生态文明，共建美丽中国做出巨大的贡献。智慧森林在数字林业的基础上，主要实现以下管理与服务：

(1)森林病虫害预测和防治

我国是森林病虫害最严重的国家之一，近年来，每年由森林病虫害所造成的损失约880亿元，其中直接经济损失145亿元，生态服务价值损失735亿元。因此，要保持林业生产的可持续发展，森林病虫害防治与森林生产有着同等重要的地位。

及时、有效地获取病虫害的发生时间、危害程度以及病源位置是采取治理措施的基础。传统的病虫害监测主要是基于林间取样、调查、综合其他信息进行预报、预测，但对大面积病虫害的监测，传统的方法不但耗时、费力，而且难以提供大面积实时、快速的时空监测信息。随着无线传感技术的不断发展，将物联网技术应用于病虫害监测成为一种极具吸引力的方法，通过物联网能实时采集林木病虫害信息与上报，并及时进行专家诊断与反馈防治措施；同时对病虫害的症状、防治办法、制定专家、病源名称和地理位置等相关信息按一定标准存入数据库，以备管理查询，和其他林业生产管理实现数据共享，这将显得极为重要。基于物联网的特征，将基于物联网的森林病虫害防治智能系统引入森林的病虫害预测和防治中，对我国森林保护具有重大的意义。

(2)森林火灾检测

近年来，森林火灾时有发生，森林火灾给地球生态系统和人民生产生活带来的灾害和损失是巨大的，国内外许多科研院所都针对森林火灾的检测和扑救等进行了相关研究。为了在火灾发生初期做到及时发现并报警，减少火灾发生带来的损失，需要在林区构建无线监测网络。通过物联网中的主流通信技术 ZigBee 建立无线传感器网络，并结合蜂窝通信技术和数字图像处理技术来构建基于物联网技术的森林火灾探测系统，对森林情况进行探测和处理，以减少森林火灾的发生。系统能够判断出火势的具体特点，从而为灭火工作提供有力的依据，降低火灾的破坏程度。

(3)野生动植物保护

无线传感器网络监测是一种高效、实用的信息监测和信息处理手段。野生动物保护区的工作人员可以通过后台对获取的相关数据进行分析处理，通过查找野生动物的异常活动习性和动作特性，提出对野生动物保护的一些相关需求，甚至是在某些场合下利用这些技术来对野生动物进行一个比较全面的监测。但是随着近些年来对于野生动物保护力度的加大，尤其是互联网的快速发展，目前有些技术已经跟不上时代发展的步伐。因此，在上述背景下提出了基于 RFID 技术的一些新兴应用和技术，为动物保护提供了更好的保护手段和策略，这对于野生动物管理保护有着十分重要的意义和价值。

(4)古树名木保护

古树名木相对来说树龄都比较长，也拥有较高的历史、科学和文化研究的价值，因此一定要定期进行养护管理。但是，由于我国的地域辽阔，很多偏僻地方的古树名木养护管理工作较为困难，物联网技术可以有效地解决古树名木的养护管理工作，从而实现对古树名木的有效保护。为了实现对于不同地理位置的古树名木的养护管理，还需要建立一个综合的物联网数据管理体系，对于不同的古树名木的树名、树种、树龄及管护责任人等信息有一全面的了解，以便最大程度地实现古树名木保护的自动化、科学化和实时化。

本章小结

本章首先介绍现代信息传输技术在林业应用中的特点；接着说明林业物联网中最为常见的 3 种近程信息传输技术 WiFi、蓝牙及 ZigBee 的工作原理和体系结构；在此基础上，重点讨论了林业物联网的近程组网、监测区覆盖和路由技术；最后，通过近程传输技术在林业中的应用示范，使读者更加深入了解林业物联网的应用思路和特点。

习　题

1. 简述 WiFi、蓝牙和 ZigBee 的工作原理，试比较其优缺点。

2. ZigBee 网络拓扑结构有哪些？试说明各自应用场景。

3. 传感器节点基本组成模块有哪些？试说明各模块的作用。

4. 无线传感器网络拓扑结构有哪些？试说明各自有缺点。

5. 试说明在无线传感器网络中，QoS 服务是如何得到保障的？

6. 在无线传感器网络中，节点部署应遵循哪些原则？

7. 无线传感器网络的区域覆盖方法有哪些？试说明各自的适用场景。

8. 用图例的形式分别对 DSDV、DSR、AODV 和 TORA 路由协议加以说明。

9. 在一个 10km×10km 的监测区中，假设网关节点的通信半径为 800m，试计算至少需要多少部署单元能够实现监测区全覆盖？

10. 结合实际情况，试针对南京紫金山国家森林公园，设计一套无线传感器网络生态监测系统，并加以详细说明。

11. 结合实际情况，试针对南京老山国家森林公园，设计一套无线传感器网络火灾监测系统，并加以详细说明。

参考文献

李继香，1999. 加强信息传输体系建设 促进现代农业快速发展[J]. 安徽农业(6)：4-5.

钱燕，尹文庆，张美娜，2010. 精准农业中农田信息传输方式的研究进展[J]. 浙江农业学报，022(4)：539-544.

SUH D, KO H, PACK S, 2016. Efficiency analysis of WiFi offloading techniques [J]. IEEE Transactions on Vehicular Technology, 65(5): 3813-3817.

POULARAKIS K, IOSIFIDIS G, TASSIULAS L, 2019. Joint deployment and pricing of next-Generation WiFi networks [J]. IEEE Transactions on Communications, 67(9): 6193-6205.

LI S, HEDLEY M, BENGSTON K, *et al.*, 2019. Passive localization of standard WiFi devices [J]. IEEE Systems Journal, 13(4): 3929-3932.

陈平，陈彦，2004. 基于蓝牙技术的信号无线传输及遥测技术的实现方法[J]. 山东理工大学学报(自然科学版)，18(1)：14-18.

李林，刘昌明，2009. 工业控制现场数据传输中蓝牙技术的应用研究[J]. 重庆电子工程职业学院学报，18(2)：87-89.

曾甜甜，2007. 一种基于蓝牙技术和单片机的数据传输系统的设计和实现[J]. 科技信息(科学教研)(23)：83.

赵景宏，李英凡，许纯信，2006. Zigbee 技术简介[J]. 电力系统通信，27(7)：54-56.

ELARABI T, DEEP V, RAI C K, 2016. Design and simulation of state-of-art ZigBee transmitter for IoT wireless devices[C]// IEEE International Symposium on Signal Processing & Information Technology. IEEE.

SHENDE S F, DESHMUKH R P, DORGE P D, 2017. Performance improvement in ZigBee cluster tree network [C]// International Conference on Communication and Signal Processing.

PATIL R R, DATE T N, KUSHARE B E, 2014. ZigBee based parameters monitoring system for induction motor [C]// Electrical, Electronics & Computer Science. IEEE.

HAOFEI X, FENG Z, PING W, *et al.*, 2014. Research and implementation of fast topology discovery algorithm for Zigbee wireless sensor network [C]// IEEE International Conference on Electronic Measurement & Instruments. IEEE.

MEENA S S, MANIKANDAN J, 2017. Study and evaluation of different topologies in wireless sensor network [C]// International Conference on Wireless Communications. IEEE.

CHENG D, FEI G, FEN Z L, 2013. A topology maintenance algorithm used for wireless sensor networks[C]// Fourth International Conference on Multimedia Information Networking & Security. IEEE.

HUSSEIN W A, ALI B M, RASID M F A, *et al.*, 2017. Design and performance analysis of high reliability-optimal routing protocol for mobile wireless multimedia sensor networks[C]// 2017 IEEE 13th Malaysia International Conference on Communications (MICC). IEEE.

GAO F, WEN H, ZHAO L, *et al.*, 2013. Design and optimization of a cross-layer routing protocol for multi-hop wireless sensor networks[C]// Sensor Network Security Technology and Privacy Communication System (SNS & PCS), 2013 International Conference on. IEEE.

GOSWAMI P, JADHAV A D, 2012. Evaluating the performance of routing protocols in Wireless Sensor Networks [C]// Third International Conference on Computing Communication & Networking Technologies. IEEE.

AFSAR A, 2013. Comparitive Performance Study Of Routing Protocols in Wireless Sensor Network [M]. GRIN Verlag.

XU Y H, JIAO W G, WU Y, *et al.*, 2017. Variable-dimension swarm meta-heuristic for the optimal placement of relay nodes in wireless sensor networks [J]. International Journal of Distributed Sensor Networks, 13(3): 155014771770089.

MA C, LIANG W, ZHENG M, *et al.*, 2016. A connectivity-aware approximation algorithm for relay node placement in wireless sensor networks [J]. ISenJ, 16(2): 515-528.

NITESH K, JANA P K, 2014. Relay node placement algorithm in wireless sensor network[C]// 2014 IEEE International Advance Computing Conference (IACC). IEEE.

LI H, SHUNJIE X, 2010. Energy-efficient node placement in linear wireless sensor networks [J]. Research Gate, DOI. 10. 1109/ICMTMA. 2010. 833.

CHEN F, LI R, 2011. Single sink node placement strategy in wireless sensor networks[C]// International Conference on Electric Information & Control Engineering. IEEE.

KUMAGAI J, 2004. Life of birds [wireless sensor network for bird study] [J]. IEEE Spectrum, 41(4): 42-49.

PIERA P J Y, SALVA J K G, 2019. A Wireless Sensor Network for Fire Detection and Alarm System[C]// 2019 7th International Conference on Information and Communication Technology (ICoICT). IEEE.

第6章

林业物联网中的远程通信技术

6.1 概述

林业物联网本质上是一种具有特殊功能的物联网，具备物联网的基本功能和类似的结构，其体系结构可划分为三层，如图 6-1 所示，分别是感知层、网络层和应用层。网络层作为物联网的中间层，其承担的任务是将感知层收集到的各种类型的数据汇聚起来，并发送给应用层，是实现林业物联网数据收集和分析的关键部分，主要功能是信息传输，其中传感器网络与应用平台之间的通信，也就是远程信息传输，对整个物联网的实现非常重要。

从图 6-1 可以看到，远程信息传输位于网络层中的接入网与核心网之间，它的主要功能是连接近程通信中各类短距离传输组成的网络和各类数据库服务器或网关，是实现感知数据上传，以及管理命令下达的重要桥梁。

各种近程通信网络与应用平台间的信息传输通常建立在现有公共通信网络基础之上，可以实现及时可靠的数据传输服务。根据传输介质，可以将物联网信息传输方式分为两大类：一类是基于有线通信，如基于 Internet 的固网通信方式；另一类是基于无线通信，如基于 3G/4G 网络、卫星网络的通信方式。基于有线的信息传输需要先将网络整体规划好，然后布设通信线缆，如双绞线、同轴电缆、光纤等，线缆布设完成以后，整个网络建设完成，且不再可以变动，利用这些线缆及相应的交换机、路由器，可以将信息传输到应用中心。

双绞线是一种最常用的、价格低廉的有线传输介质，通常由两根具有绝缘保护层的铜导线组成的。将两根绝缘的铜导线按一定密度互相绞在一起，每一根导线在传输中辐射出来的电波会被另一根线上发出的电波抵消，从而可以有效降低信号干扰。双绞线一般由两根 22~26 号绝缘铜导线相互缠绕而成，“双绞线”的名字也是由此而来。实际使用时，通常是将一对或多对双绞线放在一个绝缘套管中，便成了双绞线电缆，在日常生活中一般将“双绞线电缆”直接称为“双绞线”。与其他传输介质相比，双绞线在传输距离，信道宽度和数据传输速率等方面均受到一定限制，但因其价格较为低廉，被广泛使用。

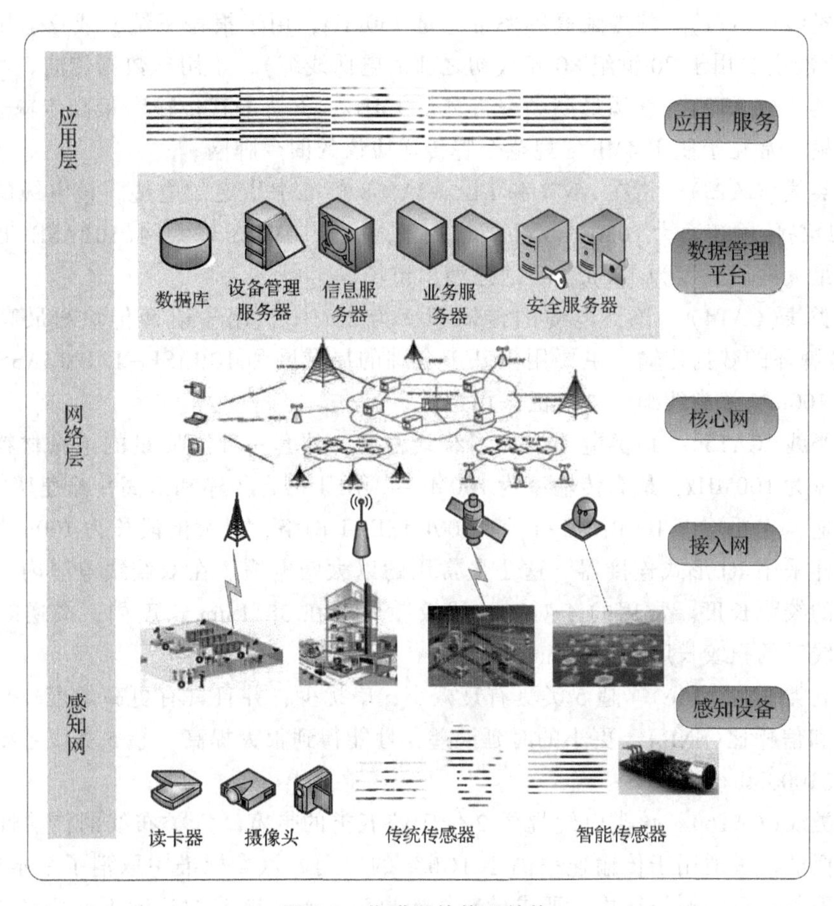

图 6-1　物联网的体系结构

屏蔽双绞线是在双绞线与外层绝缘封套之间加一个金属屏蔽层。屏蔽双绞线分为 STP 和 FTP，STP 指每条线都有各自的屏蔽层，而 FTP 只在整个电缆有屏蔽装置，并且两端都正确接地时才起作用。因此，采用 FTP 时要求整个系统是屏蔽器件，包括电缆、信息点、水晶头和配线架等，同时建筑物也需要有良好的接地系统。屏蔽层可减少辐射，防止信息被窃听，也可阻止外部电磁干扰的进入，使屏蔽双绞线比同类的非屏蔽双绞线具有更高的传输速率。但是在实际施工时，很难全部完美接地，从而使屏蔽层本身成为最大的干扰源，导致性能甚至远不如非屏蔽双绞线。除非有特殊需要，通常在综合布线系统中采用非屏蔽双绞线。

非屏蔽双绞线(UTP)是一种数据传输线，由四对不同颜色的传输线所组成，广泛用于以太网和电话线中。非屏蔽双绞线电缆具有以下优点：①无屏蔽外套，成本低，且直径小，可节省所占用的空间，重量轻；②易弯曲，易安装；③可将串扰减至最小或加以消除；④具有阻燃性；⑤具有独立性和灵活性，适用于结构化综合布线。因此，在综合布线系统中，非屏蔽双绞线得到广泛应用。

按照频率和信噪比对双绞线进行分类，常见的有三类线、五类线和超五类线，以及六类线，前者线径细而后者线径粗，具体型号如下：

①一类线(CAT1)　线缆最高频率带宽是750kHz，用于报警系统，或只适用于语音传输(一类标准主要用于20世纪80年代初之前的电话线缆)，不用于数据传输。

②二类线(CAT2)　线缆最高频率带宽是1MHz，支持语音传输和最高传输速率4Mb/s的数据传输，常见于使用4Mb/s规范令牌传递协议的旧令牌网。

③三类线(CAT3)　指在ANSI和EIA/TIA568标准中指定的电缆，该电缆的传输频率16MHz，最高传输速率为10Mb/s，主要应用于语音、10Mb/s以太网(10BASE-T)和4Mb/s令牌环，最大网段长度为100m，目前已淡出市场。

④四类线(CAT4)　该类电缆的传输频率为20MHz，用于语音传输和最高传输速率16Mb/s令牌环的数据传输，主要用于基于令牌的局域网和10BASE-T/100BASE-T。最大网段长为100m，该类线缆未被广泛采用过。

⑤五类线(CAT5)　该类电缆增加了绕线密度，外套一种高质量的绝缘材料，线缆最高频率带宽为100MHz，最高传输率为100Mb/s，用于语音传输和最高传输速率为100Mb/s的数据传输，主要用于100BASE-T和1000BASE-T网络，最大网段长为100m，和前面三类线缆一样采用RJ形式连接器。这是最常用的以太网电缆。在双绞线电缆内，不同线对具有不同的绞距长度。常用的4对双绞线绞距周期在38.1mm长度内，按逆时针方向扭绞，一对线对的扭绞长度在12.7mm以内。

⑥超五类线(CAT5e)　超5类具有衰减小，串扰少，并且具有更高的衰减与串扰的比值(ACR)和信噪比(SNR)、更小的时延误差，性能得到很大提高。超5类线主要用于千兆位以太网(1000Mb/s)。

⑦六类线(CAT6)　该类电缆提供2倍于超五类的带宽。六类布线的传输性能远远高于超五类标准，最适用于传输速率高于1Gb/s的应用。六类标准中取消了基本链路模型，布线标准采用星形的拓扑结构，要求的布线距离为：永久链路的长度不能超过90m，信道长度不能超过100m。

⑧超六类或6A(CAT6A)　此类产品传输带宽介于六类和七类之间，传输频率为500MHz，传输速度为10Gb/s，标准外径6mm。

⑨七类线(CAT7)　传输频率为600MHz，传输速度为10Gb/s，单线标准外径8mm，多芯线标准外径6mm。

对于双绞线缆，类型数字越大，其对应的版本越新，技术越先进，相应的带宽也越宽，当然价格也越贵。这些不同类型的双绞线标注方法是这样规定的：如果是标准类型，则按CATx方式标注，如常用的五类线和六类线，其外皮上标注为CAT 5、CAT 6；如果是改进版，就按xe方式标注，如超五类线就标注为5e(注意：字母是小写，而不是大写)。

无论是哪种线，其衰减都随频率的升高而增大。在设计布线时，除了要考虑受到的衰减外，还应当有足够大的振幅，以便在有噪声干扰的条件下，信号能够在接收端正确地被检测出来。

光纤是光导纤维的简写，是一种重要的有线通信线缆，其由玻璃或塑料制成的纤维，传输原理是光全反射。光在不同物质中传播速度不同，当光从一种物质射向另一种物质时，在两种物质交界面处会产生折射和反射，折射光的角度会随着入射光的角度变化而变化。当入射光的角度达到或超过某一角度时，折射光会消失，入射光全部被反射回来，这就是光的全反射。不同的物质对相同波长光的折射角度是不同的，相同的物质对不同波长光的折射角度也是不同。光纤通信就是基于以上原理而形成的。

光纤的裸纤一般分为三层：中心是高折射率玻璃芯（芯径一般为 50μm 或 62.5μm），中间为低折射率硅玻璃包层（直径一般为 125μm），最外是加强用的树脂涂层。光线在纤芯传送，当光纤射到纤芯和外层界面的角度大于产生全反射的临界角时，光线透不过界面，会全部反射回来，继续在纤芯内向前传送，而包层主要起到保护的作用。入射到光纤端面的光并不能全部被光纤所传输，只是在某个角度范围内的入射光才可以。这个角度就称为光纤的数值孔径。光纤的数值孔径大些对于光纤的对接是有利的。不同厂家生产的光纤的数值孔径不同。

在工作波长中，只能传输一个传播模式的光纤，简称为单模光纤（SMF），是有线电视和光通信应用中最广泛的光纤。由于，光纤的纤芯很细（约 10μm）而且折射率呈阶跃状分布，当归一化频率参数<2.4 时，理论上，只能形成单模传输。另外，单模光纤没有多模色散，再加上单模光纤的材料色散和结构色散的相加抵消，其合成特性恰好形成零色散的特性，使传输频带比多模光纤更宽。因掺杂物不同和制造方式的差别，有许多类型的 SMF，其中凹陷型包层光纤的包层采用两重结构，邻近纤芯的包层比外倒包层的折射率低。

在给定波长上采用多种传输模式的光纤称作多模光纤（MMF）。纤芯直径为 50μm，由于传输模式可达几百个，与单模光纤相比，其传输带宽主要受模式色散支配。曾用于有线电视和通信系统的短距离传输。由于 MMF 较 SMF 的芯径大且与 LED 等光源结合容易，在众多局域网中更有优势。在短距离通信领域中 MMF 仍在重新受到重视。MMF 按折射率分布分为：渐变（GI）型和阶跃（SI）型两种。GI 型的折射率以纤芯中心为最高，沿向包层徐徐降低。由于 SI 型光波在光纤中的反射前进过程中，产生各个光路径的时差，致使射出光波失真，色激较大。其结果是传输带宽变窄，目前 SI 型 MMF 应用较少。

有线传输技术因其利用预先布设的线缆传输，具有可靠性好，受外界环境影响小的优点。此外，由于有线网络相关技术比较成熟，实现容易。但是其存在以下缺点：需要提前规划好整体网络，并铺设线缆，成本较高；网络拓扑不能改变，不适用于移动场景；由于线缆破坏后，无法通信，网络的鲁棒性差。

基于无线的信息传输是指利用某特殊频段的无线电磁波在空气中传输，包括超高频、特高频、极高频等频段，进行数据传输。与有线传输相比，由于特殊的应用环境，无线传输方式在林业物联网中逐渐成为主流。无线通信方式逐渐主流，有以下两个原因：首先，由于林业环境复杂，线缆布设较为困难；其次，随着无线通信技术的发展，利用无线信道传输信息的速率及可靠性都有了很大的提高，且无线通信系统利用电磁波传输，具有很高的灵活性，非常适用于不适合预先布设线缆以及有移动节点的林业监测场景。

根据接入网络的方式，林业物联网常用的无线信息传输技术有：基于 LoRa 技术的信息传输方式、基于蜂窝网络的信息传输方式、基于卫星的信息传输方式和其他无线接入方式的信息传输方式，如基于 IPv6 技术的低速无线个域网络技术的 6LoWPAN，无线以太网等，这些技术在实际中不如前面三者常见，在这里主要介绍前面三种较为常用的技术。

6.2 基于LoRa技术的远程信息传输

6.2.1 LoRa技术

2013年8月，美国的Semtech公司向世界发布了一款低功耗、窄带、广域物联网芯片，该芯片简称为LoRa芯片，主要包括sx1276、sx1278、sx1301三种芯片，其中sx1276、sx1278芯片主要用于终端节点，sx1301芯片用于网关。LoRa芯片采用线性扩频技术，其接收信号灵敏度达到了-148dbm，较传统的器件接收灵敏度改善了20dbm左右，因此极大地扩展了信号覆盖范围，提高了网络连接的可靠性。LoRa是一种面向低功耗、广覆盖应用场景的物联网通信技术，其具有以下几个优点：①极远的传输距离，空旷条件下传输距离可达10km以上；②终端接收灵敏度低至-148dBm，可适用场景丰富；③安全性高，传输数据可进行多层加密保证数据的安全可靠。

LoRa无线传感器网络技术的推出，能够解决传统传感器网络规模小、能耗高等问题，在业界掀起了热潮。LoRaWAN是由LoRa联盟推出的一种低功耗广域网规范协议，该技术可以为电池供电的无线设备提供局域、全国乃至全球的网络服务。LoRaWAN无线传感器网络协议瞄准的是物联网中的核心需求，如安全双向通信、移动通信和静态位置识别等服务。该技术无需本地复杂配置，就可以让智能设备间实现无缝对接互操作，给物联网领域的用户、开发者和企业自由操作的权限。LoRaWAN通信协议，终端协议架构如图6-2所示。

LoRaWAN协议规定传感器终端节点的最上层是应用层，应用层将采集到的数据组织成数据包，然后送入MAC层中形成MAC数据帧，再经过LoRa信号调制模块调制成发射信号，在指定频段将调制信号发送出去。目前LoRa支持的频段主要有868MHz、433MHz、915Hz等等。

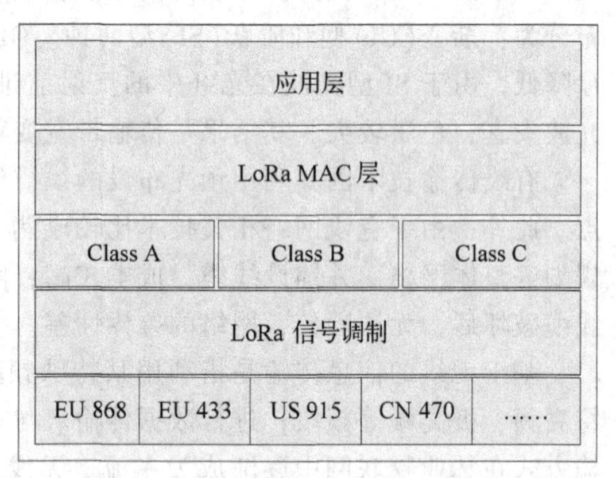

图6-2 LoRa终端节点协议架构图

终端节点可分为三类，分别是Class A、Class B和Class C，每种类型的终端节点具有不同的功能。Class A节点每次在发送完数据1s以后会连续打开两个接收窗口接收下行数据，每个接收窗口维持时间1s。其他时间保持缄默，不再负责监听下发数据，因此Class A模式是三者之间最节能的。Class B模式在Class A模式的基础上增加开启时间，即在特定的时间打开接收窗口，从而保证终端节点能够在特定的时间接收服务器下发的数据。Class B模式通过GPS模块实现终端节点、网关、服务器时间的同步。Class C模式的终端节点除了在发送数据时关闭接收窗口，其他时间接收窗口全部开放，服务器可以随时随刻向终端发送数据，因此，Class C模式的终端节点能耗最大。

LoRaWAN 协议的网络结构如图 6-3 所示，最左侧是终端节点，终端节点采集的数据通过无线的方式发送到网关节点，然后网关节点通过互联网将数据转发至网络服务器，最后网络服务器通过互联网将数据发送至应用服务器端进行数据的处理与分析。值得注意的是 LoRaWAN 协议要求整个传感器网络采用星型方式组网，并不像多跳自组织网络通过多跳方式组网，因为 LoRa 芯片的传输距离足够远，没必要像传统传感器网络技术那样通过多跳方式来扩大覆盖面积，而且采用星型网络能够大幅度降低数据的丢包率。

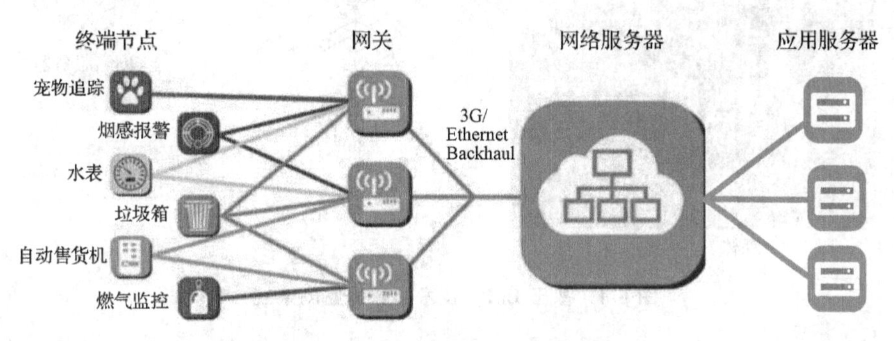

图 6-3　基于 LoRa 技术的网络结构图

基于 LoRaWAN 协议的窄带广域物联网技术存在着诸多优点，具体如下：

①传输距离远　LoRa 芯片采用了线性调频扩频技术，使得信号的抗干扰性强，且芯片的接收灵敏度达到了-148dbm，因此使得传感器节点的通信距离较长。

②低功耗　由于 LoRa 芯片对信号的调制方式比较好，因此终端节点无需使用大量的能量来增加信号的发送距离，而且 LoRaWAN 协议的 3 种模式能够满足在不同应用场景下的相互切换，尽量让节点在不工作时睡眠，工作时唤醒，从而使得整个网络的能耗非常低。

③安全性高　LoRaWAN 协议规定在传输数据时，需要对数据进行加密，因此安全性较高

④规模大　LoRaWAN 协议将 sx1301 网关芯片软件划分为 49 个虚拟信道，且采用调频的方式，大大地增加了终端节点的接入量，理论上支持上万个节点接入网络。

⑤网络可靠性高　LoRaWAN 协议为传感器网络设定了 ADR 功能，当节点与网关之间的链路质量发生变化时，能够自动调节终端节点的参数，保证了节点间的链路质量。

⑥LoRa 工作在 ISM 非授权频段，无需额外申请新的频率资源。

6.2.2　基于 LoRa 技术的林业物联网

LoRa 凭借其长距离传输，低功耗等优点，在林业、农业、环境监测等方面有着广泛的应用，下面以参考文献中的浙江农林大学的一个基于 LoRaWAN 的森林信息采集系统为例，来介绍 LoRa 技术在林业物联网中的应用。如图 6-4 所示，该森林信息采集系统由 3 部分组成：传感器节点、网关节点（sink 节点）和网络服务器，其中传感器节点与网关节点的通信采用 LoRa 技术。传感器节点采用两节五号干电池供电，节点部署在森林中，将采集的温度、湿度、光照强度等森林影响因子通过电磁波直接发送给网关节点，网关节点不

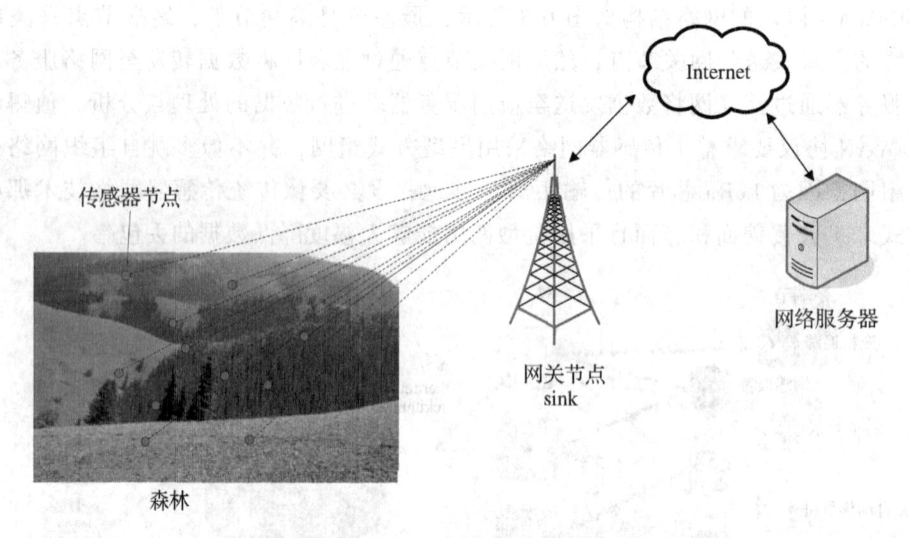

图 6-4　基于 LoRa 技术的森林监测系统

负责任何的数据处理，只将收集到的数据经过互联网传输至网络服务器端。网络服务器端接收到数据后对数据进行处理，然后将处理后的数据保存到数据库中，方便后续的应用。

终端节点上需要搭载温湿度传感器、光照强度传感器、二氧化碳浓度传感器。传感器节点的主控采集到传感器的数据后，根据 LoRaWAN 协议将数据进行整合，填充到标准的载荷中，然后通过 LoRa 模块中的无线射频模块将数据发送到网关节点。由于该主控的功耗低，且价格低，因此非常适用于需要大量节点的无线传感器网络领域，如森林信息数据收集。

网关节点负责数据的转发工作，包括终端节点数据的转发和服务器和应用程序命令的下发，不需要搭载具有感知功能的传感器，网关节点主要由主控、sx1301（LoRa 模块）和 GPRS 模块组成，LoRa 模块负责接收传感器节点发送过来的数据或者向传感器节点发送数据，主控通过接口驱动 LoRa 模块，GPRS 模块将网关节点与互联网进行连接，实现网关节点与远程服务器数据交换。

森林中需要监测的影响因子较多，其中最主要的是温度、湿度、光照强度、二氧化碳浓度，其他的还包括土壤温度、湿度、土壤养分等。在上述系统中没有采集所有的信息，只是需要选择其中若干影响因子，如果需采集其他信息，一方面可以增加具有相应感知功能的传感器的终端节点，另一方面可以在原有终端上增加新的传感器以及更改数据包类型。为了兼容未来新类型数据的收集，需要设计一种可变长的数据帧，组织不同的影响因子在网络中的传输。当需要添加另外的影响因子信息采集时，可变帧能够在不改变原来程序的情况下，快速实现信息的采集和发送，从而提高了系统的扩展性。可变帧与固定帧不同的是可变帧能够根据实际数据包大小，封装成合适的帧，数据帧中不存在空位，而固定帧在采集的数据不全面时，存在空余位，这些位的传输同样需要消耗能量，因此可变帧能一定程度的减少传感器网络能量的消耗。

6.3 基于蜂窝系统的远程信息传输

基于蜂窝系统的移动通信具有广泛的应用，是人们日常生活中进行通信的主要方式之一。目前，移动通信刚进入 5G 时代。

6.3.1 蜂窝系统的发展

6.3.1.1 第一代(1G)——模拟移动通信系统

从 1946 年美国使用 150MHz 单个汽车无线电话开始到 20 世纪 90 年代初，是移动蜂窝通信发展的第一阶段。因为该阶段的调制前信号都是模拟的，也称为模拟移动通信系统。第一代移动通信的主要特征为模拟技术，可分为蜂窝、无绳、寻呼和集群等多类系统，每类系统又有互不兼容的技术体制。它的发展可分为 3 个主要阶段：

(1)初级阶段

1946 年到 20 世纪 60 年代中期，这一阶段移动通信的主要特点是容量小、用户少、人工切换，设备都采用电子管，体积大、耗电多。

(2)中级阶段

20 世纪 60 年代中期到 20 世纪 70 年代中期，在这一阶段模拟移动通信系统有了较大的发展，如美国的改进型汽车电话系统。这一阶段的特点是实现了全自动拨号，采用了晶体管使得设备体积变小、功耗降低，频段由原来的 30MHz、80MHz 发展到 150MHz 和 450MHz。公安、消防、交通、新闻等行业出现了大量的专用移动通信系统。

(3)大规模发展阶段

20 世纪 70 年代中期到 20 世纪 80 年代末，出现了“蜂窝”系统，提高了系统容量和频率利用率。大规模集成电路和微机、微处理器的大量应用使系统功能更强，移动台更加小型化，功耗更低，话音质量大幅度提高，频段从 450MHz 发展到 900MHz，频带间隔减小，提高了信道利用率。

6.3.1.2 第二代(2G)——数字移动通信系统

第二代移动通信系统的主要特征是采用数字技术。虽然仍是多种系统，但每种系统的技术体制有所减少。

(1)GSM

全球移动通信系统(Global System of Mobile Communication)的简称。GSM 是由欧洲电信标准组织制定的一个数字移动通信标准，它的空中接口采用时分多址技术。自 20 世纪 90 年代中期投入商用以来，被全球超过 100 个国家采用，符合 GSM 标准的设备占据当时全球蜂窝移动通信设备市场的 80%以上。

我国参照 GSM 标准制定了自己的技术要求，主要内容有：使用 900MHz 频段，即 890~915MHz(移动台—基站)和 935~960MHz(基站—移动台)，收发间隔 45MHz；载频间隔 200kHz，每个载波信道数 8 个；基站最大功率 300W，小区半径 0.5~35km；调制类型为 GM-SK，传输速率为 270kb/s；手机的发射功率约为 0.6W。

(2)IS-95

IS是Interim Standard的缩写，是高通公司发起的一个使用CDMA，码分多址接入(Code Division Multiple Access)的简称，的2G通信标准，广泛被美洲和一些亚洲国家使用。CDMA允许所有使用者同时使用全部频段(1.2288MHz)，且将其他使用者发出的信号视为杂波，完全不必考虑到信号碰撞问题。由于CDMA的语音编码技术，使得其通话品质比GSM好，且可以将用户对话时周围的环境噪声降低，使通话更清晰。就安全性能而言，CDMA不但有良好的认证体制，更因其传输特性。用码来区分用户，防止被盗听的能力大大增强。

(3)GPRS

通用分组无线服务技术(General Packet Radio Service)的简称，是GSM移动电话用户可用的一种移动数据业务。GPRS以封包方式来传输数据，传输速率可提升为56kb/s至114kb/s。GPRS通常被描述成“2.5G通信技术”，介于第二代和第三代移动通信技术之间。

6.3.1.3 第三代(3G)移动通信

第三代移动通信系统以全球通用、系统综合作为基本出发点，目标是建立一个全球范围的移动通信综合业务数字网，提供与固定电话网业务兼容、质量相当的多种话音和非话音业务。第三代移动通信系统要能兼容第二代移动通信系统，同时要提高系统容量，提供对多媒体服务的支持以及高速数据传输服务。与前两代系统相比，第三代移动通信系统的主要特点是可提供丰富多彩的移动多媒体业务。

国际电信联盟ITU制定了公众移动通信系统的国际标准IMT-2000，设备生产商和运营商也同步进行着3G产品和市场的开发。目前ITU接受的3G标准有WCDMA、CDMA2000和TD-SCDMA3种。WCDMA是由欧洲提出的宽带CDMA技术，是在GSM的基础上发展而来的；CDMA2000由美国主推，是基于IS-95技术发展起来的3G技术规范；TD-SCDMA是时分同步CDMA技术，是由我国自行制定的3G标准。目前国内使用的3G网络包括CDMA2000(中国电信)、WCDMA(中国联通)和TD-SCDMA(中国移动)。

(1)WCDMA

由欧洲提出，目前国内由中国联通公司采用，该技术规范基于GSM网络，与日本提出的宽带CDMA技术基本相同。其支持者以GSM系统的欧洲制造商为主，日本公司也参与其中，如爱立信、阿尔卡特、诺基亚、朗讯、北电、NTT、富士通、夏普等厂商。

WCDMA支持高速率数据传输和可变速率传输，帧长为10ms，码片速率为3.84Mc/s，其主要特点有：支持异步和同步的基站运行方式，组网方便、灵活；上、下行调制方式分别为BPSK和QPSK；采用导频辅助的相干解调和DS-CDMA接入；数据信道采用ReedSolomon编码，语音信道采用R=1/3、K=9的卷积码进行内部编码和Veterbi解码，控制信道采用R=1/2、K=9的卷积码进行内部编码和Veterbi解码；多种传输速率可灵活提供多种业务，根据不用业务的业务质量和业务速率分配不同的资源，对于低速率的32kb/s、64kb/s、128kb/s业务和高于128kb/s的业务可通过分别采用改变扩频比和多码并行传送的方式来实现多速率、多媒体业务；快速、高效的上、下行功率控制减少了系统中的多址干扰，提高了系统容量，也降低了传输功率；核心网络通过GSM/GPRS网络演进，保持了与GSM/GPRS网络的兼容性。

(2)CDMA2000

由美国高通公司提出，国内由中国电信公司采用。该技术采用多载波方式，载波带宽为 1.25MHz，分为两个阶段：第一个阶段提供 144kb/s 的数据传送率，第二个阶段加速到 2Mb/s。CDMA2000 和 WCDMA 在原理上没有本质的区别，都起源于 CDMA 技术，支持移动多媒体服务是 CDMA 技术发展的最终目标。CDMA2000 做到了对 CDMA 系统的完全兼容，技术的延续性保障了其成熟性和可靠性，也使其成为第二代移动通信系统向第三代移动通信系统最平滑过渡的选择。但是 CDMA2000 的多载传输方式与 WCDMA 的直扩模式相比，对频率资源有极大的浪费，而且所处的频段与 IMT-2000 的规定也产生了冲突。

CDMA2000 主要技术特点是：采用相同 M 序列的扩频码，通过不同的相位偏置对小区和用户进行区分；前反向同时采用导频辅助相干解调；支持前向快速寻呼信道 F-QPCH，可延长手机待机时间；快速前向和反向功率控制；采用从 1.25MHz 到 20MHz 的可调射频宽带；下行信道为提高系统容量采用公共连续导频方式进行相干检测，并在其传输过程中定义了直扩和多载波两种方式，码片速率分别为 3.6864 Mc/s 和 1.22Mc/s，能够很好地实现对 IS-95 网络的兼容；核心网络基于 ANSI-41 网络改进，保持了与 ANSI-41 网络的兼容性；两类码分复用业务信道设计，基本信道是一个可变速率信道，用于传送语音、信令和低速率数据，扩充信道用于高速率数据的传输，使用 ALOHA 技术传输分组，改善了传输性能；支持软切换和更软切换；同步方式与 IS-95 相同，基站间同步采用 GPS 方式。

(3)TD-CDMA

由中国原邮电部电信科学技术研究院(大唐电信)于 1999 年 6 月向 ITU 提出。该标准融合了智能天线、同步 CDMA 和软件无线电等领先技术，受到各大主要电信设备制造商的重视，全球一半以上设备制造商都宣布对其进行支持，国内由中国移动公司采用。该标准非常适用于 GSM 系统直接升级到 3G，其主要技术特点有：智能天线技术，提高了频谱效率；同步 CDMA 技术，降低了上行用户间的干扰，并保持了时隙宽度；通过联合检测技术降低多址干扰；软件无线电技术应用于发射机和接收机；与数据业务相适应的多时隙及上下线不对称信道分配能力；接力切换可降低掉话率，提高切换效率；采用 AMR、GSM 兼容的语音编码；1.23MHz 的信号带宽和 1.28 Mc/s 的码片速率；核心网络通过 GSM/GPRS 网络演进，保持了与 GSM/GPRS 网络的兼容性；基站间采用 GPS 或者网络同步方式，降低了基站间的干扰。

6.3.1.4　第四代(4G)移动通信

4G 是第四代移动通信及其技术的简称，具备传输高质量视频图像的能力，其图像质量与高清晰电视不相上下。4G 系统能够以 100Mb/s 的速度下载，上传的速度也能达到 20Mb/s，并能够满足几乎所有用户对无线服务的要求。在用户最为关注的价格方面，4G 与固定宽带网络不想上下，而且计费方式更加灵活，用户完全可以根据自身的需求确定所需的服务。此外，4G 可以在 DSL 和有线电视调制解调器没有覆盖的地方部署，然后再扩展到整个地区。

国际电信联盟已经将 WiMAX、HSPA++、LTE 正式纳入到 4G 标准里，加之之前就已经确定的 LTE-Advanced 和 WirelessMAN-Advanced 这两个标准，目前 4G 标准已经达到了 5 种，这里主要介绍常用的两种：LTE 和 LTE-Advanced。

(1)LTE

LTE(Long Term Evolution，长期演进)项目是3G的演进，它改进了3G的空中接入技术，采用OFDM和MIMO作为其无线网络演进的唯一标准。它的主要特点是在20MHz频谱带宽下能够提供下行100Mb/s与上行50Mb/s的峰值速率，相对于3G网络，大大提高了小区的容量，同时将网络延迟大大降低。

由于目前的WCDMA网络的升级版HSPA和HSPA++均能够演化到LTE这一状态，包括中国的TD-SCDMA网络也能直接向LTE演进，这一标准获得了最大的支持，也成为4G标准的主流。

(2)LTE-Advanced

LTE-Advanced是LTE技术的升级版，是一个向后兼容的技术，完全兼容LTE，是演进不是革命。LTE-Advanced的带宽为100MHz，峰值速率为下行1Gb/s，上行500Mb/s，峰值频谱效率为下行30(b/s)/Hz，上行15(b/s)/Hz。其包含两种制式：TDD和FDD，目前国内的4G网络有TDD-LTE(中国联通、中国移动和中国电信均支持)和FDD-LTE(中国联通和中国电信支持)两种。

与之前的网络结构相比，4G网络的架构更加扁平化，其网络架构如图6-5所示。4G网络包括接入网和核心网两个部分，用户终端(UE)与基站(eNB)及其之间的空口构成接入网，移动管理实体(MME)、服务网关(S-GW)、分组数据网关(PDN-GW)、归属用户服务器(HSS)等构成核心网。

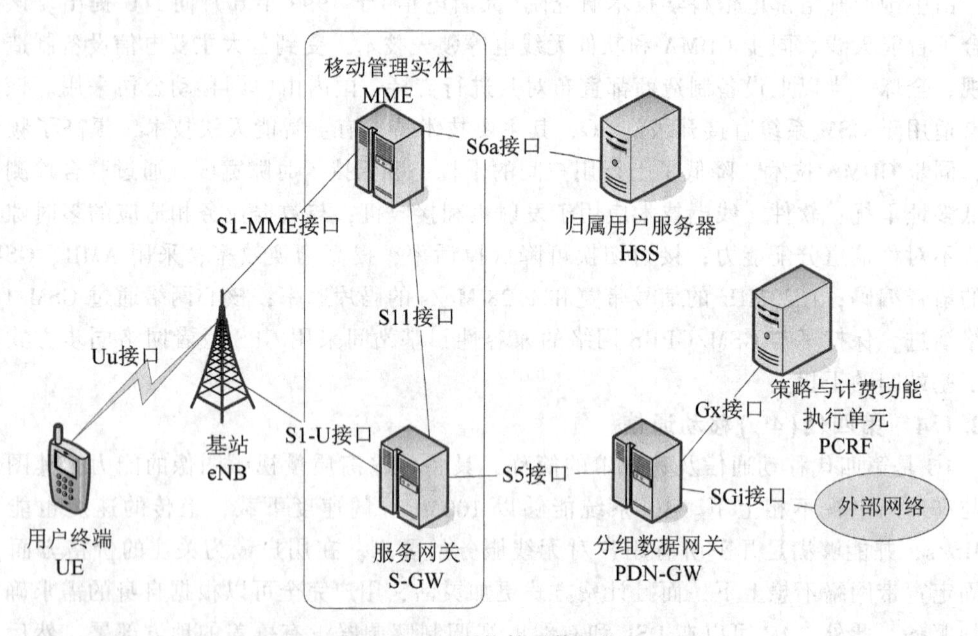

图6-5 4G网络的网络架构

6.3.1.5 第五代(5G)移动通信

第五代移动通信技术简称5G，是最新一代蜂窝移动通信技术，其性能目标是高数据速率、减少延迟、节省能源、降低成本、提高系统容量和大规模设备连接。Release-15中的 5G 规范的第一阶段是为了适应早期的商业部署。Release-16 的第二阶段于 2020 年 4 月完成，作为 IMT-2020 技术的候选提交给国际电信联盟。5G 近年取得快速发展，2019 年 6 月 6 日，工信部正式向中国电信、中国移动、中国联通、中国广电发放 5G 商用牌照，中国正式进入 5G 商用元年。2019 年 9 月 10 日，中国华为公司在匈牙利布达佩斯举行的国际电信联盟 2019 年世界电信展上发布《5G 应用立场白皮书》，展望了 5G 在多个领域的应用场景，并呼吁全球行业组织和监管机构积极推进标准协同、频谱到位，为 5G 商用部署和应用提供良好的资源保障与商业环境。

不同于前几代移动通信，5G 的技术特点为：峰值速率需要达到 Gbit/s 的标准，以满足高清视频、虚拟现实等大数据量传输；空中接口时延水平需要在 1ms 左右，满足自动驾驶、远程医疗等实时应用；超大网络容量，提供千亿设备的连接能力，满足物联网通信；频谱效率要比 LTE 提升 10 倍以上；连续广域覆盖和高移动性下，用户体验速率达到 100Mbit/s；流量密度和连接数密度大幅度提高；系统协同化，智能化水平提升，表现为多用户、多点、多天线、多摄取的协同组网，以及网络间灵活地自动调整。

6.3.2　窄带物联网技术

窄带物联网技术(NB-IoT)的研究和标准化工作是根据 3GPP 标准组织进行的，主要研究非后向兼容系统 GSM 系统的蜂窝物联网方案，以实现在 200kHz 系统带宽上支持窄带物联网技术。2015 年 8 月，3GPP 的 GERAN 工作组输出与窄带物联网相关的研究报告 TR 45.820。在 TR 45.820 中，最有影响力的技术是 NB-LTE 和 NB-CIoT 两个技术。

NB-CIoT 技术下行采用 3.75kHz 子载波间隔的 OFDMA 技术，上行采用 FDMA(基于单载波+GMSK 调制)技术，该技术主要适用于 Stand-alone 的部署场景。NB-LTE 下行采用 15kHz 子载波间隔的 OFDMA 技术，上行采用 SC-OFDMA 技术，能更好地和现有 LTE 系统兼容，该技术除了用于 Stand-alone 的部署场景，还能很友好地支持 In-band 和 Guard-band 的部署场景。

在此基础上，2015 年 9 月，NB-IoT 正式立项，其立项目标为：定义蜂窝物联网的无线接入，在很大程度上基于非后向兼容的 E-TURA，增强室内覆盖，支持大量的低吞吐量设备，低延迟敏感度，超低成本、低功耗设备和优化的网络体系架构。为了支持 3 种操作模式：Stand-alone、In-band 和 Guard-band，NB-IoT 系统需要满足以下需求：

①下行和上行链路终端射频带宽都是 180kHz；

②下行链路是 OFDMA 方式，对于 3 种操作模式，都是 15kHz 的子载波间隔；

③对于上行链路，支持 Single-tone 和 Multi-tone 传输，对于 Single-tone 传输，网络可配置子载波间隔为 3.75kHz 还是 15kHz，Multi-tone 传输采用基于 15kHz 子载波间隔的 SC-FDMA，UE 需要指示对 Single-tone 和 Multi-tone 传输的支持能力；

④NB-IoT 终端只要求支持半双工操作，在 Rel-13 阶段不需要支持 TDD，但要求保证对 TDD 前向兼容的能力；

⑤对于不同的操作模式只支持一套同步信号，包括与 LTE 信号重叠的处理；

⑥针对 NB-IoT 物理层方案，基于当前 LTE 的 MAC、RLC、PDCP 和 RRC 过程优化；

⑦优先考虑支持 Bands1、3、5、8、12、13、17、19、20、26、28；

⑧S1 接口道 CN 以及相关无线协议的优化。

为了适应 NB-IoT 终端数量多，终端节能要求高，以及收发数据包以小数据为主且数据格式为非 IP 格式的特殊需求，3GPP 对 LTE 网络整体架构和流程进行了优化，提出了控制面优化传输方案和用户面优化方案。控制面优化方案的基本原理是：通过控制面信令来实现 IP 数据或非 IP 数据在 NB-IoT 终端和网络间的传输；用户面优化方案的基本原理是：引入 RRC 连接挂起和恢复流程，在终端进入空闲状态后，基站和网络仍然存储终端的重要上下文信息，以便通过恢复流程快速重建无线连接和核心网连接，降低网络信令的交互。

6.3.3 基于蜂窝技术的应用系统

由于目前多种网络并存，基于蜂窝网络的物联网往往需要能够兼容多种蜂窝通信标准，在实际设计网络层时，往往根据应用需要以及网络环境、建网成本等选择一种蜂窝网络接入。基于蜂窝系统的典型物联网体系架构如图 6-6 所示。

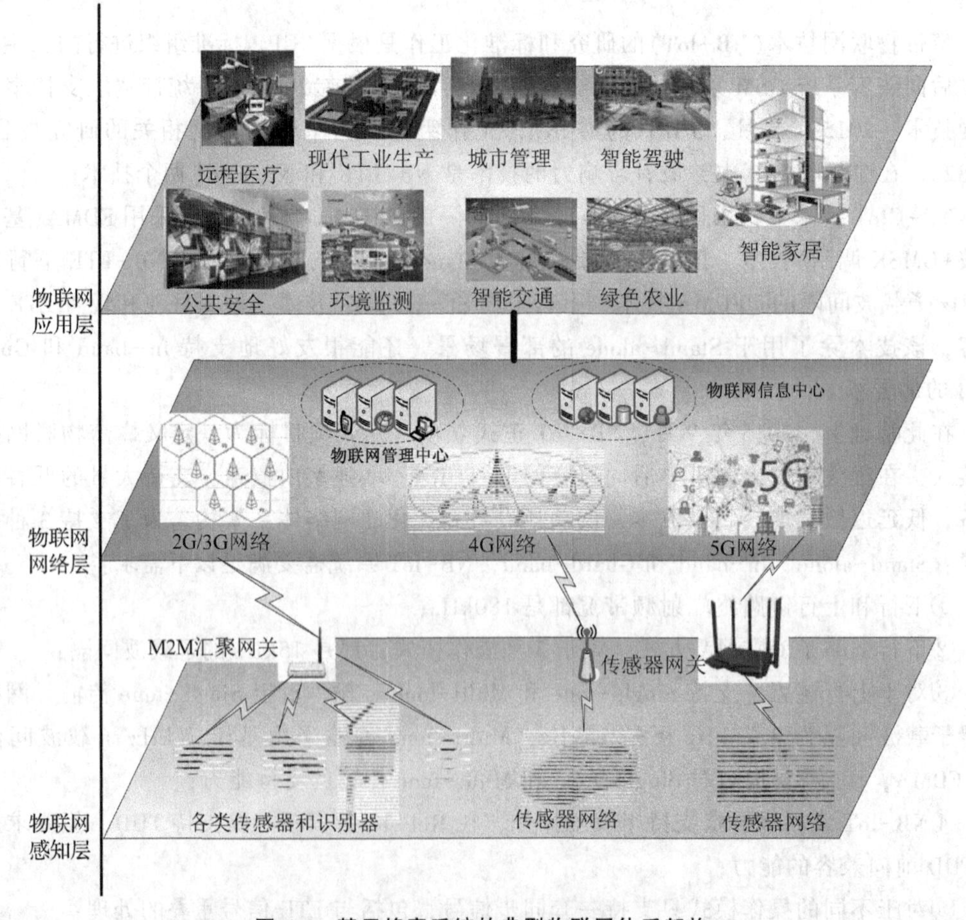

图 6-6 基于蜂窝系统的典型物联网体系架构

目前，有很多基于移动通信系统的林业物联网应用，如北京林业大学联合华为研制了一种基于 GPRS 的活立木电参数及其环境信息无线采集监测系统，如图 6-7 所示，实现了对环境信息 24h 连续远程无线采集，采集间隔可调，系统相对误差约为 2%。西南林业大学基于 Zigbee 技术和 GPRS，提出了一种精准林业环境因子监测模式，该模式是一种林业物联网的通用模式，首先利用基于 Zigbee 技术的传感器节点对要求监测的环境进行数据采集，并将采集到的数据发送到汇聚节点，有时候又称为网关，然后由汇聚节点利用蜂窝通信技术，在西南林业大学的系统中是 GPRS，其他的还有 3G 或者 4G 网络，发送到服务器中，有时候称为上位机，从而实现对林业环境的监测。基于 3G 的森林信息更新系统，实现了对森林资源的实时掌握。基于 4G 基站的窄带物联网人工林信息采集系统，实现对人工林信息的及时获取，利用 4G 基站的窄带林业物联网是基于 NB-IoT 的一种典型林业物联网。随着 5G 的大规模应用，为 NB-IoT 提供了强大的技术和基层设施支撑，基于 NB-IoT 构建林业物联网信息采集系统，是未来森林环境监控、林业信息获取的最有潜力方式。

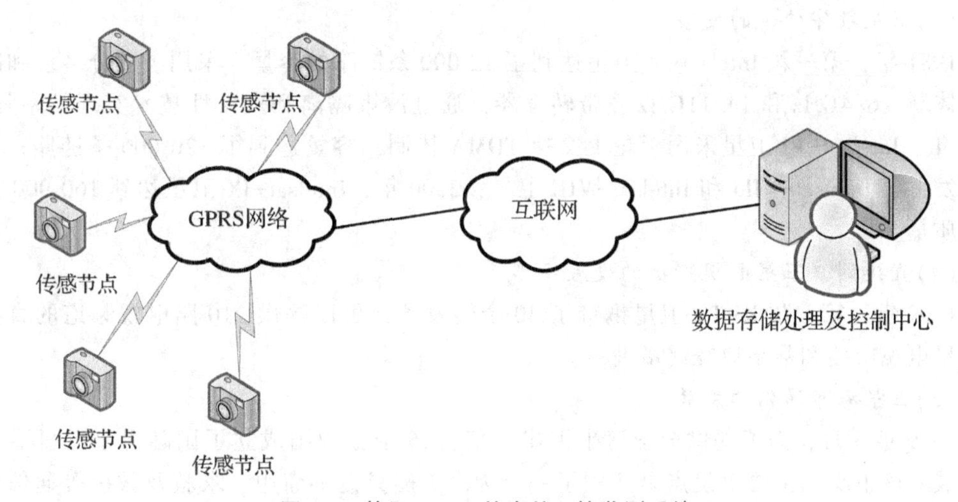

图 6-7　基于 GPRS 的森林环境监测系统

6.4　基于卫星系统的远程信息传输

6.4.1　卫星通信系统的发展

卫星通信是从地面的电话和电视广播网络发展起来的，其容量不断增加，覆盖范围不断扩大，支持的业务种类也越来越多，已经能够支持数据、多媒体等业务。同时，卫星本身变得越来越复杂，从转发式卫星到星上处理和星上交换卫星，甚至发展到具有星际链路的非静止轨道卫星星座。具有星上处理能力的卫星，提供检错和纠错能力，提高通信链路的质量；具有星上交换能力，可以作为太空中的一个网络节点，高效利用信道资源。在支持语音、视频、广播、数据、宽带和互联网业务方面，卫星在电信网络中始终扮演着重要的角色，也必将成为全球信息基础设施中重要的组成部分。因其对地面设备要求较为简单，在没有或无法建立网络基层设施场景，卫星通信可以发挥重要的作用。对于一些自然林，无法进行有效网络建设，基于卫星通信搭建系统无疑是一种最佳的解决方案。

从卫星通信发展史来看，其经历了以下几个阶段：

(1)卫星和空间时代的起步阶段

1957年10月4日，苏联发射了第一颗人造卫星“旅行者”；1960年8月美国完成了第一颗中继通信卫星的首次试验，自此卫星技术开始了令人瞩目的发展；1962年，美国、法国、德国和英国进行了利用卫星横跨大西洋的通信试验，是利用卫星实现电视和多路电话业务的首次国际性合作。

(2)卫星通信发展的早期：电视和电话

1964年8月，19个国家签约成立了Intelsat组织，发射了第一颗商用静止通信卫星：Intelsat-I；1965年4月，这颗卫星在美国、法国、德国和英国之间提供了240路电话和1路电视频道的服务；1967年，Intelsat-II为大西洋和太平洋地区提供了相同的服务；从1968年到1970年，Intelsat-III能够为全球提供1500路电话和4路电视频道。

(3)卫星数字传输的发展

1981年，第一颗Intelsat-V卫星达到了12 000条链路的容量，采用了频分多址和时分多址体制、6/4GHz和14/11GHz宽带转发器，通过波束隔离和双极性技术实现频率复用；1989年，Intelsat-VI卫星采用了星上交换TDMA体制，容量达到了120 000条链路；1998年，发射了Intelsat-VIIa和Intelsat-VIII卫星；2000年，Intelsat-IX卫星达到160 000条链路的质量。

(4)直接到户卫星电视广播的发展

1999年，第一颗K-TV卫星携带了30个转发器，可以提供210路电视频道的直接到户卫星电视广播和甚小口径终端业务。

(5)卫星海事通信的发展

1979年6月，为了提供全球海事卫星通信，26个签约国成立了国际海事卫星通信组织，成立该组织的主要出发点是建立了一个为海上船只提供商用、求救及救援等通信业务的、覆盖全球的卫星移动通信系统，拓展卫星移动通信的应用。

(6)各地区和国家的卫星通信

作为区域性组织，欧洲电信卫星组织于1977年6月由17个机构共同建立；许多国家也开发了本国的卫星通信系统，包括美国、俄罗斯、加拿大、法国、德国、英国、日本、中国等。

(7)卫星宽带网络和移动网络

自1990年以来，包括星上交换技术在内的宽带网络技术迅速发展，各种非静止轨道卫星系统开始支持卫星移动业务和宽带卫星固定业务。

(8)卫星网络上的互联网

20世纪90年代到21世纪初，通信网络中的互联网业务量迅速增长，卫星网络除了传输电话和电视数据流，也开始用于传输互联网数据流，为用户提供接入和传输能力。

6.4.2 卫星通信系统的组成

典型的卫星通信系统示意如图6-8所示，可分为两大部分：空间段和地面段。空间段包括卫星和对卫星进行控制所需的地面设施，如跟踪、遥测和指令设施。地面段由发送和接收地球站组成。卫星网络的设计通常与业务需求、轨道、覆盖面积和频段的选择有关系。

(1) 空间段

卫星是整个系统的重要组成部分，也是卫星网络的核心，它包括有效载荷和公用舱。公用舱包括承载有效载荷的舱体、为有效载荷提供服务所需要的电源、姿态控制、轨道控制、热控及跟踪、遥测和指令等设施，用于维持卫星系统的正常运转。有效载荷包括转发器和天线。天线承担了接收上行链路信号和发射下行链路信号的双重任务，为卫星网络提供了基本的覆盖能力。转发器是构成通信卫星中接收和发射天线之间通信信号的互相连接的部件集合，现代卫星还具有星上处理和星上交换功能。转发器通常分为以下几种。

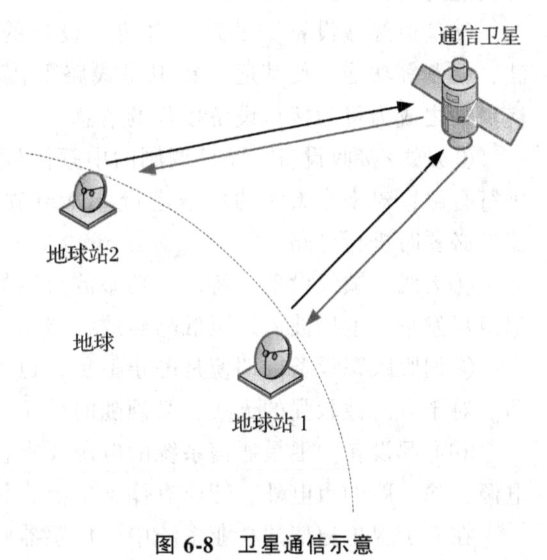

图 6-8　卫星通信示意

①透明转发器　提供信号转接能力。接收从地球站发来的信号，对信号进行放大和频率变换后再转发给地球站。具有透明转发器的卫星称为透明卫星。

②星上处理转发器　除了具备透明转发器的功能，在将信号从卫星发向地球站之前，还完成数字信号处理、再生和基带信号处理的功能。具有星上处理转发器的卫星称为星上处理卫星。

③星上交换转发器　除了具备星上处理转发器的功能，还提供交换功能，具有星上交换转发器的卫星称为星上交换卫星，目前还有一些卫星具有路由功能。

此外，尽管卫星控制中心、网络控制中心或网络管理中心通常位于地面，但它们也被认为是空间段的一部分。

④卫星控制中心　负责卫星正常运行的地面系统，通过遥测链路监测卫星上各个子系统的工作状态，通过遥测链路控制卫星保持在正确的轨道位置，卫星控制中心利用专门链路(其不同于通信链路)与卫星进行通信，从卫星接收遥测数据，向卫星发送遥控信息。有时，会在地面不同地点设置一个备份中心，以提高系统的可靠性和可用性。

⑤网络控制中心或网络管理中心　主要功能是对网络中的数据流、星上与地面的相关资源进行管理，实现对卫星网络的高效利用。

(2) 地面段

卫星通信系统的地面段由各类地球站组成，主要完成向卫星发送信号和从卫星接收信号的功能，同时也提供了到地面网络或用户终端的接口。地球站是卫星网络的一部分，主要包括最简单的电视单收站、船(车、机)载站、固定站、便携站，以及用于国际通信网的终端地球站。一个典型的地球站由接口设备、信道终端设备、发送/接收设备、天线和馈线设备、伺服跟踪设备和电源设备组成。

①接口设备　处理来自用户的信息，实现电平转换、信令接收、信源设备、信道加密、速率变换、复接、缓冲等功能，并送往信道终端设备；同时将来自信道终端设备的接收信息进行反变换，并发送给用户。

②信道终端设备　处理来自接口设备的用户信息，实现编码、成帧、扰码、成形滤波、调制等功能，使其适合在卫星线路上传输；同时将来自卫星链路上的信息进行反变换，使之成为可为接口设备接收的信息。

③发送/接收设备　将已调制的中频信号转换为射频信号，并进行功率放大，必要时，进行合路；对来自天线的信号进行低噪声放大，并将射频信号转换为中频信号送入解调器，必要时进行分路。

④天线和馈线设备　将来自功率放大器的射频信号变成定向辐射的电磁波；同时，收集卫星发来的电磁波，送至低噪声放大器。

⑤伺服跟踪设备　即使是静止卫星，也不是绝对静止的，而是在一定的区域内随机漂移。对于方向性较强的天线，必须随时校正自己的方位角与仰角以对准卫星。

⑥电源设备　卫星通信系统的电源要求较高的可靠性。对于大型站，常需要配有多组电源，除一般的市电外，还应有储备电源，例如，柴油发电机、大容量蓄电池等。

在基于卫星通信的林业系统中，传感器网络的网关节点或具有传感器的普通信息收集节点充当卫星系统中的终端。这类节点受尺寸等限制，仅具备完成地面站的核心功能的设备，如收发设备、简易电源设备等。在设计地面站时，如果该地面站作为普通节点，成本是一个重要考虑。此外，还需要简化设备和降低尺寸，易与其他感知设备结合；对网关地面站的设计，一般处于边缘位置，成本、尺寸以及电源不再是限制，主要考虑网关功能实现以及数据安全性。

6.4.3　通信卫星的轨道和频率

轨道是卫星通信系统的重要资源之一，卫星需要在正确的轨道上为服务区提供覆盖。划分卫星轨道的方法有很多，根据卫星的高度可以将轨道分为低轨道、中轨道和高椭圆轨道。低轨道是指轨道高度小于5000km，卫星运行周期为2～4h；中轨道是指轨道高度为5000km到20 000km之间，运行周期为4～12h；高椭圆轨道是指轨道高度大于20 000km，卫星运行周期大于12h。此外，位于地球上空35 786km的对地静止轨道卫星由于其运行周期

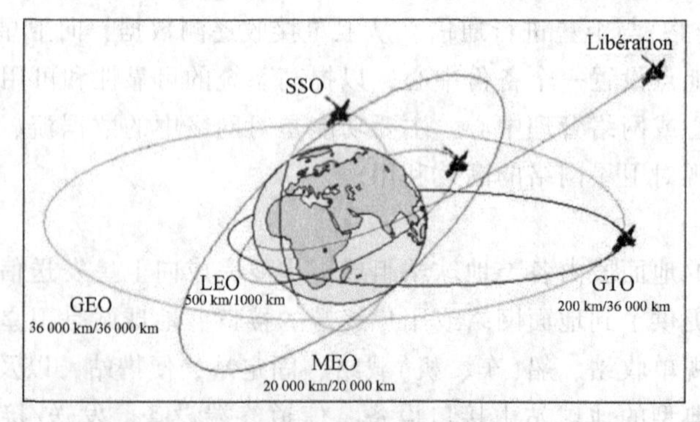

图6-9　卫星轨道示意

与地球自转周期相同，且方向一致，使得卫星与地面的相对位置保持不变，卫星在空中就好像静止一样，因而成为众多卫星通信系统采用的轨道形式。

频率资源是卫星网络的另一个重要资源，也是一种稀缺资源。卫星系统中使用的无线频谱覆盖了 30MHz 到 300GHz 的范围，早期由于硬件水平和大气传播效应的限制，60GHz 以上的频率通常不被使用。卫星与地球站之间的传输环境会受到雨、雪、大气和其他因素的影响，卫星上由太阳或电池供应的有限能量也限制了卫星通信能够使用的频率。卫星通信系统的链路容量受限于传输使用的频段和传输功率。

频段由国际电信联盟分配，目前分配了几个频段供卫星通信使用。表 6-1 给出了卫星通信可使用的不同频段。C 频段通常使用 6GHz 的上行链路和 4GHz 的下行链路，许多固定业务仍然在使用该频段。由于 Ku 频段已接近饱和，新一代卫星系统已开始使用 Ka 频段以进一步扩展可用带宽。表 6-2 给出了这些频段的典型应用。

表 6-1　卫星通信的典型频段

名称	频段/GHz	名称	频段/GHz
UHF	0.3~1.12	X 频段	8.2~12.4
L 频段	1.12~2.6	Ku 频段	12.4~18
S 频段	2.6~3.95	K 频段	18~26.5
C 频段	3.95~8.2	Ka 频段	2.65~40

表 6-2　GEO 卫星频段的应用实例

名称	上行链路/GHz	下行链路/GHz	GEO 卫星系统固定业务的典型应用
6/4 C 频段	5.850~6.425 (575MHz)	3.625~4.2 (575MHz)	国际和国内卫星系统：Intelsat、美国、加拿大、中国、法国、日本、印度尼西亚
8/7 X 频段	7.925~8.425 (500MHz)	7.25~7.75 (500MHz)	政府和军事卫星应用
		10.95~11.2> (2500MHz)	区域 1、区域 3 的国际和国内卫星系统
		11.45~11.7 12.5~12.75 (1000MHz)	Intelsat、Eutelsat、法国、德国、西班牙、俄罗斯
(13~14)/(11~12) Ku 频段	13.75~14.5 (750MHz)	10.95~11.2	区域 2 的国际和国内卫星系统
		11.45~11.7 12.5~12.75 (700MHz)	Intelsat、美国、加拿大、西班牙
18/12	17.3~18.1 (800MHz)	BSS 频段	BSS 业务的馈电链路
30/20 Ka 频段	27.5~30.0 (2500MHz)	17.7~20.2 (2500MHz)	欧洲、美国、日本的国际和国内卫星系统
40/20 Ka 频段	42.5~45.5 (3000MHz)	18.2~21.2 (3000MHz)	政府和军事卫星

6.4.4 卫星通信的特点

卫星通信系统中的无线链路在网络分层参考模型中的物理层，提供实际的比特和字节的传输能力。由于卫星位于离地球站很远的太空，因此卫星链路与其他通信链路相比存在以下特征，这些特征可能会对卫星网络的组成和应用造成一定的影响。

(1)传输时延

对于 GEO 卫星而言，信号从地球站到卫星，再到另一个地球站经历的时间约为 250ms，往返时延约为 500ms，这要比信号在普通的地面系统经历的时延大很多，由此带来的问题是增加了传输系统中链路响应的时延，因此需要在卫星网络的协议和信令设计方面尤其小心，否则协议响应时间或呼叫建立时间会过长。

(2)传输损耗和功率限制

对于视距通信的微波来说，自由空间的损耗可能高达 145dB。对位于 36 000km 高空、工作于 4. 2GHz 频率的卫星而言自由空间的损耗为 196dB，当工作于 6GHz 时，损耗为 119dB；工作于 14GHz 时，损耗为 207dB。对于从地球到卫星的链路，可以通过使用高功率发送设备和高增益天线来解决损耗问题；从卫星到地球的链路，通常则是功率受限的，其原因是：一些频段是与地面业务公用的，如 4GHz 频段，因此要确保与这些业务之间没有干扰；卫星需要从太阳能电池获得能量，为了产生足够的射频功率，需要耗费大量的能量，因此从卫星到地球的下行链路对系统而言非常关键，从该链路接收到的信号强度将比一般的无线链路低很多。传播损耗可能导致数据传输误码，影响某些网络协议的正常运行。

(3)轨道空间和带宽受限

目前，卫星轨道空间拥挤，如赤道轨道已经布满了 GEO 卫星，卫星系统之间的射频干扰也逐渐增大，这对于采用小天线地球站的系统影响非常大，因此这些系统往往采用波束覆盖。卫星通信系统能够使用的频率资源非常有限，这对卫星网络资源管理和分配方式，以及卫星网络的组成结构造成一定的影响。

(4)广播能力

由于通信卫星离地面距离远，单颗卫星的覆盖范围大，例如，单颗 GEO 卫星可以覆盖超过地球表面三分之一的面积，其覆盖范围内的各种终端均可通过该卫星实现通信。同时，卫星具有天然的广播特性，这使得卫星网络能够利用单颗卫星实现大范围内的广播通信。

(5)LEO 系统运行复杂

除了 GEO 卫星，还有一类新型的低轨道(LEO)卫星系统，这类系统进一步拓展了卫星系统的容量和应用范围。这类系统中的卫星轨道高度更低，这会缓解时延和损耗的问题，但由于 LEO 星座中的卫星处于快速移动中，因此维持地球站终端与卫星之间的通信链路就更加困难，导致网络管理和控制复杂度增加。

根据链路特征，可以总结出卫星通信的特点。

①覆盖范围广　对地面的情况如高山海洋等不敏感，适用于在业务量比较稀少的地区提供大范围的覆盖，在覆盖区内的任意点均可以通信，且成本与距离无关；工作频带宽：

可用频段从150MHz~30GHz。目前已经开始开发O、V波段(40~50GHz)。Ka波段甚至可以支持155Mb/s的数据业务。

②通信质量好　卫星通信中电磁波主要在大气层以外传播，电波传播非常稳定。虽然在大气层内的传播会受到天气的影响，但仍然是一种可靠性很高的通信系统。

②网络建设速度快、成本低　除建地面站外，无需地面施工，运行维护费用低。

③信号传输时延大　高轨道卫星的双向传输时延达到秒级。

④控制复杂　由于卫星通信系统中所有链路均是无线链路，而且卫星的位置还可能处于不断变化中，因此控制系统也较为复杂。控制方式有星间协商和地面集中控制两种。

6.4.5　基于卫星通信的应用实例

以基于北斗卫星的林业监控管理系统为例，说明卫星通信在林业物联网中的应用。武陵山片区林业资源十分丰富，森林覆盖率高，且物种多样性丰富，同时也为林业的监控管理带来了很大的挑战和困难。森林是自然界功能最完善的资源库、基因库、蓄水库和能源库，对维持陆地生态环境，维持生态平衡起着重要的作用，因此，对森林资源的调查和监测以及森林灾害的监测和防治应该得到高度的重视。建设林业资源监测调查系统是基于我国森林与自然环境监测工作的需要，能有效地提高林业资源管理水平，实现林业资源可持续发展，建立林业资源监测体系是改变以往传统的资源及管理方法，减少繁重体力劳动的需要，是保证林业经营单位实现各项生产经营目标的需要。

基于“北斗二号”卫星导航定位系统的林业监控管理系统是“北斗”系统基于武陵山片区林业实时监控管理等方面的业务需求，在森林防火、禁止乱砍滥伐、害虫监测、沙漠化防治监测等方面能够发挥监控管理和指导作用，为相关林业部门提供各种监测管理服务；为各级林业监管部门进行实时调度和重大决策提供科学的数据信息支持，一旦发生火灾、虫灾、乱砍滥伐等突发事件时，能迅速预警、定位灾害中心，实施紧急减灾措施。

该监控管理系统是建立在北斗卫星导航定位系统、数据信息处理中心和林业部门森林防火办公室林火监测网络基础之上，使用了基于互联网技术的地理信息软件和数据库软件，通过北斗卫星通信链路方式，向各监测站和监测终端等发布各种命令，包括上传数据指令、重置参数指令、短消息、指挥调度指令等，以实现对各监测终端进行监控管理，而且也可以通过北斗收发机按一定时间间隔(数据的采集频率是设置好的，监测过程中可以做相应修改)将监测终端采集到的各种温度、湿度、烟雾浓度、光亮度等数据和位置状态信息传送到监控指挥中心，与计算机上的卫星遥感图像和电子地图匹配，在电子地图上显示坐标点的位置，清楚、直观地显示各种状态信息以及数据信息。基于“北斗二号”的林业监控管理系统的示意如图6-10所示。

根据图6-10可知，林业数据采集系统、数据传输与通信系统、综合应用服务系统和一个数据库系统组成了整个林业监控管理系统。通过四大子系统有机的组合级联保证了整个管理平台的正常运行。整个监控管理系统的运行如下：监控指挥中心通过VPN传输通道和北斗卫星地面主控站进行连接从而获得由卫星地面主控站推送的北斗卫星相关通信信号，通过北斗卫星用户机群的叠加实现地面运营中心的北斗卫星信号的上行通信，同时通过和公用移动通信网络网关的级联提供卫星通信和移动通信的互联互通。此外，所有监控

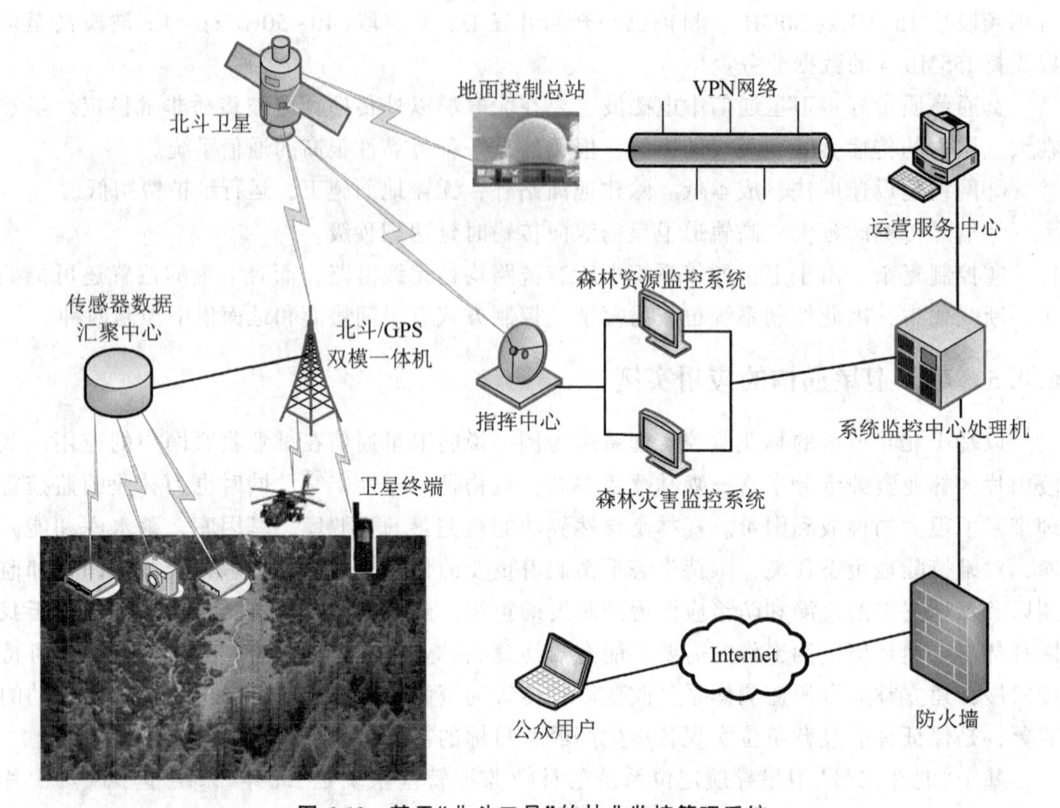

图 6-10　基于“北斗二号”的林业监控管理系统

管理系统架构内的北斗应用服务系统，包括相关车辆和人员调度管理等，也都将通过网络与监控管理平台进行相连，从而获得监控管理系统所需要的各种有效信息和数据。

本章小结

本章通过分析物联网的体系结构，确定了远程信息传输的范围，比较两种典型的传输介质，即有线和无线传输方式在林业物联网应用时的优缺点，无线远程通信技术作为目前林业物联网主要采用无线远程通信方式，本章对其中典型技术，如 LoRa 技术、蜂窝系统和卫星技术，从历史发展、技术特点、典型应用案例三个方面进行详细地介绍。通过本章的学习，应重点掌握各种典型技术的特点，并能够根据林业应用需求，选择合适技术，设计相应的林业物联网系统。

习　题

1. 简述光纤通信的传输原理。
2. 比较有线传输和无线传输在林业物联网应用中的优缺点。
3. 简述 LoRa 终端的类型及区别。
4. 简述 NB-IoT 技术特点及在林业物联网中应用的优势。

5. 总结卫星通信的特点。

参考文献

张白艳，2018. 基于 LoRaWAN 协议的无线传感器网络开发与数据采集算法研究[D]. 杭州：浙江农林大学.

蒋丽媛，2014. 基于 GPRS 的树电及其环境信息无线实时监测技术研究[D]. 北京：北京林业大学.

徐伟恒，张晴晖，李俊萩，等，2011. 基于 GPRS 和 ZigBee 的精准林业环境因子监测模式研究[J]. 安徽农业科学，39(23)：14403-14405，14409.

陈生海，丁建群，2017. 基于“北斗二号”的武陵山片区林业监控管理研究[J]. 怀化学院学报，36(5)：46-49.

第7章 森林火险预警

7.1 概述

在人类历史栖息的迁移中一直伴随着森林火灾的发生，但是森林火灾不同于一般的自然灾害，它对生态环境的破坏程度极其严重，而且威胁着人类生命财产安全。森林火灾不仅破坏森林资源，而且严重破坏生态环境。

森林火灾具有突发性强、破坏力大的特点，已成为当前全球生态安全最大威胁之一。近年来，全球平均每年发生森林火灾超过20多万起，烧毁森林面积$640\times10^4hm^2$，占地球森林总面积的0.18%。由于自然原因，我国森林火灾频发，是森林火灾较为严重的国家之一。森林火灾对我国森林资源和生态环境的破坏十分严重，不仅破坏林业建设，降低森林密度，还严重破坏森林价值。我国森林火灾自1950年至2012年的63年间发生79.8万起，森林受灾面积$3806\times10^4hm^2$，是年平均造林面积的6倍多，人员伤亡33 551人，森林火险次数变化和火灾损害如图7-1和图7-2所示。其中，我国大兴安岭林区于1987年5月发生

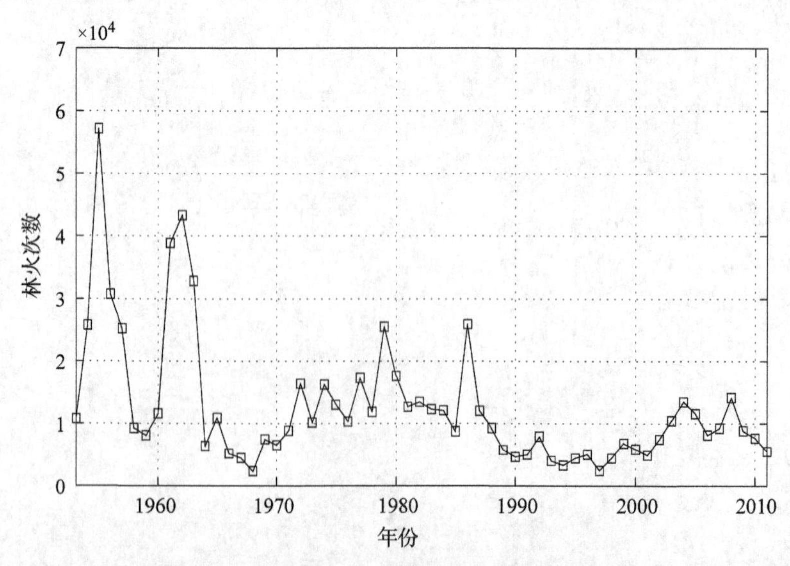

图7-1 1953—2012年中国森林火灾发生数量

重大火灾，受损森林面积 114m²，二个林业局所在城镇和 9 个林场被烧毁，211 人死亡，超过 5 万人受灾。尽管 2012 年为火灾损失较少的年份，仍然发生森林火灾 3966 起，受害森林面积 1.4×10^4hm²，人员伤亡 21 人。

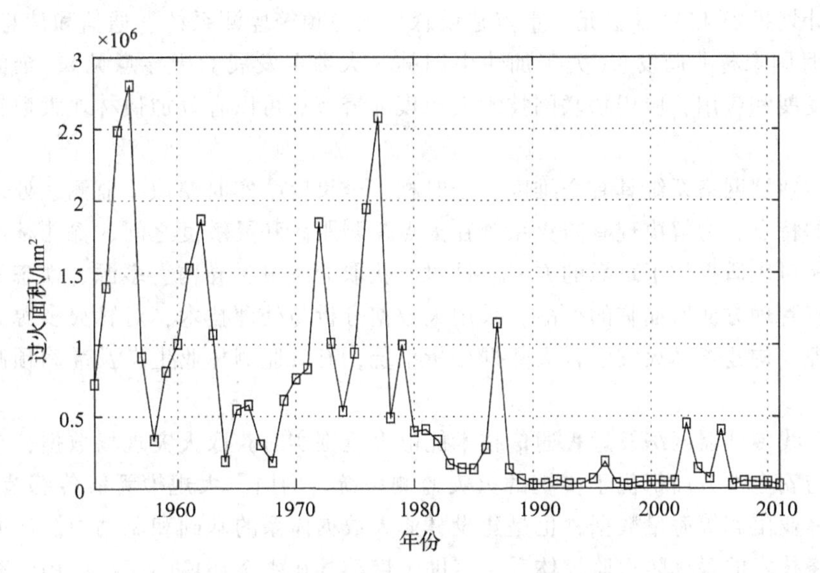

图 7-2　1953—2012 年中国森林烧毁情况

林火的高发性和破坏性决定了林火防控的重要性。随着技术的发展进步，目前可利用先进的技术手段和方法对森林火灾实现自动监测预警和高效防控。近年来，林业信息化技术发展迅速，开展基于信息技术的林火防控系统和关键技术已迫在眉睫。如何科学有效地对林火进行预警预报，最大限度地减少林火发生以及由火灾造成的损失一直是我国林业管理部门和科研部门十分关注的问题。

目前，我国的森林火灾监测仍然以地面巡护结合人工瞭望监视为主，飞行巡护仅在非常重要的林区实施，但由于航空巡护成本太高，无法全国推广。卫星森林火灾监测更多的是应用在宏观层面，虽然发现森林火灾准确，但存在明显的滞后性。林火远程视频监控系统需人工对视频进行监测，难以自动对图像进行分析和判读。随着"3S"技术、红外成像技术、智能视频烟火识别技术的发展，在林区布设视频监控系统，也能实现森林火灾的自动识别和定位，但费用极高。

不同于东北大林区防火，南方丘陵山地林区规模不大，且农田与林地交错分布，频繁的人为活动与农事用火，容易引发森林火灾。另外，现有的森林防火视频监控系统也难以兼顾农田与林地。目前森林防火主流指标为：识别 50×50 的像素图像，而对应于 15km 外的区域，其过烟面积为 2600m² 左右，此时的烟面积扩散迅速，非常容易甚至已经演变为火灾。为解决盲区相对较大，且探测距离和监测精度、灵敏度之间的矛盾，提前预警、及时发现火情和快速掌握火情行为是森林防火的关键。

物联网和大数据分析技术为解决林火发生和林火行为预测提供了契机。2016 年 5 月国家林业局在发布的《林业发展"十三五"规划》中强调要加强利用云计算、物联网、移动互联网、大数据等新一代信息技术推动信息化与林业深度融合。2016 年 6 月国家林业局印发

《关于推进中国林业物联网发展的指导意见》中指出需要加快推进林业物联网建设与应用，实现林业灾害监测、林业生态监测等主要任务。国家林业和草原局、国家发展和改革委员会和财政部联合印发的《全国森林防火规划(2016—2025年)》已由国务院批复，在此10年中，国家计划投资450.95亿元，重点建设森林火险预警监测系统、通信和信息指挥系统。2016年7月国家林业局发布《关于加快中国林业大数据发展的指导意见》，全面推进林业大数据的发展和应用，应用物联网技术大规模部署节点可以有效加快林业大数据采集体系的形成。

无线传感器网络系统具有全维度、全时相、全尺度，实时获取、监测、处理森林资源现场数据的特点，为解决现有防火系统在火点探测距离和灵敏度之间、探测精度和过火区域大小的相对矛盾提供了可靠的方案。针对所获取的海量、异构、多源、动态等数据在存储、计算、管理方面所面临的挑战，采用大数据分析与处理技术，对林火多源异构数据采用混合处理，构建森林火灾混合大数据分析系统，有效监测林业生态及准确预测森林火险行为。

依靠无线传感器网络及远程通信技术能够大范围实时获取火灾现场数据，在提高火灾监测效率与安全性方面都优于传统的火灾监测系统。同时，大规模无线传感节点的部署，及时采集林业生态等海量数据，也是建设林业大数据体系的基础和驱动力。研究构建无线传感器网络技术的森林防火监控体系，有助于推动其在生态环境的广泛应用，有助于提升林业在绿色低碳经济中的战略性地位，也有助于建设现代林业大数据共享系统。充分利用该系统有利于实现更加精细、更加简单和更加高效的林业产业火灾管理策略。

本章介绍了将无线传感器网络技术应用于森林火灾预测预警，实时采集森林环境中的相关气象数据，然后发送至远程终端，在远程终端通过建立数学模型算法，分析森林火灾发生的可能性。引入了数据低延迟传输模型，减少了数据传输延迟，引入了数据采集高速率模型，有利于在相同时间内获取更多的环境数据。

我们将无线传感器网络系统布设于南京东郊紫金山区域，获取区域内气象数据，并以此为基础，分析数据变化规律，提出了基于模糊推理的森林火灾预测方案，预测森林火灾发生的可能性。

7.2 森林火险预警相关研究介绍

由于森林火灾的严重危害性，各国在林火预测预防方面都不遗余力，世界上几乎所有主要国家都建立了森林火灾预警预报系统。自20世纪20年代起，国外发达国家就开展林火预测研究，至今已有近百年的历史。林火预测模型主要分为林火发生预测模型和林火行为预测模型。林火发生预测模型主要实现在林火发生前预测林火发生的可能性，林火行为预测模型主要完成在林火发生后对林火大小、扩散方向等进行预测。林火发生预测模型的研究主要包括三个部分：火险天气模型、人为火模型和雷击火模型，这三个因素是造成林火的主要原因，世界各个国家也主要围绕这三个方面开展工作。其中，美国于1978年建立第一个国家森林火灾预警系统(National Fire Danger Rating System，NFDRS)，于1988年建立“美国最新火险等级预报系统”，并于1993年建立了林火预警系统(Weather Information

Management System, WIMS)。到2001年为止，建成了具有国家、区域以及地方三个级别的预警系统，并且可分别针对这三级区域进行森林火险预报。美国国家森林火险等级系统主要以水汽扩散作为理论推导，用气象资料来计算各种可燃物的含水率变化规律，从而计算火灾发生条件，用来反映森林火险的易燃程度。美国国家森林火险等级系统主要用4种类型对森林火险进行预测，分别是人为火、雷击火、燃烧和火负荷。其中，人为火发生指标和雷击火发生指标属于林火发生预测模型，燃烧指标和火负荷指标属于林火行为预测模型。

加拿大建立的森林火险等级系统(Canadian Forest Fire Danger Rating System, CFFDRS)是当前世界上公认建设最完善、应用最广泛的系统之一，其森林火险等级系统包含三个子系统，分别是火险天气指标子系统(Fire Weather Index System, FWI)，火灾行为子系统(Fire Behavior Prediction System, FBP)，火灾发生子系统(Fire Occurrence Prediction System, FOP)。其中，FBP系统和FOP系统仍在研究和完善过程中。火险天气指标子系统属于林火发生模型中的火险天气模型，时滞—平衡含水率是FWI的理论基础，以天气条件变量作为参数计算可燃物含水率的变化，再根据可燃物含水率的不同大小和位置确定潜在火险等级。火险天气指标子系统FWI以中午降水量相对湿度、温度、风速和前24h降水量为4个基本输入变量，以3个湿度码来反映火灾难易程度、蔓延速度以及能量释放速率。加拿大森林火险系统因其科学合理性，被应用于多个国家，如印度尼西亚、新西兰、地中海以及其他地区。我国在20世纪80年代末在内蒙古加格达奇引入该系统，系统的引进对我国早期森林火灾预警有重大的推动作用。

澳大利亚提出一种森林火险尺森林火险预警模型，该模型采用温度、风速、降雨后天数、降水量、干旱因子、相对湿度、可燃物负荷量作为火险指标，但此指标仅适用于桉树林。森林火险尺预警模型突出了定量林火行为输出预警，这是该系统独有的。该模型的输出定量参数有林火蔓延速度、火线强度、飞火距离和是否发生树冠火等。其他国家也建立了相应的森林火险预警系统，如俄罗斯的火险Nesterov累积指数系统、瑞典的Angstrom火险等级系统、法国的土壤湿度法和干旱指标法的火险等级系统。

我国林火预报研究工作起步较晚，主要以苏联、美国、加拿大等国的预警模型为基础，结合我国林区的实际情况进行改进，主要研究林火发生预测模型中的火险天气模型。黑龙江省森林保护研究所提出的"801"森林火险天气预报系统，是一种火险天气预报方法，该系统根据气象因子计算火发生的概率，系统主要选取与森林火险相关较高的温度、相对湿度、风速、日降水量和前一天相对湿度这五个气象因子作为参数，计算火灾发生的概率。全国森林火险等级由黑龙江森林保护研究所的王贤祥于1991年研制，1993年由国家气象局、林业部联合下发了《关于发布"全国森林火险天气等级"的通知》，在全国范围内推广此方法。

我国东北及西南林区采用双指标法作为火险预警系统，该系统综合多种气象因子的影响，进而对森林火险进行预报。三指标单点森林火险预报也已应用于小兴安岭伊春林区，结果令人满意。多因子相关概率火险天气预报法是一种适合小兴安岭地区的林火预报方法。我国曾经对各种林火发生因子进行统计分析，利用数量化理论进行森林火险预警，该方法曾经是我国唯一能预报森林火灾是否发生的方法。根据林火资料和同期对应气象数据进行对比分析，是多因子综合指标森林火险预报法的主要手段。该方法通过研究森林火灾发生的普遍规律，并深入探讨各种气象因子对林火发生影响的特征值和临界值，建立预测林火发生危险程度的数学模型及潜在火险等级预警系统，是一套比较成功的中期和短期火险预警方法。除此以外，很多省(自治区、直辖市)依托科研院所建立了符合本地区特点的森林防火模型系统，这些方法的林火预警精度较高，且大多通过了省、部级的成果鉴定，目前这些方法仍在各省(自治区、直辖市)正常使用。林火预测预报系统大多基于气象因子的量化模型，主要依靠传统的气象站进行数据收集，优点是参数易采集、易分析和易量化，不利因素是没有综合考虑林火发生中其他不易量化的因素，比如人类行为分析。虽然我国在林火预防预测方面取得了卓越的成就，但到目前为止，我国还没有建立国家级林火预测预报系统。

随着信息技术的发展，林火行为研究逐渐转向使用“3S”(RS、GPS、GIS)技术实现林火自动监控和火灾视频识别。这些技术可以有效实现林火的行为预测，属于林火探测技术。林火发生研究也逐渐采用当前较为先进的无线传感网技术，该技术为林火的自动防控提供了一个更加快捷和高效的技术选择。基于无线传感器网络的林火防控具有分布式、智能和对等无线网络、维护成本低和易扩展等优点。在林火预测预警方面，无线传感器网络主要用于天气参数的采集及传输，相对于使用气象站的林火预测，其优势主要包括：

①传统的气象站需要部署在接近基础设施的场所，配备值守人员，需要提供电力和生活必需品，不可能深入森林腹地，获得的气象参数并不能非常准确反映林区气象条件的差异。相反，无线传感节点可以部署在森林任何地方，采取太阳能供电，无需值守，采用无线传输，部署方便。

②传统的气象站因为设备昂贵，不可能在森林监测区域密集布设，仅依靠少量气象站获取的数据难以准确预测整片森林的火险情况。目前，无线传感节点价格便宜，无人值守，可以在林区大面积部署，易获取到各个区域的气象数据。

为了给林业生态监测提供精确可靠的技术保证和系统支撑，清华大学刘云浩教授及其团队成员一直在致力于搭建“绿野千传”的无线传感器网络系统，该系统于2009年成功部署，目前已在浙江天目山区域大规模部署无线传感节点，采集相关监测数据。2017年中国林业科学研究院资源信息研究所主持国家重点研发项目子课题“人工林生长与环境信息物联网实时获取技术”，用于在人工林部署无线传感器网络节点，实时获取监测区域环境信息。此外，北京林业大学、东北林业大学、华中农业大学、福建农林大学、浙江农林大学和南京林业大学等都开展了基于物联网技术的环境监测系统研发，取得了较好的成果，这些研发项目的实施为林火预警系统的建立提供了良好的技术支撑。

目前无线传感器网络技术还没有真正应用于大面积林区防火，究其原因，主要有以下几个方面：①无线传感节点传输距离有限，大面积部署，节点多、成本高。②按需部署时，需解决节点能量持续供给问题。而郁闭度高的林区，太阳能供电难以保障节点的持续供电。③林区无线信号弱，难以保证无线传感网络与公网互联，投资成本过高。

最近两年，一些新技术的出现为解决上述问题提供了契机。随着芯片技术和天线技术方面的研究突破，目前无线传感器网络中的普通传感节点(如 ZigBee CC2530)通过增大功放在无障碍情况下传输距离可以达到3km，价格在20美元以内，而几年前，传输距离只能达到150m，价格却高达100美元。另外，随着技术的发展，无线通信模块在长距离通信和价格低廉化方面还将有进一步的提升，如NB-IOT、LoRa无线传感器网络技术的应用，将为森林火灾监控系统设计提供了技术保障。

在关于森林火灾预防预警方面的研究中，国外一直走在前列，其中加拿大森林火灾指标系统是业界普遍认可的林火预警系统。加拿大森林火灾指标系统建立于1972年，研究人员以加拿大历史火灾资料和天气资料作为研究基础，采用水热平衡理论，第一次提出用模型的方式研究国家级森林火险预警系统。加拿大火险天气指标系统是建立在气象因子、可燃物含水率计算、小型野外点火试验的基础上，以数学分析同野外试验相结合的方法研制出的经验火险预报系统。系统以中午降水量相对湿度、温度、风速和前24h降水量为4个基本输入变量，以3个湿度码来反映火灾难易程度、蔓延速度以及能量释放速率。

改革开放以后，我国在林火预警研究也由火险天气预警向林火发生预警和林火行为发生预警方向发展，并开始研制国家级的林火预警系统。1987年"森防SF森林天气自动遥测系统"由黑龙江省森林保护研究所和黑龙江省科学院自动化研究所联合研发。此外，北京林业大学、南京林业大学、东北林业大学、华中农业大学、南京邮电大学以及西安电子科技大学等在积极研究基于无线传感器网络的林火预测系统中的关键技术，取得一定成果。

影响森林火灾发生的因素很多，并且成因复杂，很难从理论上进行量化。目前在森林火灾防护研究中，仍然以火灾监测为主，希望在第一时间获取火灾发生情况，并采用智能决策技术自动检测森林火灾发生。卫星遥感技术从大尺度监测森林火灾的发生，但是卫星遥感只针对林火重点区域，并且监测间隔时间长。以无人机遥感为代表的林火监测技术因无人机滞空时间短、成本高也没有得到广泛应用。以无线传感器网络技术为代表的林火监测技术，可以从林火成因方面分析火灾发生的气象条件。在气象因素分析中，模糊推理系统可以将各种气象因素通过加权处理，得到林火风险情况，是能够进行实时决策的系统之一。模糊三角数能够更好地表达模糊语言术语，并与多属性决策相结合，在风险评估、绩效评估等领域得到了应用。在林火模糊推理模型中，通过引入模糊逻辑算法，使用五个隶属函数，如温度、烟雾、光、湿度和距离来预测火灾概率。通过使用模糊逻辑开发决策工具，用于指定森林火灾的燃料模型。由于该模型受地表火蔓延技术的影响，可用于开发实时火灾预测系统。另外，模糊层次分析法(analytical hierarchy process)也用于对森林火灾风险的诱发因素进行排序和优先排序，是一种有效的多目标规划方法。

本章提出了一种基于无线传感器网络的森林火险模糊推理系统，该系统针对所研究区域特性，在林火高发区域部署大量无线传感节点，用于实时监测森林环境气象状况，同时，也考虑了监测区域人流对林火的影响、时间因素及历史火灾情况，更加全面分析林火成因，所提出的基于无线传感器网络的模糊推理系统将自动和灵活地进行加权模糊推理，具有更大的灵活性。

7.3 火灾气象数据自动监测

基于林业物联网的火灾气象数据自动监测的优势有：

(1)物联网技术提升

随着物联网在芯片技术和天线技术方面的研究突破，目前普通传感节点(如 ZigBee CC2530)通过增大功放在无障碍情况下传输距离可以达到 3km，价格在 10 美元左右，而几年前，传输距离只能达到 100m，价格却高达 100 美元，随着技术的发展，无线通信模块在长距离通信和价格低廉化方面还将有进一步的提升。在偏远林区部署大量的无线传感节点，可以获取多个区域内的气象数据，因而提高了火灾的预测精度。

(2)太阳能供电系统完善

为了解决能量持续性供给问题，目前在林业监测的无线传感系统中，通常给节点配备便携式电池供电，但是电池电量有限，对节点持续性供电只能维持 1~2 个月，即使采用多种节能模型，其供电时间也不会超过 1 年，如清华大学的“绿野千传”的林业监控系统的最大工作时长为 1 年左右。由于林业环境条件复杂，偏远且交通条件有限，对节点更换或补充电池能量成本较高。通常节点在能量消耗完后被遗弃，监测网络失效，也对环境造成一定的影响。物联网系统的能量有限性极大地限制了其推广应用，也为物联网技术在森林环境下的大规模部署和长期监测提出了挑战。

可充电物联网系统通常以太阳能转换系统来获取能源，虽然在森林中有树木遮挡，但是考虑到节点是提前人工部署，可以选择地形稍微开阔区域部署。另外，目前单晶硅太阳能板不需要太阳直接照射也能发电，目前该技术已较为成熟，价格也较低。采用这种新型的自供电物联网系统，如果节点合理使用能量，将能量消耗率控制在能量转化率以下，那么节点可以持久工作，直到节点发生物理性损坏，通常这一过程可能持续几年甚至几十年。可充电传感节点的布设解决了网络能量持续供给，保障监测的持续性。可充电无线传感器可广泛用于林火预防，其部署如图 7-3 所示。

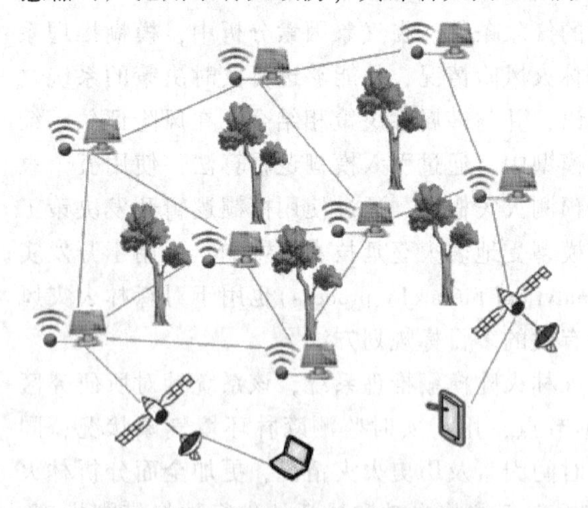

图 7-3 无线传感节点在林区的部署

图 7-4 实验现场

林区通常距离基础设施远，建设设施齐全的气象站是不现实的。因此，无线传感器网络应用于林火预防将是一种趋势。如图 7-4 所示是我们部署的一个可充电系统无线传感节点，它用于监测林场气象指数。使用无线传感器网络进行数据采集的好处有：①由于无线传感器成本较低，可以在偏远森林地区部署大量的无线传感器；②无线传感节点可实时获取森林环境中的气象参数(降水量、温度、湿度、风速)，比常规气象站更及时、更可靠；③传感器可以利用周围环境能源，如太阳能和风能。因此，在森林火险预测系统可采用该技术延长传感器的使用寿命。

中国移动、中国联通和华为公司等提出的基于蜂窝的窄带物联网(Narrow Band Internet of Things，NB-IoT)技术和美国升特(Semtech)公司提出的一种基于扩频技术的超远距离(Long Range，LoRa)无线传输方案。其中，LoRa(Long Range)节点在信号无遮挡情况下可以传输 20km。这足以达到当前森林环境中的监测覆盖要求。另外，使用 LoRa 技术进行数据传输，可以降低建设成本。而 NB-IoT 支持低功耗设备在广域网的蜂窝数据连接，借助通信基站可以实现更大面积覆盖。这些新技术的出现可以解决广袤森林中无线传感器节点覆盖问题，也将为基于林业物联网的火灾气象数据自动监测提供可靠的基础设施。

7.4　基于林业物联网的林火预测模糊推理系统

7.4.1　模糊推理系统简介

影响森林火灾的因素较多，主要包括温度、相对湿度、降水、风速、季节、日期、时间、人口密度、可燃物类型、桥梁密度等。由于人类活动较多，节假日比工作时间、白天比夜晚更有可能发生森林火灾。在模糊处理系统中，这些因素被分为三类进行处理，即天气处理、人类行为处理和环境处理。将这些参数作为输入至集合规则，然后进行模糊操作及推理，其算法输出在[0，1]范围内，表示森林归一化后着火的概率，如图 7-5 所示。

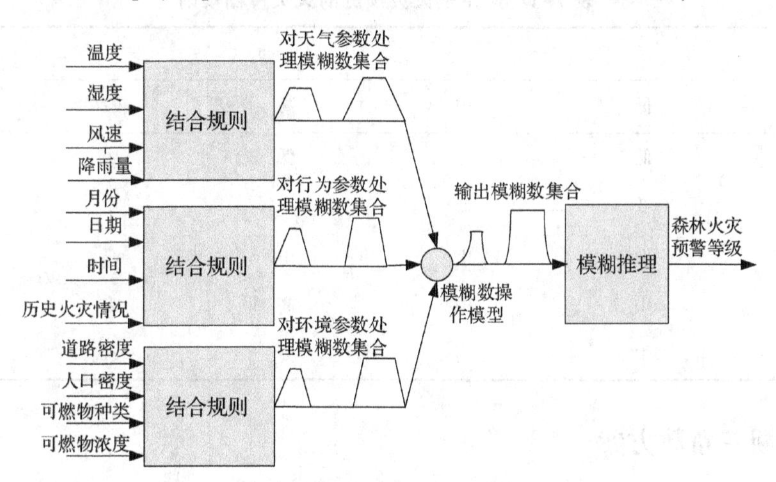

图 7-5　基于模糊推理系统的森林火灾预测

7.4.2　相关参数规范化

根据监测区域的天气特征，温度范围为-10～40℃，湿度范围为 0～100%，划分五个层次：低，中，高，较高，极高，如图 7-6 所示。温度和湿度数据通过模糊化过程转化为逻辑变量，变量对森林火灾影响程度绘制到水平轴，垂直方向为不同层次变量在森林火灾上的边界。图 7-6(a)表示森林火灾发生的概率随温度的变化。水平轴代表的输入温度范围从-10℃至 40℃，纵轴是森林火灾的规范化表示程度。基于湿度的森林火灾概率如图 7-6(b)所示。

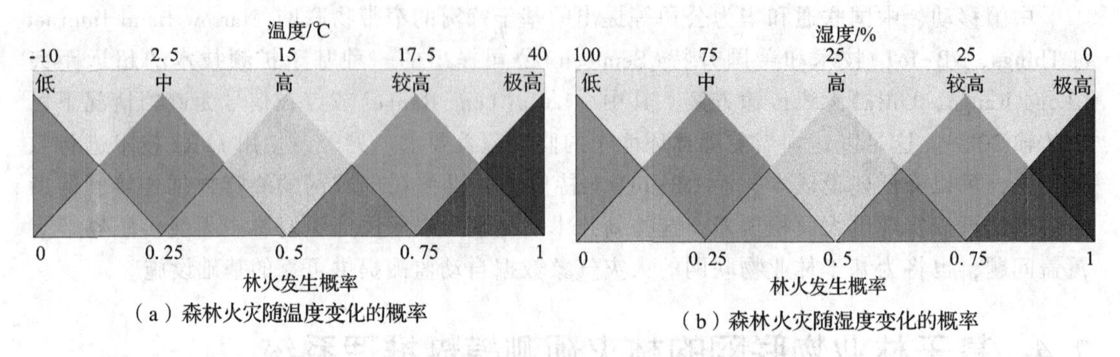

（a）森林火灾随温度变化的概率

（b）森林火灾随湿度变化的概率

图 7-6　不同温度和湿度条件下森林火灾发生的概率

高温和低湿度表明火灾发生的可能性更大，反之亦然。使用相同的假设，对温湿度进行多等级定性表述，可以生成新的规则，见表 7-1。从表 7-1 中，可以观察到 5 个温度和湿度等级，并得出 25 个结果，这为森林火灾预测的模糊规则论证提供了一种替代方法。尽管这个规则很容易理解和实现，但是当有 12 个输入变量时，输出结果将超过 2 亿，我们几乎不可能将这些输出转化为五种森林火灾风险水平。因此，应该有效地改进模糊数，并提出一种新的模糊三角数算法预测森林火灾。

表 7-1　应用于火灾预测的火灾模糊规则

湿度	温　度				
	低	中	高	较高	极高
极高	低	低	低	中	中
较高	低	低	中	中	高
高	低	中	中	高	高
中	中	中	高	高	较高
低	中	高	高	较高	极高

7.4.3　模糊三角数方案

模糊系统的连续值在 0 和 1 之间，是一个近似值。模糊函数最常用的形状是三角形、梯形、高斯形和钟形等曲线。在本章中，模糊推理系统采用三角模糊数。在火灾预测应用中，我们使用的四个输入值，分别是温度、湿度、风速、过去 24h 降水量。对于输出，即火灾概率，有以下五个变量：低，中，高，较高，极高。通过对相似度的比较，表明三角模糊数可以有效表示对输入的综合评价，可以获得更好的识别性。我们假定，a、b、c 为三角模糊数，其隶属函数为：

$$\mu(x)=\begin{cases}\dfrac{x-a}{b-a},\ x\in[a,\ b]\\ \dfrac{c-x}{c-b},\ x\in[b,\ c]\\ 0,\ x\in[a,\ c]\end{cases} \tag{7-1}$$

其中，$L(x)=\dfrac{x-a}{b-a}$，$x\in[a,\ b]$是一个递增的函数，函数的右极限是存在的，是右连续的；$R(x)=\dfrac{c-x}{c-b}$，$x\in[b,\ c]$是一个递减的函数，函数的左极限是存在的，是左连续的，并且$0\leqslant L(x)$，$R(x)\leqslant 1$。

设$A_1=(a_1,\ b_1,\ c_1)$、$A_2=(a_2,\ b_2,\ c_2)$为两个模糊三角数，其计算规则如下：

①三角模糊数加法 $\oplus$

$$A_1\oplus A_2=(a_1,\ b_1,\ c_1)\oplus(a_2,\ b_2,\ c_2)=(a_1+a_2,\ b_1+b_2,\ c_1+c_2) \tag{7-2}$$

②三角模糊数乘法 $\otimes$

$$A_1\oplus A_2=(a_1,\ b_1,\ c_1)\otimes(a_2,\ b_2,\ c_2)=(a_1\times a_2,\ b_1\times b_2,\ c_1\times c_2) \tag{7-3}$$

③三角模糊数除法$\odot$

$$A_1\odot A=(a_1,\ b_1,\ c_1)\odot(a_2,\ b_2,\ c_2)=(a_1/a_2,\ b_1/b_2,\ c_1/c_2) \tag{7-4}$$

④三角模糊数除法 $\ominus$

$$A_1\ominus A_2=(a_1,\ b_1,\ c_1)\ominus(a_2,\ b_2,\ c_2)=(a_1/c_2,\ b_1/b_2,\ c_1/a_2) \tag{7-5}$$

其中，在等式(7-3)，等式(7-4)和等式(7-5)中，$0<a<b<c$，所有模糊三角数都是正数，它们的范围是[0，1]。

7.4.4　加权模糊推理方案

案例 1。假设基于规则的系统知识库中一个模糊生成规则 R，如下所示：

R：如果$A_1(w_1)$，$A_2(w_2)$，…，$A_n(w_n)$，则 $CF=w$。

其中，A_1，A_2，…，A_n是命题，w_1，w_2，…，w_n表示不同的实数集合，$A_1(w_1)$表示A_1在实数集w_1上的模糊集，w表示实数集合，CF为模糊集。CF，w_1，w_2，…，w_n均是在范围[0，1]中定义的模糊数，w也是在范围[0，1]中定义的模糊数，表示确定因子值。规则R为假设命题的模糊值，因此，命题的模糊值可以评估如下：

$$CF=T\otimes w \tag{7-6}$$

其中，$T=A_1\odot w_1\oplus A_2\odot w_2\oplus\cdots\oplus A_n\odot w_n$或$T=A_1\ominus w_1\oplus A_2\ominus w_2\oplus\cdots\oplus A_n\ominus w_n$，$T$表示三角模糊数采用除法或者乘法的模糊化过程。$w$值为正数，是正模糊三角数。

7.4.5　加权模糊森林火灾预测

本章提出了一种基于规则系统的加权模糊推理过程的森林火灾预测技术。仅有两个参数：温度和湿度的广义加权模糊森林火灾预测结构的定义如下：

w_1在温度极高时，根据模糊三角数表示方法，右极限最大值为 1，左极限值为 0.75，中间值为 1，所以表示为模糊三角数(0.75，1，1)

w_2 在湿度极低时，表示为模糊三角数(0.75，1，1)

表示森林起火概率极高，用模糊三角数(0.75，1，1)表示。

假设 $w_1=(0.75, 1, 1)$，$w_2=(0.75, 1, 1)$，森林火灾发生的概率为 $w=(0.75, 1, 1)$。

假设当前温度和湿度的三角模糊数为：

$$A_1=(0.5, 0.6, 0.75),\ A_2=(0.25, 0.4, 0.5)$$

根据式(7-6)，建立基于方法⊙的 A_1 和 A_2 的模糊化 T_1：

$$T_1=[(0.5, 0.6, 0.75)\otimes(0.75, 1.0, 1.0)\oplus(0.25, 0.3, 0.5)\otimes(0.75, 1.0, 1.0)]$$

$$[(0.75, 1.0, 1.0)\oplus(0.75, 1.0, 1.0)]=(0.5625, 0.9, 1.25)(1.5, 2, 2)$$

$$=(0.375, 0.45, 0.625)$$

基于三角模糊数除法来计算了森林火灾可能性的模糊真值 CF^1

$$CF^1=T_1\otimes w=(0.375, 0.45, 0.625)\otimes(0.75, 1, 1)$$

$$=(0.28, 0.45, 0.625)$$

基于方法⊖的 A_1 和 A_2 的模糊化 T_2

$$T_2=[(0.5, 0.6, 0.75)\otimes(0.75, 1.0, 1.0)\oplus(0.25, 0.3, 0.5)\otimes(0.75, 1.0, 1.0)]$$

$$\ominus[(0.75, 1.0, 1.0)\oplus(0.75, 1.0, 1.0)]=(0.5125, 0.9, 1.24)\ominus(1.5, 2, 2)$$

$$=(0.256, 0.45, 0.83)$$

基于三角模糊数除法来计算了森林火灾可能性的模糊真值 CF^2

$$CF^2=T_1\otimes w=(0.256, 0.45, 0.83)\otimes(0.75, 1, 1)=(0.182, 0.45, 0.83)$$

图 7-7 为基于方法 1(⊙)和方法 2(⊖)的森林火灾概率三角模糊数划分，随温度和湿度的模糊三角数变化。基于方法 2 的三角模糊数曲线覆盖了方法 1 的面积，且有较大的拉伸，这意味着由于距离结果较大，更难判断森林火灾的潜力。因此，将方法 1 应用于我们对参数模糊化的研究中。

图 7-8 为不同温度和相对湿度值时火灾发生的概率。图 7-8(a)显示了森林火灾风险势随温度和湿度的三角形模糊数的变化情况。我们假设当温度达到 40℃，相对湿度达到

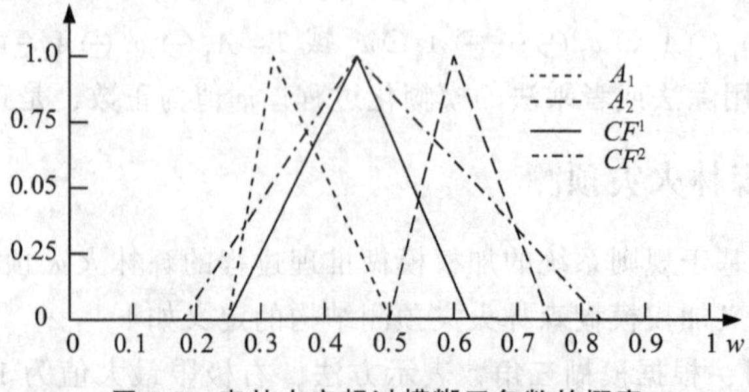

图 7-7　森林火灾超过模糊三角数的概率

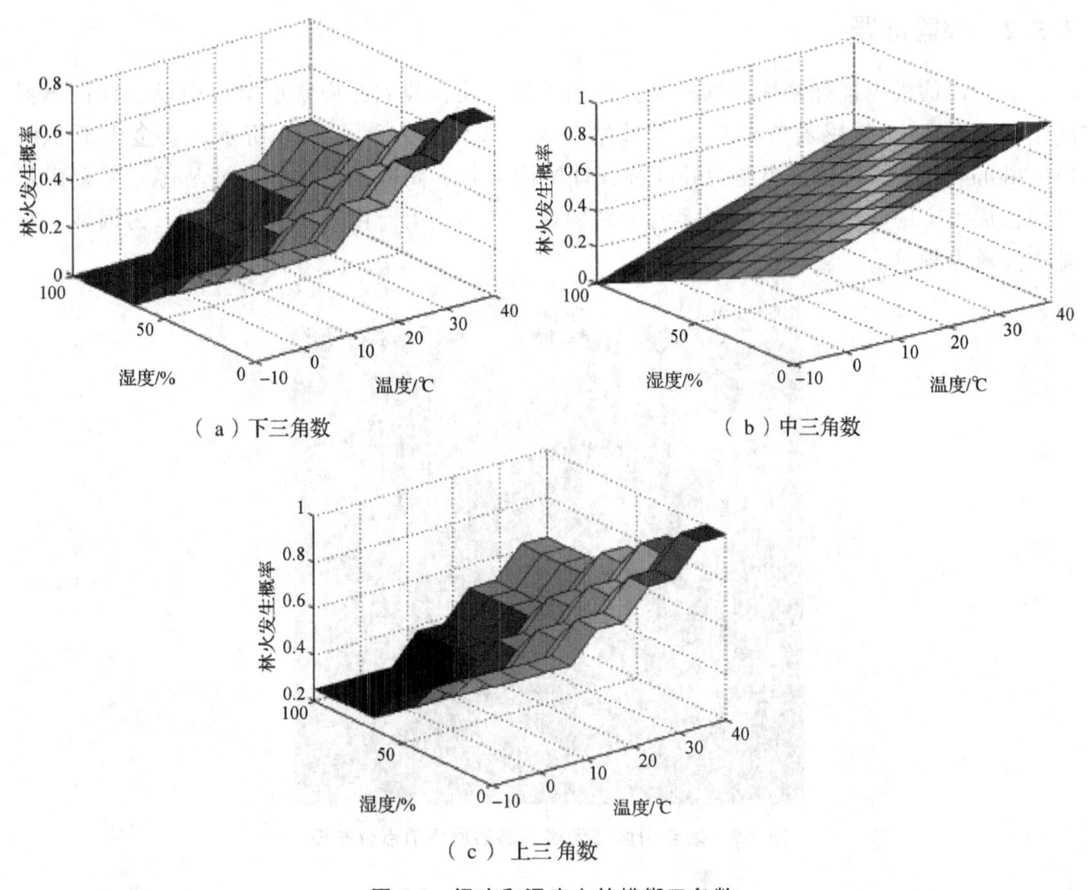

（a）下三角数　（b）中三角数

（c）上三角数

图 7-8　温度和湿度上的模糊三角数

0%，森林火灾的概率为 1，这意味着它是高的森林火灾发生。当温度达到 -10℃，相对湿度达到 100%时，森林火灾的概率为 0。因此，最终结果的真实情况将在这个区间[0，1]。图 7-8(b)和图 7-8(c)分别显示中三角数和上三角数。

7.5　模糊推理系统在南京市紫金山森林火灾预警中的应用

7.5.1　南京市区域特点

江苏省位于中国的南部，其主要森林类型为落叶针叶混交林和竹林，包含天然林和人工林(针叶林、阔叶林、针阔混交、竹林)。尽管森林覆盖率低，但该地区的人口密度较大，经济条件较好。特别是在过去几年中，种植园的面积逐渐增加。这个地区的森林火灾越来越频繁。南京市是江苏省的省会，它位于长江中下游，属亚热带湿润气候，四季分明，夏季雨量充沛。该地区年降水量为 117d，年平均降水量为 1106.5mm，相对湿度为 76%，无霜期为 237d。夏天的白天比冬天长。

7.5.2 装置部署

为了评估模糊推理系统在森林火灾预测中的性能，我们在南京市紫金山设无线传感器网络，包含30个传感器节点和4个基站节点，如图7-9和图7-10所示。紫金山面积约210 760hm^2，其主要植被类型为针叶林、针阔混交林、阔叶林、竹林、灌丛等。紫金山景区现已成为市中心，每天有相当多的人来参观。在历史上，由于干旱气候及人为因素，森林火灾较为频繁。

图7-9 紫金山区域无线传感器网络节点分布图

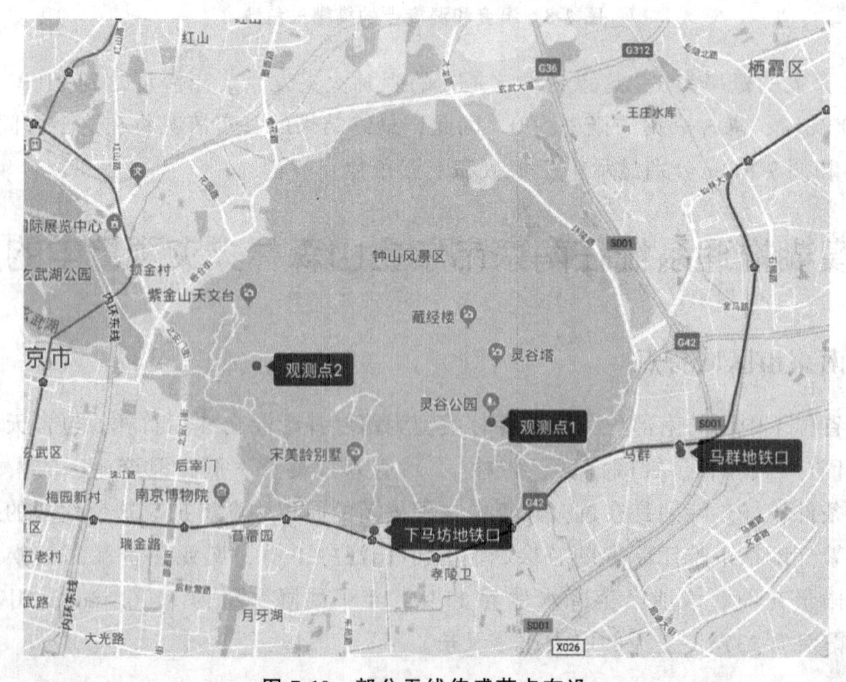

图7-10 部分无线传感节点布设

图 7-11 无线传感节点模块

无线传感器节点模块如图 7-11 所示，采用自行研发的节点 NJFU-WSN-1 模块(基于 Crossbow TelosB Mote TPR2420 二次开发)和太阳能充电蓄电池，节点设备包括 TIMSP430 单片机、CC2500 无线收发模块和天线。CC2500 收发模块工作频段为 2.4GHz，数据传输速率为 250kb/s。太阳能充电蓄电池采用 Cymbet 公司 EnerChip EP 能量处理器，采用太阳能板和转换设备进行充电。无线传感器网络可以采集温度、湿度、风速、降水量 4 个参数，其采集时间间隔可任意设置。系统数据采集时间间隔设置为每分钟采集一次，并通过无线传输将采集的数据发送至远程终端。

7.5.3 系统实施

本系统的目标之一是验证网络的可靠性，以准确收集监测点数据，同时开展森林火险预警研究。在这两个区域部署多个传感器节点监测区域内气候参数。

这些传感器用于采集区域内的气象数据，包括温度、湿度、风速、降雨等，同时记录日照时数。其中两个传感器节点部署在同一监测林区。其采集的数据至少被转发到一个汇聚节点，并最终到达远程终端。

紫金山是著名的观光景点，许多名人都葬在这里。因此，在节假日，人们愿意和家人或朋友一起去公园游玩，比如中秋节和国庆节。在这些日子里，特别是晴天情况，会有更多的人去该区域，因而人为造成森林火灾的可能性比工作日要高。森林起火通常发生在入口及便道周围，因此，在紫金山便道两边布设无线传感节点，以监控人为火的发生，布设区域参如图 7-12 所示。

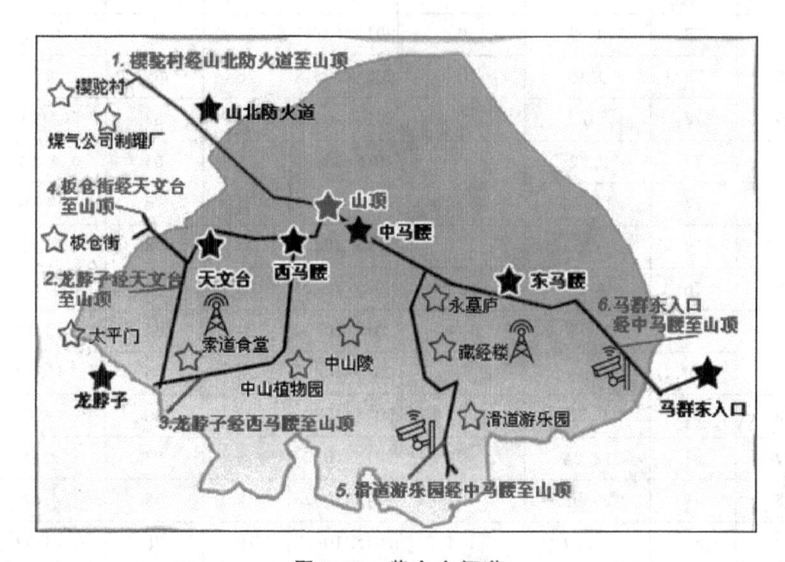

图 7-12 紫金山便道

表 7-2 为 2015 年 9 月 1 日至 10 月 30 日采集的该区域的天气数据。图 7-13～图 7-16 分别为其对应的温度、湿度、风速、降雨随时间的变化。森林火灾发生概率与区域内人口密度相关联。在紫金山入口地段，如 5 号（下马坊）和 6 号（马群）是主要通道，可能占游客总数的 2/3，调用视频监控获取人流数据。图 7-17 为该时段内进入紫金山人数随时间的变化。

表 7-2　2015/9/1—2015/10/30 天气参数数据

日期	温度/℃	湿度/%	风速/(m/s)	降水量/mm	日期	温度/℃	湿度/%	风速/(m/s)	降水量/mm
2015/9/1	28	77	5.04	0.3	2015/10/1	23	75	16.56	0
2015/9/2	28	87	12.96	0	2015/10/2	26	77	5.04	0
2015/9/3	29	87	4.32	0	2015/10/3	26	78	4.32	0
2015/9/4	30	88	16.92	23.2	2015/10/4	23	82	5.4	4.8
2015/9/5	28	83	3.24	0.2	2015/10/5	24	79	3.24	0
2015/9/6	28	76	13.68	0	2015/10/6	24	81	10.08	5.7
2015/9/7	28	79	2.16	0	2015/10/7	21	79	12.24	5.6
2015/9/8	28	76	11.52	0	2015/10/8	22	78	17.64	0
2015/9/9	28	76	10.08	0	2015/10/9	22	77	15.12	0
2015/9/10	27	78	1.44	0	2015/10/10	20	58	14.04	0
2015/9/11	25	81	2.16	1.7	2015/10/11	22	58	3.24	0
2015/9/12	24	75	12.96	0	2015/10/12	24	57	2.16	0
2015/9/13	26	75	4.32	0	2015/10/13	25	68	2.88	0
2015/9/14	27	76	2.88	0	2015/10/14	26	57	16.2	0
2015/9/15	26	76	5.04	0	2015/10/15	27	58	2.88	0
2015/9/16	27	77	3.96	0	2015/10/16	26	58	0.72	0
2015/9/17	27	77	1.8	0	2015/10/17	27	66	0.72	0
2015/9/18	28	78	0.36	0	2015/10/18	26	65	0.36	0
2015/9/19	29	78	0	0	2015/10/19	25	63	3.24	0
2015/9/20	29	73	0.72	0	2015/10/20	25	63	4.32	0
2015/9/21	29	77	17.28	0	2015/10/21	25	76	14.04	0
2015/9/22	28	79	11.52	1.2	2015/10/22	25	78	2.52	0
2015/9/23	28	76	2.16	0	2015/10/23	25	82	5.04	0
2015/9/24	26	79	0.72	1.4	2015/10/24	24	82	15.12	0
2015/9/25	28	79	0.36	0	2015/10/25	24	85	16.92	3.8
2015/9/26	28	81	0.72	0	2015/10/26	22	86	19.44	4.1
2015/9/27	27	81	12.24	0	2015/10/27	19	83	2.88	0
2015/9/28	28	79	20.88	0	2015/10/28	19	78	4.68	0
2015/9/29	27	83	23.04	1.4	2015/10/29	19	78	13.32	0
2015/9/30	23	83	22.32	1.5	2015/10/30	17	79	20.16	0

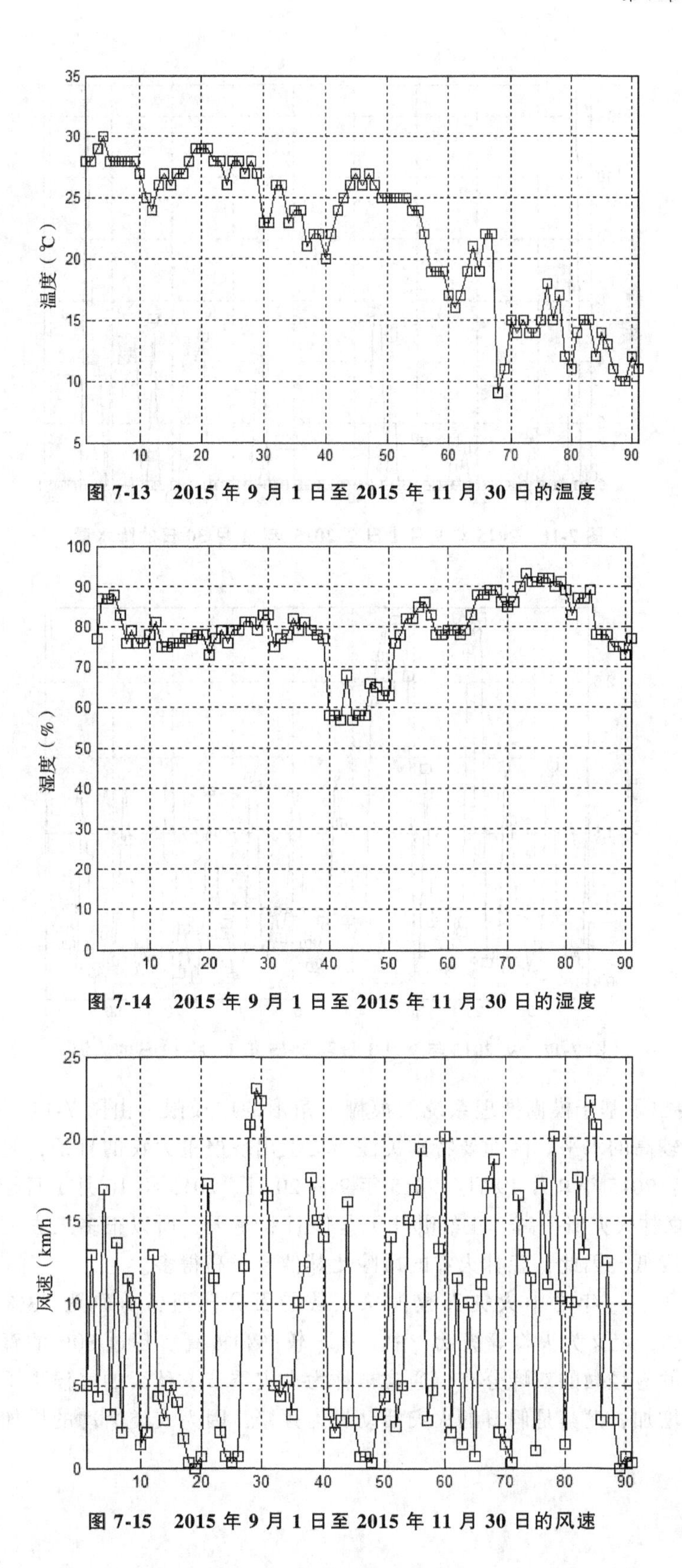

图 7-13　2015 年 9 月 1 日至 2015 年 11 月 30 日的温度

图 7-14　2015 年 9 月 1 日至 2015 年 11 月 30 日的湿度

图 7-15　2015 年 9 月 1 日至 2015 年 11 月 30 日的风速

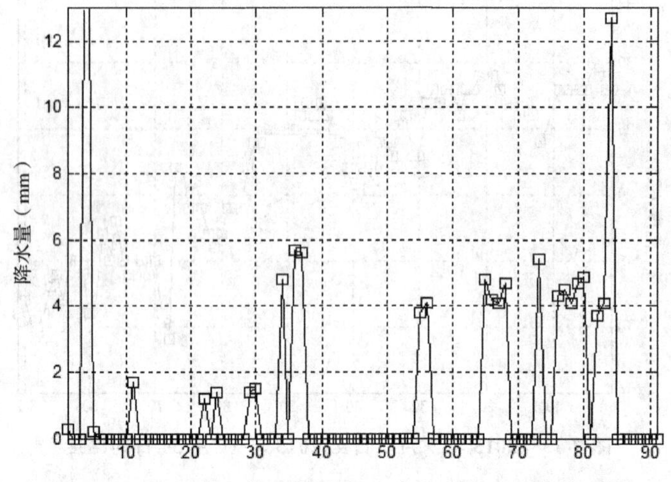

图 7-16 2015 年 9 月 1 日至 2015 年 11 月 30 日的降水量

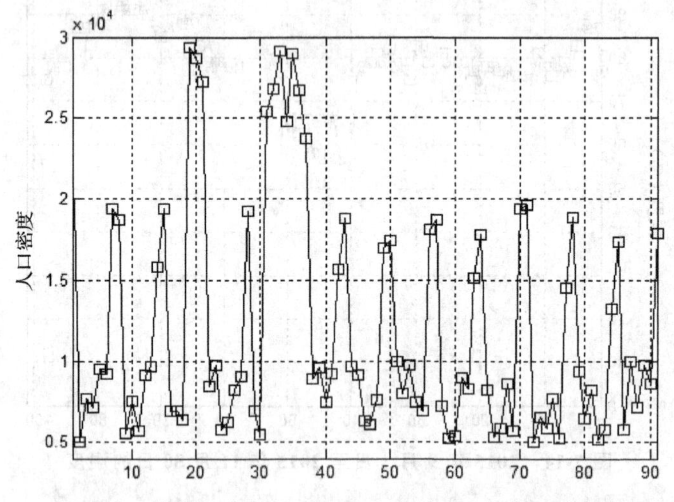

图 7-17 从 2015 年 9 月 1 日至 2015 年 11 月 30 日的人流

图 7-18 给出了基于模糊推理系统的模糊三角形的中极限。由图 7-18 可知，国庆期间连续数天处于较高的水平。因而要特别关注历史上出现严重火灾的日子，时刻做好森林防火的准备，如：2015 年 9 月 19 日、2015 年 9 月 20 日、2015 年 10 月 1 日至 2015 年 10 月 7 日，区域内森林火灾概率高。正好哪几天是假日和晴天，所以很多人去公园。同时，温度高，相对湿度低。因此，森林火灾的风险比其他日子高得多。

通常情况下，一年之中火灾天数占总天数的百分比通常分别为 43%、16%、17%、13%、8%和 3%，定义为火险等级低、中、高、较高和极高。超过 80%的森林火灾发生在春季或秋季，并有轻微的双峰分布，通常被称为火灾季节。秋天的气候更干燥，人类收获农作物的活动增加，尤其是假日的火灾活动最为频繁，因为人类活动的增加导致了许多人为火灾。

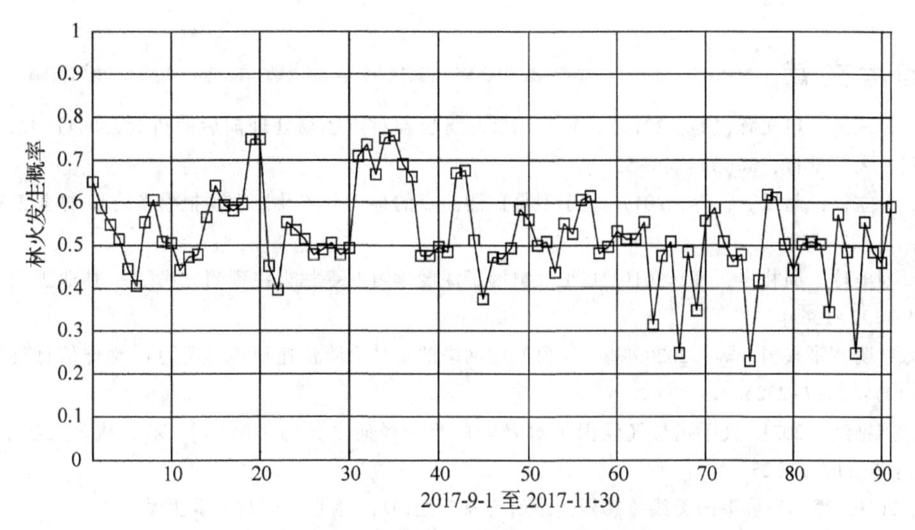

图 7-18 基于模糊推理系统的模糊三角形的中极限

本章小结

本章提出了一种基于无线传感器网络技术的预测森林火灾的模糊推理系统。系统中引入了一组模糊系数来评估研究区域的火灾风险，并建立了一个定量的潜在火灾风险等级：低、中、高、较高、极高。这些预测结果可以作为一种林火预测规划来消除大规模森林火灾隐患。该系统受模糊变量值选择的影响，森林火灾预测精度需要根据不同地区特征进行调节。

在系统中，根据监测需求，在监测区域布设无线传感节点全天候监测气象数据。由于成本低、针对性强，可在监测区域部署大量的传感器采集天气数据，便于对模糊系统进行更好的估计，最终达到实时监测森林火灾的目标。

习　　题

一、填空题

1. 森林火灾的发生、发展与________密切相关，森林火险是森林火灾发生的__________________和________的一种度量，构建森林火险等级指标必须充分考虑________作用，开展森林火险预报工作离不开实时________要素和________要素。

2.《全国森林火险天气等级》行业标准规定了全国__________等级的________、________及________和________，以及______、______的时效和形式等。此标准适用于森林中与气象条件密切相关的________________、________、________以及________。

二、简答题

1. 简述《全国森林火险天气等级标准》的 5 级。

2. 简述森林火险天气指数(以 6 要素为指标)。

参考文献

黄小荣，谭一波，申文辉，等，2016. 广西三门江松栎公益林可燃物处理前后的树冠火风险[J]. 中南林业科技大学学报，36(3)：46-52.

刘柯珍，舒立福，赵凤君，等，2017. 基于卫星监测热点的林火分布及发生预报模型[J]. 林业工程学报，2(4)：128-133.

孙立研，刘美玲，周礼祥，等，2019. 基于气象因子深度学习的森林火灾预测方法[J]. 林业工程学报，4(3)：132-136.

李玉，张黎明，张兴国，等，2020. 基于气象监测网络的森林火险快速预警模型[J]. 地球信息科学学报，22(12)：2317-2325.

李琦瑶，刘艳红，2021. 火干扰与气候因子对兴安落叶松径向生长的影响[J]. 东北林业大学学报，49(1)：6-11，22-25.

林海峰，2019. 森林环境下的无线传感器网络研究及应用[D]. 南京：南京林业大学.

李伟克，殷继艳，郭赞权，等，2020. 2019年世界代表性国家和地区森林火灾发生概况分析[J]. 消防科学与技术，39(09)：1280-1284.

高德民，林海峰，刘云飞，等，2015. 基于无线传感网的森林火灾 FWI 系统分析[J]. 林业工程学报，29(1)：105-109.

辛洁，高德民，张朔，等，2019. 基于智能决策树和无线传感网的林火预警模型研究[J]. 森林防火(4)：30-35.

覃先林，李晓彤，刘树超，等，2020. 中国林火卫星遥感预警监测技术研究进展[J]. 遥感学报，24(5)：511-520.

马振宇，陈博伟，庞勇，等，2020. 基于林火特征分类模型的森林火情等级制图[J]. 国土资源遥感，32(1)：43-50.

KASSAN R，CHâTELET E，SOUKIEH J，2018. Reliability assessment of photovoltaic wireless sensor networks for forest fire propagation detection[J]. International Journal of Modelling and Simulation，38(1)：1-16.

IVANOVI S，IVANOVI R，NIKOLI M，*et al.*，2020. Influence of air temperature and precipitation on the risk of forest fires in serbia [J]. Meteorology & Atmospheric Physics(132)：869-883.

ZHANGSHUO，GAO DEMIN，LIN HAIFENG，*et al.*，2019. Wildfire detection using sound spectrum analysis based on the internet of things[J]. Sensors（Basel，Switzerland），19(23)：5093.

AMANDEEP SHARMA，AJAY KAKKAR，2020. A review on solar forecasting and power management approaches for energy-harvesting wireless sensor networks [J]. International Journal of Communication Systems，33(3)：e4366.

SU KYI，ATTAPHONGSE TAPARUGSSANAGORN，2020. Wireless sensing for a solar power system [J]. Digital Communications and Networks，6(1)：51-57.

LI X，CHEN Z，WU Q M J，*et al*，2018. 3D parallel fully convolutional networks for real-time video wildfire smoke detection[J]. IEEE Transactions on Circuits and Systems for Video Technology(99)：1-1.

VELIZAROVA E，RADEVA K，STOYANOV A，*et al.*，2019. Post-fire forest disturbance monitoring using remote sensing data and spectral indices [C]// Seventh International Conference on Remote Sensing and Geoinformation of the Environment (RSCy2019)：111741G.

LIANG D，LIU D，PEDRYCZ W，*et al.*，2013. Triangular fuzzy decision-theoretic rough sets [J]. International Journal of Approximate Reasoning，54(8)：1087-1106.

BOLOURCHI P, UYSAL S, 2013. Forest Fire Detection in Wireless Sensor Network Using Fuzzy Logic[C]// Computational Intelligence, Communication Systems and Networks (CICSyN), 2013 Fifth International Conference on. IEEE: 83-87.

AMINA KHAN, SUMEET GUPTA, SACHIN KUMAR GUPTA, 2020. Multi-hazard disaster studies: monitoring, detection, recovery, and management, based on emerging technologies and optimal techniques [J]. International Journal of Disaster Risk Reduction, 47: 101642.

SRIVASTAVA P K, PETROPOULOS G P, GUPTA M, *et al.*, 2019. Deriving forest fire probability maps from the fusion of visible/infrared satellite data and geospatial data mining[J]. Modeling Earth Systems and Environment, 5(2): 627-643.

GUDIKANDHULA NARASIMHA RAO, PEDDADA JAGADEESWARA RAO, RAJESH DUVVURU, *et al.*, 2018. Fire detection in Kambalakonda Reserved Forest, Visakhapatnam, Andhra Pradesh, India: An Internet of Things Approach[J]. Materials Today: Proceedings, 5(1): 1162-1168.

第8章 森林火灾监测

森林火灾是一种突发性强、危害大的自然灾害，监测是预防森林火灾发生和防止林火蔓延的有效手段。本章对林火视频监控体系进行分析，提出了基于数据驱动的森林火灾监测方案及基于最大类间方差的森林火灾监测识别方法，对预警信息平台原理及应用做了详细说明。

8.1 林火视频自动监控

8.1.1 数据驱动的森林火灾监测

数据驱动(data-driven)这个概念近年来在计算机科学的测试、编程、系统控制以及决策制定等方面获得了广泛的应用，在图像分割领域也有不错的效果。数据驱动是通过实验数据与收集到的已有经验数据进行匹配而产生实验结果的过程。与之相对应的方法为基于规则(rule-based)，即根据一系列设计好的步骤产生结果。基于规则的方法需要较少的或者几乎不需要前期数据作为判断条件；而数据驱动的方法往往更加有理有据，并且有更强的针对性。本章将采用森林火灾图像的颜色特征结合数据驱动方法来进行算法说明。图像的颜色特征有计算代价小、较直观等特点，因此选择该特征。当然有更多的纹理特征、领域特征等及它们不同的提取、表示和匹配方法可以选择。

(1) 基于颜色特征的数据驱动森林火灾检测

要识别图像中的火焰，首先需要找到火焰的特征，将其保存下来。之后用待检测的图像与之对比，如果确定特征匹配，将结果体现出来。下面以常见的 RGB 颜色模式图像为例来详细介绍火焰像素颜色特征采集，即数据驱动中的判断准则——数据的获取过程。颜色特征采用颜色空间的均值和标准差来代表。

有已知火焰区域 F，其尺寸为 $m \times n$，即该区域为由 $m \times n$ 个像素点组成的区域。每个像素点的在 RGB 三个通道上的分量表示为 $(R_{i,j},\ G_{i,j},\ B_{i,j})$，$i = 1, 2, \cdots, m$，$j = 1, 2, \cdots, n$。此时，$F$ 可以视为大小为 $m \times n \times 3$ 的矩阵。为提取 F 的均值和标准差，对其进行以下操作。

首先，将 F 转化为 $m \times n$ 行 3 列的矩阵 I，

$$I_{(k,\ l)} = \begin{cases} R_{i,\ j} & l = 1, \\ G_{i,\ j} & l = 2, \\ B_{i,\ j} & l = 3, \end{cases} \tag{8-1}$$

式中，i 等于 k 除以 m 的商，$j = k - (i - 1)$，$k = 1, 2, \cdots, m \times n$。

此时求火焰区域 F 的颜色均值（R_m，G_m，B_m）的问题就变成了求矩阵 I 在行向量方向上的均值向量 m 的问题。不难得到：

$$m = \left(\frac{\sum_{k=1}^{m \times n} I_{k,\ 1}}{m \times n}, \frac{\sum_{k=1}^{m \times n} I_{k,\ 2}}{m \times n}, \frac{\sum_{k=1}^{m \times n} I_{k,\ 3}}{m \times n}\right) \tag{8-2}$$

下面计算矩阵 I 的协方差矩阵。我们先构造一个 $m \times n$ 行 3 列的矩阵 $\boldsymbol{J}$，$\boldsymbol{J}$ 的每一个行向量均为 $\boldsymbol{m}$。

根据协方差矩阵的定义即可得到 I 的协方差矩阵 C：

$$C = \frac{(I - J)'(I - J)}{m \times n - 1} \tag{8-3}$$

而协方差矩阵 C 的对角线元素所构成的向量（$C_{1,\ 1}$，$C_{2,\ 2}$，$C_{3,\ 3}$）即为 I 的方差向量。对其进行开平方运算即可得到火焰区域 F 的颜色通道标准差：

$$d = \sqrt{(C_{1,\ 1}, C_{2,\ 2}, C_{3,\ 3})} \tag{8-4}$$

上面我们计算出了火焰区域 F 的颜色均值向量 m 和标准差向量 d。对不同图片的不同火焰区域进行以上处理，并保存其结果，我们将得到一个均值矩阵 M 和标准差矩阵 D。

为方便后文的特征比较，加入均值向量之间的距离。若有火焰区域 F_1 和火焰区域 F_2，它们的均值向量分别为 m_1 和 m_2，二者之间的欧几里得距离为：

$$e = (m_1 - m_2)(m_1 - m_2)' \tag{8-5}$$

对 M 中不同的 m 进行比较并将其结果保存在距离向量 E 中。

在获取火焰像素颜色特征采集之后，若要判断待检测森林图像中火焰这一目标的情况，就需要将森林图像与已采集特征的图像进行对比。

此时有待检测森林图像 F，将 F 划分为大小相等的图像块后对其进行相同的计算，得出每一块的颜色均值向量 m 和标准差向量 d。接下来将这两个向量与上一节得到的均值矩阵 M、距离向量 E 和标准差矩阵 D 进行比较。

首先将检待测森林图像块的颜色均值向量 m 与已有的均值矩阵 M 中的每一行根据式(8-1)进行运算，得到该块与所有已经采集到的火焰区域的颜色均值向量的欧几里得距离向量 E_F。若有：

$$[\min(E) \leqslant \min(E_F)] \& [\max(E_F) \leqslant \max(E)] \tag{8-6}$$

说明待检测森林图像块的颜色均值向量 m 在可能的范围之内。

接下来计算待检测森林图像块的标准差向量 d，并将其与已有的标准差矩阵 D 中最小的标准差向量 $d_{\min}$ 和最大的标准差向量 $d_{\max}$ 进行比较，若有：

$$d_{\min} \leqslant d \leqslant d_{\max} \tag{8-7}$$

说明待检测森林图像块的标准差向量 d 在可能的范围之内。

(2)基于颜色特征的数据驱动森林火灾检测算法及结果示例

下面描述基于颜色特征的数据驱动森林火灾检测算法(data-driven forest fire detection based on color patterns, DDFDBC)的实现过程(表8-1):

表8-1 基于颜色特征的数据驱动森林火灾检测算法

序号	步骤
1	输入待检测森林图像
2	待检测森林图像 F 划分为大小为 $m*n$ 的不同图像块
3	根据式(8-1)和式(8-2)计算出每一块的颜色均值向量 m 和标准差向量 d
4	根据式(8-4)和式(8-5)判断该块是否满足火焰区域特征
5	由判断结果标注图像块
6	输出图像处理结果

实验结果呈现:

本文所采用的火图像大部分来自于ImageNet图片数据库,其余为自行搜集。采集火焰特征的操作在台式机(Window10 教育版 64 位操作系统, Inter Core i3-2350M CPU, 2.30GHz, 8G RAM)中应用Matlab R2014b中进行。

火焰的均值和标准差特征分布有一定规律特征,在一定取值范围内,可以用来确定阈值。但不同的火焰图像由于光照、火焰燃烧程度等不同,因此颜色取值仍有较大差异。选取数据直接作为阈值,对于像素判断的出错率会比较大,不及直接进行特征匹配准确。

下面介绍基于颜色特征的数据驱动森林火灾检测实验:

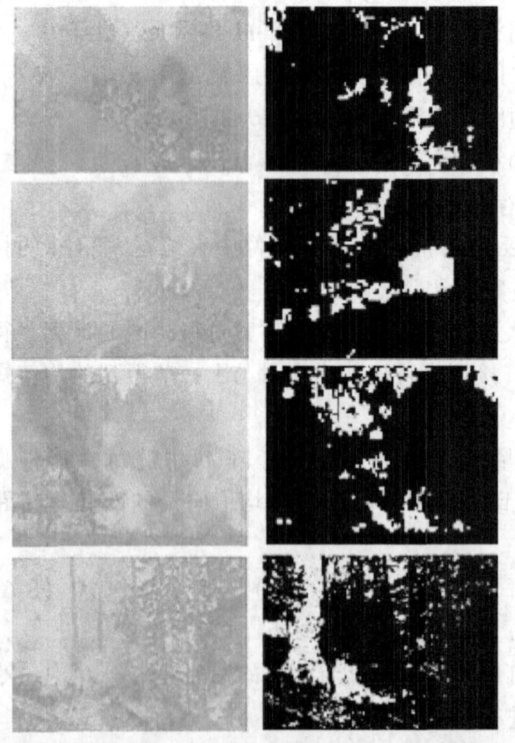

图8-1 DDFDBC在YCbCr颜色模式中的实验结果
(左图为YCbCr图像,右图为分割结果)

图8-2 DDFDBC在RGB颜色模式中的实验结果
(左图为RGB图像,右图为分割结果)

表 8-2　DDFDBC 实验中的图片信息和运行时间

图片序号	图片尺寸	YCbCr 模式运行时间/s	RGB 模式运行时间/s
1	950×575	2. 469 231	2. 036 139
2	750×500	1. 766 104	1. 375 714
3	900×523	2. 229 279	1. 739 703
4	4288×2848	60. 045 193	46. 043 584

通过图 8-1 和图 8-2 的比较，我们不难看出：

在两种颜色空间中，基于搜集到的火焰图像颜色均值和标准差的数据驱动森林火灾检测算法在两种颜色模式中都能准确地识别出火焰区域。但同时在两种颜色空间上，有一部分天空也会被误识别为火焰区域。在这一点上明显可以看出，实验结果在 YCbCr 颜色模式上效果更好，错误率明显较小。而表 8-2 的运行时间数据又表明算法在 RGB 空间上运行速度较快。

以上是用颜色均值和标准差两项颜色特征匹配进行数据驱动的森林火灾监测实验。更多森林火灾图像特征及其表示、匹配方法会有不用的实验结果。在实际运用中可以根据不同的限制条件及实验结果选择最适合的条件。

8. 1. 2　基于最大类间方差的森林火灾监测

(1)最大类间方差法

很长时间以来，最大类间方差法在机器视觉和图像处理领域被认为是阈值图像分割领域的经典方法之一。最大类间方差法由日本学者大津展之于 1979 年提出，因此又被称为大津法。这种方法常常被用在基于阈值来聚类分割图像或者将灰度图简化为二值图像的场景中。最大类间方差算法假定初始灰度图像只包含两种类型的像素，背景像素和前景像素；而根据灰度图像做出的直方图也是双峰直方图；之后该算法会通过计算找出使灰度图像类间方差最大且类内方差最小的阈值。下面简要介绍最大类间方差的基本原理。

给定的灰度图像的像素灰度取值范围为 $[1, L]$ 。其中像素值为 i 的像素的个数记为 n_i 。图像所包含的像素值总数为 $N = \sum_{i=1}^{L} n_i$ 。为方便讨论，对灰度图的频率分布直方图进行标准化，则有：

$$p_i = \frac{n_i}{N}, \ p_i \geqslant 0, \ \sum_{i=1}^{L} p_i = 1 \tag{8-8}$$

现假设图片中的像素可以被分为两类，前景物体像素 C_T 和背景物体 C_B 像素。两类像素由阈值 k 进行区分。C_T 类型中像素的灰度范围在 $[1, k]$ 中，C_B 类型中像素的灰度范围在 $[k+1, L]$ 中。则每一类像素在图像中出现的概率分别为：

$$w_T = P(C_T) = \sum_{i=1}^{k} p_i = w(k) \tag{8-9}$$

$$w_B = P(C_B) = \sum_{i=1}^{L} ip_i \sum_{i=1}^{k} (i - \mu_T)^2 p_i = 1 - w(k) \tag{8-10}$$

而每类像素的灰度均值为：

$$\mu_T = \sum_{i=1}^{k} iP(i \mid C_T) = \frac{\sum_{i=1}^{k} ip_i}{w_T} = \frac{\mu(k)}{w(k)} \tag{8-1}$$

$$\mu_B = \sum_{i=k+1}^{L} iP(i \mid C_B) = \frac{\sum_{i=k+1}^{L} ip_i}{w_B} = \frac{\mu_W - \mu(k)}{1 - w(k)} \tag{8-12}$$

其中 $\mu_W = \mu(L) = \sum_{i=1}^{L} ip_i$ 是原灰度图像的平均灰度值。对于任何 $k \in [1, L]$，都有：

$$w_T + w_B = 1,\ w_T\mu_T + w_B\mu_B = \mu_W \tag{8-13}$$

两类像素的类内方差分别为：

$$\sigma_T^2 = \sum_{i=1}^{k} (i - \mu_T)^2 P(i \mid C_T) = \frac{\sum_{i=1}^{k} (i - \mu_T)^2 p_i}{w_T} \tag{8-14}$$

$$\sigma_B^2 = \sum_{i=k+1}^{L} (i - \mu_B)^2 P(i \mid C_B) = \sum_{i=k+1}^{L} \frac{(i - \mu_B)^2 p_i}{w_B} \tag{8-15}$$

为评价阈值 k 对于图像的分割好坏，引入如下判别式来衡量两类像素间的分离程度：

$$\lambda = \frac{\sigma_e^2}{\sigma_a^2},\ \kappa = \frac{\sigma_w^2}{\sigma_a^2},\ \eta = \frac{\sigma_e^2}{\sigma_w^2} \tag{8-16}$$

其中，

$$\sigma_a^2 = w_T\sigma_T^2 + w_B\sigma_B^2 \tag{8-17}$$

$$\sigma_e^2 = w_T(\mu_T - \mu_W)^2 + w_B(\mu_B - \mu_W)^2 = w_T w_B(\mu_T - \mu_B)^2 \tag{8-18}$$

仿照类内方差定义，有：

$$\sigma_w^2 = \sum_{i=1}^{L} (i - \mu_W)^2 p_i \tag{8-19}$$

这里，则 σ_a^2 为类内方差（intra-class variance/within-class variance），σ_e^2 为类间方差（inter-class variance/between-class variance），σ_w^2 为灰度水平总方差（total variance of levels）。因此，寻找最佳阈值的问题就变成了找到一个 k，使得式(8-16)中任意的判别式最大。因为一个分割效果好的阈值会使被分出的两类像素在灰度上有较大差别。

由于 $\sigma_a^2 + \sigma_e^2 = \sigma_w^2$，则由式(8-16)得到，$k = \lambda + 1$ 和 $\eta = \frac{\lambda}{\lambda + 1}$。对于某一阈值 k 来说，使得 λ、κ、η 分别最大等价于使得其中任意一个最大。

值得一提的是，σ_a^2 和 σ_e^2 是关于自变量 k 的函数，但 σ_w^2 则于 k 无关。同时注意到 σ_a^2 是一个二阶统计值(类方差)而 μ_e 是一个一阶统计值(类均值)。因此，在 λ、κ、η 中，η 的计算就相对简单。因此，选用 η 作为判别度量来衡量 k 的分割结果，即找到一个 k 使得分割结果的类间方差 σ_e^2 最大。

此时寻找最佳阈值的问题就变成了遍历 $k \in [1, L]$，找到一个最优阈值 k^*，使得

$$\sigma_e^2(k^*) = \max_{1 \leq k \leq L} \sigma_e^2(k) \tag{8-20}$$

将式(8-9)至式(8-12)代入式(8-18)得：

$$\sigma_e^2(k)=\frac{[\mu_W w(k)-\mu(k)]^2}{w(k)[1-w(k)]} \tag{8-21}$$

此时的阈值判断准则为 $\eta(k)=\frac{\sigma_e^2(k)}{\sigma_w^2}$。

根据式(8-21)，k 应满足：

$$S^*=\{k;\ w_T w_B=w(k)[1-w(k)]>0\} \tag{8-22}$$

最初的单阈值最大类间方差法可以利用其判断准则拓展到多阈值的最大类间方差法。以两个阈值将图像像素分为三类为例。两个阈值分别为 k_1、k_2，满足 $1\leqslant k_1\leqslant k_2\leqslant L$。这两个阈值将图像中的像素分为三类 C_0、C_1、C_2。其中 C_0 类型中的像素灰度范围在 $[1, k_1]$ 中，C_1 类型中的像素灰度范围在 $[k_1, k_2]$ 中，C_2 类型中的像素灰度范围在 $[k_2, L]$ 中。最佳阈值的判别标准 σ_e^2 此时就可以看成是有两个变量 k_1、k_2 的函数，寻找最佳阈值组合使的该判别函数值最大。最佳阈值组合 k_1^*、k_2^* 满足：

$$\sigma_e^2(k_1^*,\ k_2^*)=\max_{1\leqslant k_1<k_2\leqslant L}\sigma_e^2(k_1,\ k_2) \tag{8-23}$$

需要注意的是随着需要分割的像素类别的增加，最大类间方差法所选取的阈值的可靠性会逐渐降低。这是由于最佳阈值判别标准 σ_e^2 的定义会随着类别数量的增加而逐渐失去意义。同时 σ_e^2 的最大化计算也会随着分割类别数量的增加而变得越来越复杂。然而在一般应用场景中常用的阈值个数为 2 或者 3 时，计算过程还是相对简单的。

(2)最大类间方差图像分割算法及结果示例

根据下面给出最大类间方差图像分割算法(表 8-3)，灰度图像在实验平台的灰度值取值范围为[0, 255]：

表 8-3　最大类间方差图像分割算法

序号	步　骤
1	输入待检分割的火灾图像
2	对输入灰度图的频率分布直方图进行标准化
3	设置 w_T 和 μ_T 的初始值 $w(k)$ 和 $\mu(k)$
4	遍历所有满足限制条件的 $k\in[0,\ 255]$， ①更新 w_T 和 μ_T ②计算对应的 $\sigma_e^2(k)$
5	比较所有的 $\sigma_e^2(k)$，最佳阈值 k 对应于 $\max_{0\leqslant k\leqslant 255}\sigma_e^2(k)$
6	输出图像处理结果

对于多阈值的最大类间方差图像分割算法，若期望的阈值个数为 M，则期望类型个数为 M+1。

实验结果呈现：

下面展示上述算法的实验结果。实验平台为 Window10 教育版 64 位操作系统，Inter

图 8-3　最大类间方差图像分割算法在灰度图像中的结果

（上、中、下图分别对应原始图、$M=3$ 时分割结果、$M=4$ 时分割结果）

Core i3-2350M CPU，2.30GHz，8G RAM，Matlab R2014b。实验所采用的火灾图像大部分来自于 ImageNet 图片数据库，其余为自行搜集。

以灰度图像为例，图 8-3 中的两幅图像在阈值个数 $M=3$ 和阈值个数 $M=4$ 时在最大类间方差图像分割算法运行结果如下：

表 8-4　最大类间方差图像分割算法在灰度图像中的运行数据

图片序号	图片尺寸	运行时间（$M=3$）/s	运行时间（$M=4$）/s
1	950×575	0.132 757	0.136 033
2	750×500	0.124 615	0.133 639

由 8.1.1 的实验结果可知，基于颜色特征的数据驱动森林火灾检测算法能够准确定位火焰位置，但有时被火焰染红的天空等也会被识别成为火焰区域，产生错误预警。为此在

最大类间方差图像分割算法中，采用多阈值分割算法。图 8-4 中，当阈值个数为 3 时，图像被分为 4 类，左边图像的火焰区域与天空区域被分割成了不同的类型，但右边图中的火焰区域与部分天空区域仍处于一类。同时，对比表 8-2 与表 8-4 中的运行时间，可以看出最大类间方差图像分割算法在运算速度方面有明显优势。

下面我们再来观察最大类间方差图像分割算法在 RGB 颜色模式不同颜色通道上的运行结果。实验中的阈值统一设置为 4，即图片像素会被分割成 5 种不同的类型。

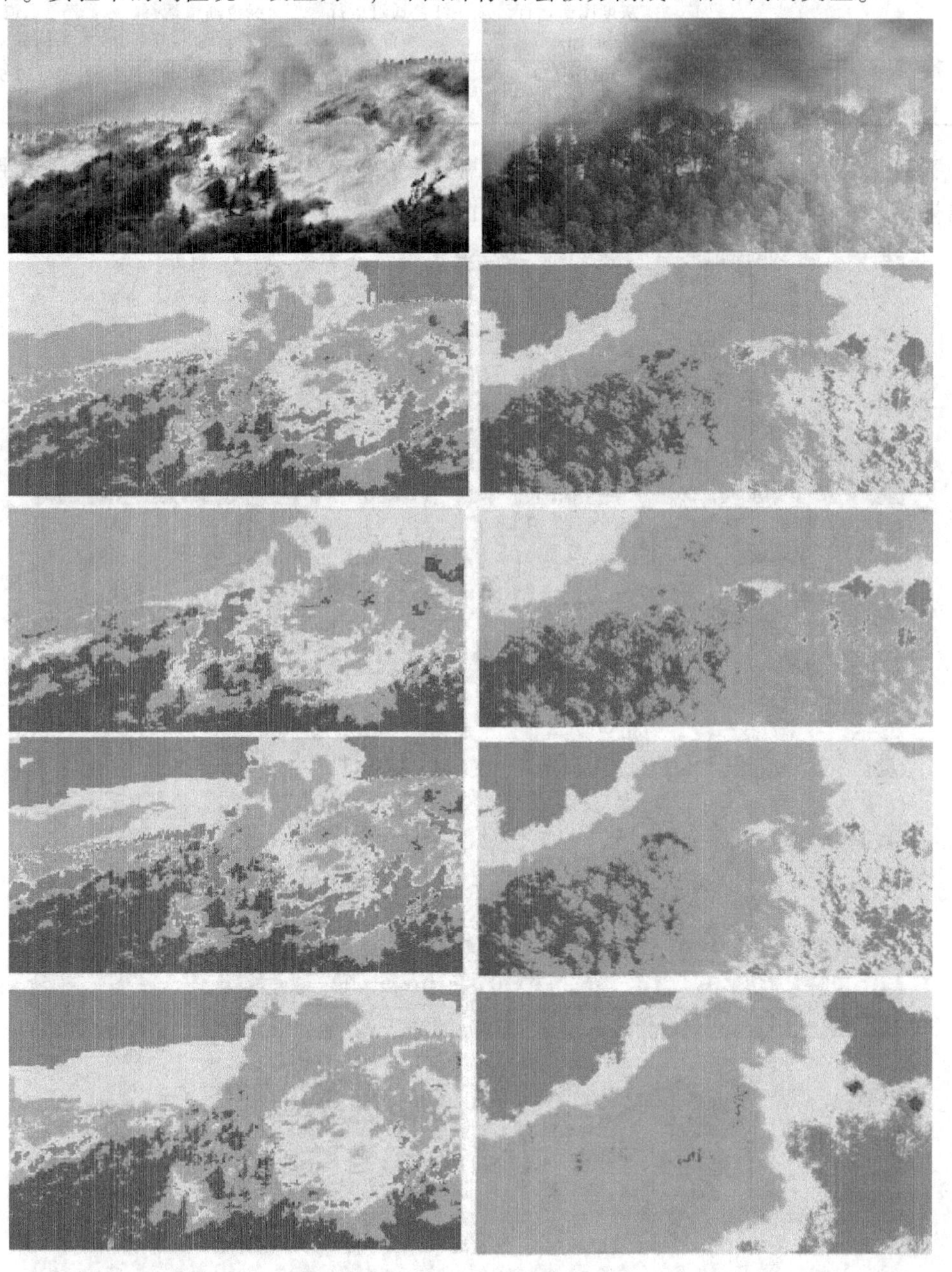

图 8-4　当阈值个数为 4 时，最大类间方差图像分割算法在 RGB 不同颜色通道上的运行结果

图 8-4 从上至下从左至右分别为原图，灰度、红色通道、绿色通道、蓝色通道分割结果。从中可以观察出，当运行在 RGB 颜色模式下，最大类间方差图像分割算法在红色分量通道中对火焰的分割效果最佳。而通过表 8-5 中也不难观察出，对于不同尺寸图片，最大类间方差图像分割算法的运行时间相差不大。

表 8-5　最大类间方差图像分割算法在 RGB 不同颜色通道上的运行时间

图片序号	图片尺寸	灰度图像运行时间/s	红色通道运行时间/s	绿色通道运行时间/s	蓝色通道运行时间/s
1	183×275	0. 116 179	0. 135 879	0. 123 345	0. 120 539
2	491×680	0. 125 721	0. 128 464	0. 133 732	0. 128 787

下面我们再来观察最大类间方差图像分割算法在 YCbCr 颜色模式不同颜色通道上的运行结果。实验中的阈值统一设置为 4，即图片像素会被分割成 5 种不同的类型。

图 8-5　最大类间方差图像分割算法当阈值个数为 4 时在不同 YCbCr 颜色通道上的运行结果

表 8-6　最大类间方差图像分割算法在 YCbCr 不同颜色通道上的运行时间

图片序号	图片尺寸	Y 通道运行时间/s	Cb 通道运行时间/s	Cr 通道运行时间/s
1	170×296	0. 113 185	0. 111 623	0. 120 539
2	1278×1931	0. 237 472	0. 239 467	0. 248 188

图 8-5 从上至下从左至右分别为原图，Y 通道、Cr 通道和 Cb 通道的分割结果。从中不难观察出，虽然 Y 通道也可以识别出火焰的位置，但是一部分天空像素也会被识别成为与火焰相同的类型的像素。运用最大类间方差图像分割算法，Cr 通道对森林火焰的识别十分准确。表 8-6 为最大类间方差图像分割算法在 YCbCr 不同颜色上的运行时间。

下面再来对比 YCbCr 颜色模式中 Cr 通道和 RGB 颜色模式 R 通道最大类间方差图像分割算法的表现。实验中的阈值统一设置为 3，即图片像素会被分割成 4 种不同的类型。

由图 8-6 中的最大类间方差图像分割算法在 Cr 通道和在 R 通道上的实验结果，可以观察出，在阈值为个数为 3，即将图片分割成 4 类时，最大类间方差图像分割算法在 Cr 通

图 8-6　最大类间方差图像分割算法在 Cr 通道和在 R 通道上的实验结果

表 8-7　最大类间方差图像分割算法 Cr 通道和 R 通道上的运行时间

图片序号	图片尺寸	Cr 通道运行时间/s	R 通道运行时间/s
1	320×480	0. 126 277	0. 119 484
2	420×630	0. 123 277	0. 144 629
3	288×512	0. 118 455	0. 121 089

道上都能准确无误地识别出火焰位置并没有任何错误的分类；反观在 R 通道上，相对而言有较大的识别误差。表 8-7 为最大类间方差图像分割算法 Cr 通道和 R 通道上的运行时间。

8.2 预警信息平台原理及应用

8.2.1 森林火灾监测平台部署条件分析

8.2.1.1 常用的森林火灾监测系统

常用的森林火灾监测方式使用无线传感器网络，飞机或者无人机在森林监测区域随机的投放无线传感器节点，然后根据无线传感器自组网络，形成基于无线传感器的森林火灾监测系统。基于无线传感器网络的森林火灾监测系统采用 ZigBee、SuperMap、TDLAS、ARM 等技术。这些方法中的无线传感器节点通过感知周围森林温度、烟雾、火焰等参数的变化，并实时地将感知到的信息通过节点的无线通信，利用多跳的方式将数据发送到后台，后台对采集到的数据进行分析，判断是否有森林火灾发生。无线传感器节点一般价格低廉，能够大面积使用，并且能够尽量保证整个森林的覆盖率。

森林火灾瞭望塔是另一种森林火灾监测方式，监测人员会在山顶或高处布设瞭望塔，用于监测火灾或烟雾，以便尽快发现森林火灾(赵鹏程，2018)。实际上，基于瞭望塔的监测系统虽然是人工操作的，但利用最新的技术与设备，例如，高清摄像机和视频记录仪、节点间的无线网络和实时传感单元，可以提高观测的一致性和可靠性。这种在高山上建立瞭望塔的方式对森林防火的效益十分明显，尤其是对火源多的林区收益更加明显。目前，这种方式可以采用人工和摄像机相结合的方式，通过观察森林环境变化，判断火灾发生的可能性，对森林火灾的预防有非常好的效果。

常用的森林火灾监测系统中无线传感器节点和瞭望塔的方式各有其优势，但是也有其不足之处。

(1)无线传感器节点存在的问题

①节点分布均匀问题　由于节点是随机分布在森林中，会导致目标区域内的节点密集程度不同。

②节点能量的问题　无线传感器节点的能量有限，需要考虑到节点的占空比以及节点之间信息传输所消耗的能量，传感器的中继节点使用频繁，能量消耗严重，当中继节点的能量消耗殆尽，无线自组网络需要重新选取中继节点。节点在开始使用时，需要选取一部分作为监测节点，其余的节点处于休眠状态，休眠节点的选择以及节点的占空比问题实现较为复杂。当某些部分的节点能量耗尽，会出现能量“黑洞”，使得该区域无法监测，影响监测效果。

(2)使用瞭望塔监测存在的问题

①决策基于摄像机或操作员的视线观察。从一个观测点看到的视线区域通常受可视范围限制。

②尽管在高处(如山顶或山脊)上安装观测点，可以使单个摄像机的视野最大化。但是单个观测点的覆盖范围通常是有限的，为了最大限度地覆盖，需详细分析可视化覆盖，以

决定需安装的观测点数量。

③在大范围的森林区域部署观测点，观测点的覆盖范围和观测点预算之间存在相对矛盾，需要解决两者之间的均衡问题。

8.2.1.2　可视化分析

监测点部署优化策略是根据实际森林环境，以覆盖、预算和火险作为约束，解决森林火灾监测点的部署问题。

可视化分析通常用于决定监测点的覆盖范围。传统的监测点部署算法，很少考虑可视化分析，难以反映森林实际环境。本文通过使用数字高程模型(digital evaluation model, DEM)进行可视化分析，将给定区域划分为多个离散的，不重叠的小区域，称为栅格。如图 8-7 所示，通过对监测点的可视化分析，可以确定该监测点所覆盖的区域(栅格)。

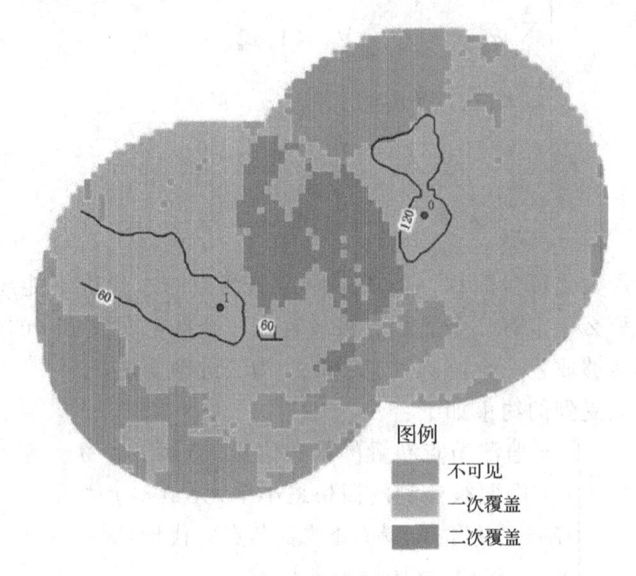

图 8-7　DEM 数据视域示例图

8.2.1.3　监测点约束条件

除了可视化分析之外，还必须计算这些监测点的位置，以满足多个约束。一般来说，在火灾监测的背景下有三个关键的约束条件需要考虑。即最大限度地减少监测点之间覆盖范围的重叠、覆盖范围的最大化，以及最大限度地降低系体成本。

(1)最小代价下的全覆盖

当系统要求对目标区域全覆盖时，以监测点部署总成本最小为目标，根据监测点覆盖算法以及图 8-7 中的实际相结合，得到如下约束条件：

$$\begin{cases} \min \sum_{i=1}^{M} C_i x_i \\ s.t.\ \ x_i \leqslant 1,\ \forall i = 1,\ 2,\ \cdots,\ M \\ \sum_{i=1}^{M} a_{ij} x_i \geqslant 1,\ \ \forall j = 1,\ 2,\ \cdots,\ N \\ x_i \in \{0,\ 1\},\ \forall i = 1,\ 2,\ \cdots,\ M \end{cases} \tag{8-24}$$

式(8-24)以最小化监测点成本为目标，并且保证每个栅格至少被一个监测点所覆盖，每一个观测位置只能够放置一个监测点。

(2)成本限定下的最大化覆盖

在森林环境中，要监测(覆盖)到每个位置是很难的，需要花费大量的监测点资源和预算。而监测点在森林中实际部署时是有预算限定的，那么部署时需要使每个监测点能够覆盖尽可能大的面积。这就需要考虑将最大覆盖问题和可视化相结合，可以得到以下约束条件：

$$\begin{cases} \max \sum_{j=1}^{N} Z_j \\ s.t.\ Z_j \in \{0, 1\}, \quad \forall j = 1, 2, \cdots, N \\ \sum_{i=1}^{M} a_{ij} x_i \geqslant Z_j, \quad \forall j = 1, 2, \cdots, N \\ x_i \leqslant 1, \quad \forall i = 1, 2, \cdots, M \\ x_i \in \{0, 1\}, \quad \forall i = 1, 2, \cdots, M \\ \sum_{i=1}^{M} C_i x_i \leqslant B \end{cases} \tag{8-25}$$

式(8-25)表示最大化覆盖面积，公式中限定监测点的总代价不能超过预算 B，栅格 j 如果能够被覆盖，那么一定有一个监测点被放置在一个能够覆盖到 j 的候选点上，公式限定一个观测位置只能够放置一个监测点，x_i 和 Z_j 为二进制变量。

上面两种模型里受到的约束如下：

$$\begin{cases} i = \text{监测节点布置的候选位置}, 0 \leqslant i \leqslant M \\ j = \text{需要被监测的栅格最小单元}, 0 \leqslant j \leqslant N \\ C_i = \text{在候选位置 } i \text{ 处放置节点的代价} \\ B = \text{节点的平均成本} \\ a_{ij} = \begin{cases} 1, \text{在位置 } i \text{ 处的节点监测栅格 } j \\ 0, \text{其他} \end{cases} \\ x_i = \begin{cases} 1, \text{在位置 } i \text{ 处有监测节点} \\ 0, \text{其他} \end{cases} \\ Z_j = \begin{cases} 1, \text{栅格 } j \text{ 被至少一个节点监测覆盖} \\ 0, \text{其他} \end{cases} \end{cases} \tag{8-26}$$

8.2.2 预警信息平台应用示例

8.2.2.1 研究区域概况

图 8-8 中展示了南京市老山森林公园的地理位置。老山国家森林公园的植被覆盖率约为 80%，林木蓄积量 $33\times10^4\mathrm{m}^3$，自然植被类型属于落叶阔叶和常绿阔叶混交林，植被资源极为丰富。截至 2013 年，有种子植物和蕨类植物 148 科，共 226 种，其中乔木 68 种，中药材 150 多种。主要树种有马尾松、湿地松、火炬松、黑松、水杉等，还有秤锤树、短穗竹、明党参、青檀、野大豆等国家重点保护的珍稀濒危植物。老山森林公园现有林地

9.4 万亩*，其中针叶林 3.7 万亩，阔叶林 3.5 万亩，杉竹约 1 万余亩，果园 0.2 万多亩，茶 400 多亩，是国内良种林木培育基地之一，也是江苏省重要用材林基地。

老山森林公园气候温和，属于亚热带季风气候，年平均气温 15.3℃，环境适合植物生长，拥有“南京绿肺，江北明珠”的美称。整个老山地区无霜期 228d，年降水量 1000mm，降水丰富。老山水文资源也十分丰富，目前的泉水大都是温泉资源，现被开发的温泉资源有五柳泉、珍珠泉等 7 处，每日的温泉出水量在 1000~2000t，温泉中富含大量矿物质，具有很高的医用价值。

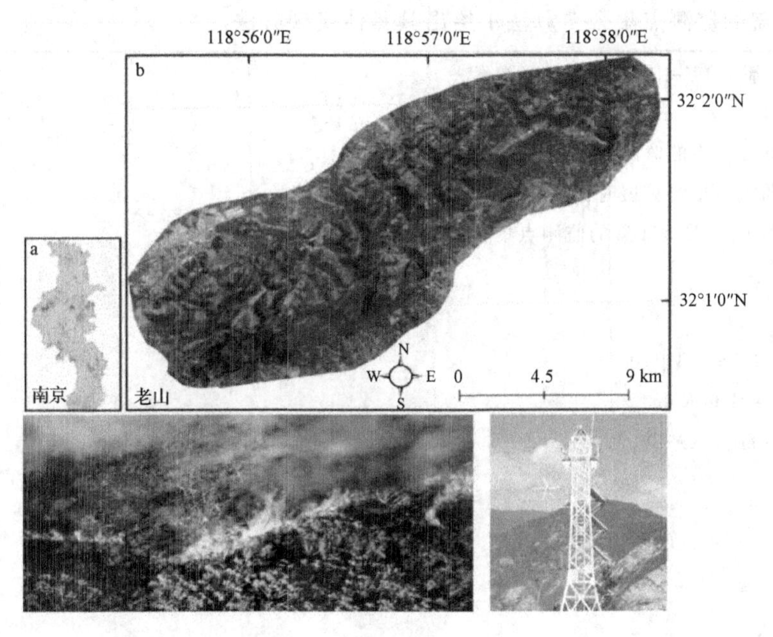

图 8-8　南京市老山区域图

8.2.2.2　监测点部署算法

对于监测点部署，针对不同的应用情况，我们提出了以下两种相应的算法，这些算法是基于子模集函数的，并且考虑到监测点之间的关联性。

(1) 全覆盖算法(full coverage with no budget constraint，FV-NB)

没有预算限制，部署监测点能够完全覆盖实验区域。

森林火灾监测最有效的方法是在整个森林地区部署监测点，这样就能够保证区域的每个位置都能被实时保护，能够及时发现森林中的一些异常情况，对火灾发生有预防作用；当森林中有火灾发生时，监测点能够立即发现火情，并且将情况返回后台，给出最快的灭火资源调度方案，最快扑灭火灾，以减少财产和资源的损失。

对于一个新区域，当添加新的监测点时，覆盖是主要关注点，全覆盖算法是非常有用。一种简单但有效的方法是重复利用覆盖评估函数 F 来估算，获取能够最大增量覆盖的多个监测点。由于 F 估算出的增益值是收益递减的，因此 8.2.1 节证明的集合函数方法可

* 1 亩 = 1/15hm^2。

直接应用于此。

从全覆盖算法1中可以看出，我们以迭代的方式累积整个集合。该算法以空集 $W_0=\varphi$ 开始，并且在每次迭代时我们选出一组将提供最大增量覆盖 Δw 的监测点。该算法然后通过将这些新识别的覆盖最大化的监测点组添加进原始集合 W_0。该算法目的是选出的监测点集合 W_0 能够将研究区域全覆盖，并且选择的监测点数量最少，总成本最低。但是这个算法的缺陷是：在大范围的区域内使用该算法，监测点数量较大，部署成本高，一般在实际的应用中难以实现全覆盖。实际的森林监测监测点部署时，一般是根据成本限定选出能够最大化覆盖的监测点集合，算法1给出其具体实现方法。

算法1：基于FV-NB的监测点部署算法

1：输入：V, α

2：V：需要考虑的监测点，包含新加入的

3：α：监测点增量扩展时，收益增加值的最低限定阈值

4：输出：W_0：最终布置的监测点集合

5：$W_0 \leftarrow \varphi$

6：$i \leftarrow 0$

7：while ($i \leqslant |V|$) do

8：for $J=1$ to K do

9：$W^* \leftarrow \underset{w \in |V-W_0|}{\operatorname{argmax}} F(W_0 \cup w)$

10：end for

11：$\Delta_w \leftarrow F(W_0 \cup w^*) - F(W_0)$

12：if $\Delta_w \leqslant \alpha$then

13：break

14：end if

15：$W_0 \leftarrow W_0 \cup w^*$

16：$W_0 \leftarrow |V| - |W_0|$

17：$i \leftarrow i+1$

18：end while

19：return W_0

(2)成本限定下的最大化覆盖算法(maximum possible coverage with a budget constraint, XV-B)

根据所给定的预算，给出在相应预算限制下，能够最大化覆盖的部署方式。

尽管全覆盖算法旨在提供全面覆盖，但实际上，任何部署都会受到预算限制。第二种算法提供了考虑预算约束的途径。为了提供尽可能大的覆盖范围，可能的方法是在全覆盖算法的基础上进行扩展，但要考虑成本。由于覆盖率优先，本节使用的方法是限制作为最终集合的一部分包括的监测点的数量，给定最大预算 B 和监测点的平均部署成本 C，这将搜索迭代次数限制为 B/C。算法2显示了该算法的具体步骤。

算法 2：基于 XV-B 的监测点部署算法
1：输入：V，B，α，C
2：V：需要考虑的监测点，包含新加入的
3：B：监测点部署的最大预算
4：α：监测点增量扩展时，收益增加值的最低限定阈值
5：C：单个监测点的平均成本
6：输出：W_0：最终布置的监测点集合
7：$W_0 \leftarrow \varphi$
8：$i \leftarrow 0$
9：$k \leftarrow |V|$
10：while ($i < (B/C)$) do
11：for $j=1$ to k do
12：$W^* \leftarrow \underset{w \in |V-W_0|}{\operatorname{argmax}} F(W_0 \cup w)$
13：end for
14：$\Delta w \leftarrow F(W_0 \cup w^*) - F(W_0)$
15：if $\Delta w \leqslant \alpha$ then
16：break
17：end if
18：$W_0 \leftarrow W_0 \cup w^*$
19：$k \leftarrow |V| - |W_0|$
20：$i \leftarrow i+1$
21：end while
22：return W_0

如上所述，算法 2 的整体思路和算法 1 几乎是相同的，在算法的阈值判断上，算法 1 是选取的监测点增益值，当监测点的增益较小时，表示整个系统中增加监测点并不能够增加覆盖率；算法 2 是以监测点成本，根据总预算 B 和单个监测点的成本 C，得到监测点数量最大值为 B/C，所以，当监测点数量增加至 B/C 时，算法终止，并输出监测点集 W_0。由于算法 2 在监测点选取上是和算法 1 相同的，保证了每次选出的监测点是增益最大的点，那么就能够保证在监测点数量为 B/C 时，整个系统的覆盖率最大。

8.2.2.3　实验结果

我们研究了面向 10.56km^2 区域的部署问题。图 8-9 中显示了该区域内可用于监测点部署的 34 个候选位置，用于测试上述四个监测点部署算法。我们使用 MATLAB 脚本(版本 R2016b)计算最佳候选位置，还使用 ArcGIS 10 来验证可视化计算结果。本研究的数字高程模型的空间分辨率为 30。每个监测点的平均成本是 20 000 元。新的监测点的成本是部署成本 5000 元和初始设备成本 15 000 元的总和。实际上，根据设备的实际成本，重新安置一个监测点的平均成本在同一地区内约 10 000 元。观察半径为 1.0km，监测点具有 360°水平观测范围，−90°和+ 10°之间的垂直观测范围。

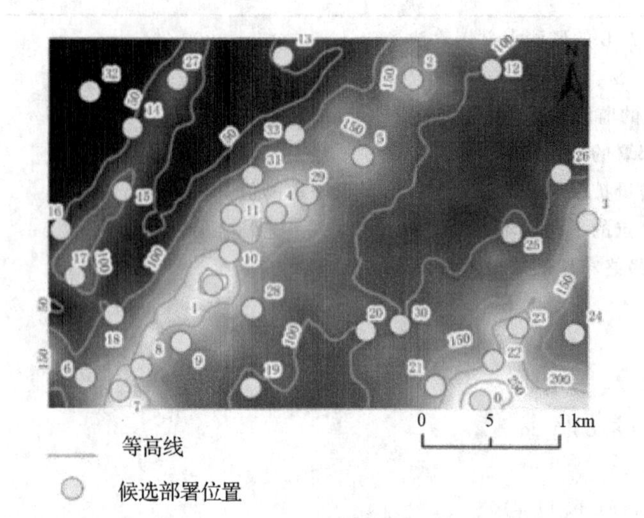

图 8-9 中国南京老山国家森林公园数据中的候选地点

(1)全覆盖算法结果

当针对数据测试所提出的全覆盖算法时，总成本为 320 000 元。通过算法获得的监测点的放置导致总体覆盖率达到预期面积的 99.6%。虽然覆盖范围很广，但算法无法为每个监测点提供互斥的覆盖范围。换句话说，在大多数情况下，一个单元被一个以上的监测点覆盖。更具体地说，只有 14.9%的面积完全由一个监测点覆盖，38.1%的面积由两个重叠的监测点覆盖，46.3%的面积由三个或更多的监测点覆盖。也就是说，总面积的 84.7%由一个以上的监测点覆盖。我们在图 8-10 中说明了覆盖范围，并总结了表 8-8 中的结果。最后，虽然全覆盖算法可以实现卓越的覆盖范围，但总体成本并未受到限制，并且由于多个重叠覆盖范围，未能充分利用监测点资源。

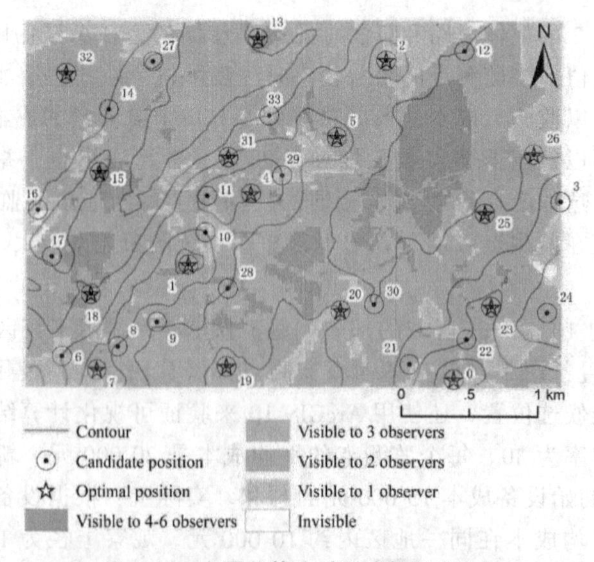

图 8-10 全覆盖算法对测试数据的结果

表 8-8　FV–NB 算法提供的增量覆盖测试数据

监测点数量	覆盖率/%	监测点数量	覆盖率/%
1	14.9	3	33.1
2	38.1	≥ 4	13.2

(2)成本限定下最大化覆盖算法结果

对于成本限定的最大化覆盖算法，我们用 4 种不同的预算约束，即 80 000 元、140 000 元、200 000 元、260 000 元。在图 8-11 和表 8-9 中显示了对这些不同约束使用成本限定下的最大覆盖算法的结果。我们列出了新增加监测点的最大数量，及其提供的 n 重覆盖情况（即 $n=1$，2，3 和 $n=4$ 或更多）。

从图中可以看出，监测点数量较少时，算法选出的监测点分布比较分散，并且每个监

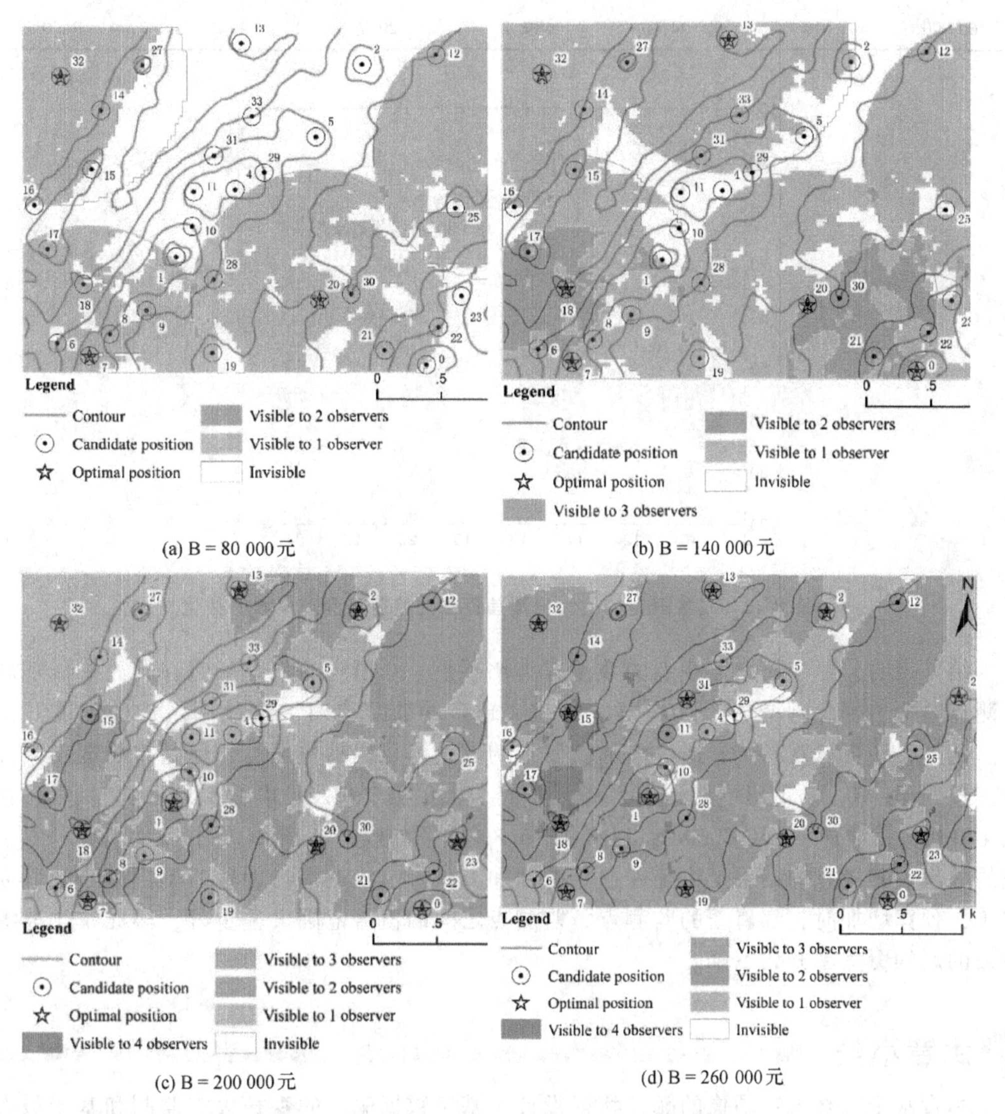

(a) B = 80 000元　(b) B = 140 000元

(c) B = 200 000元　(d) B = 260 000元

图 8-11　具有不同预算约束下的最大覆盖的结果

测点的实际覆盖面积较大，使用成本限定下的最大化覆盖算法保证了在算法开始时，能够选择最优的监测点，使得覆盖率增长快，而且利用设定的阈值可以控制监测点选择的数量，如图 8-11(d)所以。当覆盖率、预算和多重覆盖率达到需求时，算法停止，保证了覆盖率同时充分利用了监测点资源。

表 8-9　针对不同预算约束，XV-B 算法提供的增量覆盖(覆盖率表示为总面积的百分比)

预算/元	覆盖率/%					
	n	$n=1$	$n=2$	$n=3$	$n\geq 4$	综合
80 000	4	54.6	0.3	0.0	0.0	54.9
140 000	7	65.5	13.6	0.0	0.0	79.2
200 000	10	45.1	41.8	6.7	0.0	93.6
260 000	13	24.2	47.7	20.7	3.4	96.0

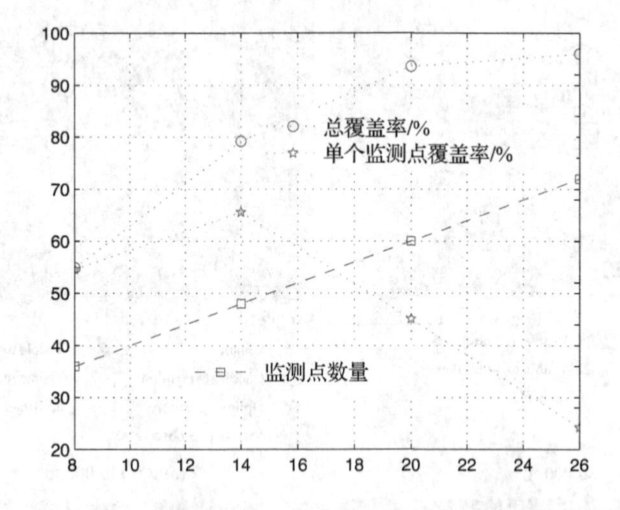

图 8-12　成本限定的最大化覆盖算法的覆盖范围随成本的变化

结果表明，每个新增监测点的效益成本比不是一个恒定的值。虽然在开始时添加新的监测点时覆盖率急剧增加，但是当添加越来越多的监测点时，覆盖率增加的速度开始减慢。此外，还可以观察到，通过增加监测点的数量可以提高覆盖度，但是单位成本高。例如，覆盖率从 0.0%迅速增加到 79.2%，而成本从 0 增加到人民币 140 000 元。但是，预算从 140 000 元增加至 260 000 元，仅提供 16.8%的额外收益。图 8-12 中显示了这种收益递减的效果。其导致的结果是，随着预算的增加，单个监测点提供的覆盖范围减小。其原因在于，预算增加时，部署新的监测点，监测点之间的覆盖范围大幅重叠，因此单个监测点获取的新的覆盖率开始下降。

本章小结

本章基于森林火灾图像的颜色特征设计了基于数据驱动的森林火灾监测和基于最大类间方差的森林火灾监测算法。实际应用时，部署视频传感器节点实时获取监测环境的林火图像。对于森林环境地形起伏，传统的面向二维环境的传感器部署策略难以适用，因此章节也研究了面向实际三维环境的节点部署策略，基于老山森林公园 10.56km^2 区域的 DEM 数据，结合节点可视域，提出了全监测区域覆盖节点部署策略。实际应用时，成本是制约节点部署的一个重要条件，全域覆盖受制于成本限制通常难以满足，为此进一步提出了成本限定下的最大化覆盖监测区域的算法，便于进行更好的应用实践，最终达到实时监测森林火灾的目标。

习 题

1. 试比较基于颜色特征的数据驱动森林火灾检测在 RGB 和 YCbCr 颜色模式下的实验性能。
2. 无线传感器网络在林火监测方面存在什么问题？
3. 使用瞭望塔监测火灾时存在什么问题？
4. 节点部署数量、监测覆盖范围和成本之间存在什么样的制约关系？
5. 为什么随着节点数量的增加，新增的节点获得的覆盖率不是线性增加？

参考文献

刘丽萍，王智，孙优贤，2006. 无线传感器网络部署及其覆盖问题研究[J]. 电子与信息学报(9)：1752-1757.

刘陈，蔡婷，2016. 一种基于 RSSI 向量的传感器网络定位算法[J]. 山东大学学报(工学版)，46(3)：23-30

符修文，李文锋，段莹，2016. 分簇无线传感器网络级联失效抗毁性研究[J]. 计算机研究与发展，53(12)：2882-2892.

张长森，胡宇鹏，陈鹏鹏，2016. 基于 Quorum 的低占空比 WSNs 最优延迟可靠路由算法[J]. 计算机应用与软件，33(11)：79-83.

赵璠，舒立福，周汝良，2017. 林火行为蔓延模型研究进展[J]. 世界林业研究，30(2)：46-50.

蔡绍滨，高振国，潘海为，等，2012. 带有罚函数的无线传感器网络粒子群定位算法[J]. 计算机研究与发展，49(6)：1228-1234.

毛科技，范聪玲，叶飞，等，2014. 基于支持向量机的无线传感器网络节点定位算法[J]. 计算机研究与发展，51(11)：2427-2436.

夏斌，刘承鹏，孙文珠，等，2016. 基于多元变量泰勒级数展开模型的定位算法[J]. 电子科技大学学报，46(6)：888-892.

李瑞雪，2015. 物联网定位算法的研究[D]. 淄博：山东理工大学.

赵鹏程，张福全，杨绪兵，等，2019. 基于可视化的森林火灾监测节点优化部署策略[J]. 山东大学学报(工学版)，49(01)：30-35，40.

汪启伟，2014. 图像直方图特征及其应用研究[D]. 合肥：中国科学技术大学.

赵鹏程，2018. 森林火灾监测节点部署优化策略研究[D]. 南京：南京林业大学.

覃欣怡，2017. 物联网环境下森林火灾监测研究[D]. 南京：南京林业大学.

CULLER D E, HILLJ L, 2003. System architecture for wirelesssensor networks[J]. Computer Science University of Cali-fornia, Berkeley：11-17.

HUANG C F, TSENG Y C, 2005. The coverage problem in awireless sensor network[J]. Mobile Networks & Applica-tions, 10(4): 519-528.

HEO N, VARSHNEY P K, 2003. A distributed self spreadingalgorithm for mobile wireless sensor networks[C]// Wireless Communications and Networking. NewYork, USA: IEEE, 2003: 1597-1602.

O'ROURKE J, 1987. Art gallery theorems and algorithms[M]. Oxfordshire: Oxford University Press: 1-10.

SLIJEOCEVIC S, POTKONJAK M, 2001. Power efficient organization of wireless sensor networks [J]. Proceedings ofIcc Jun(2): 472-476.

LU G, 2017. Design of low power wsn node in wild environment [J]. American Journal of Network and Communications, 6(2): 47-53.

KIM Y H, RANA S, WISE S, 2004. Exploringmultipleviewshed analysis using terrain features and optimisation tech-niques [J]. Computers & Geosciences, 30(9): 1019- 1032.

BAOS, XIAO N, LAI Z, *et al.*, 2015. Optimizing watchtowerlocations for forest fire monitoring using location models[J]. Fire Safety Journal, 71: 100-109.

REVELLE C, 1989. Review, extension and prediction in emergency service siting models[J]. European Journal of Op-erational Research, 40(1): 58-69.

SCHILLING D, ELZINGA D J, COHON J, *et al.*, 1979. The team-fleet models for simultaneous facility and equipment siting[J]. Transportation Science, 13(2): 163-175.

CAI SHAOBIN, GAO ZHENGUO, PAN HAIWEI, *et al.*, 2012. Local ization based on particle swarm optimization with penaltyfunction for wireless sensor network [J]. Journal of Computer Research and Development, 49 (6): 1228-1234.

LI Y, WANG Y, LI H, *et al.*, 2017. Single satellite beamscanning positioning based on neural network BP algorithm[C]//MATEC Web of Conferences. Les Ulis, France: EDP Sciences, 114.

MAO Y, WANG Y, 2014. A three-dimension localization algorithm for wireless sensor network mobile nodes basedon double-layers BP neural network [J]. Lecture Notesin Electrical Engineering, 273(4): 685-691.

CHEN M, 2014. An improved BP neural network algorithm andits application [J]. Applied Mechanics and Materials, 543-547: 2120-2123.

PATWARI N, ASH J N, KYPEROUNTAS S, *et al.*, 2005. Locating the nodes: cooperative localization in wirelesssensor networks[J]. IEEE Signal Processing Magazine, 22(4): 54-69.

ALAVI B, PAHLAVAN K, 2006. Modeling of the TOA-based distance measurement error using UWB indoor radio measurements [J]. Communications Letters IEEE, 10(4): 275-277.

LIUQF, LI Y E, 2010. Improved sample method for medicalimage registration based on mutual information: im-proved sample method for medical image registrationbased on mutual information [J]. Journal of Computer Applications, 30(4): 947-949.

KRAUSE A, GUESTRIN C, 2007. Near-optimal observationselection using submodular functions [C]//AAAI Conference on Artificial Intelligence. Vancouver, Canada: DBLP: 1650-1654.

GUESTRIN C, KRAUSE A, SINGH A P, 2005. Near optimalsensor placements in Gaussian processes [C]// International Conference on Machine Learning. Bonn, Germany: ACM, 2005: 265-272.

NEMHAUSER G L, WOLSEY L A, FISHER M L, 1978. Ananalysis of approximations for maximizing submodularset functions[J]. Mathematical Programming, 14(1): 265-294.

KRAUSE A, LESKOVEC J, GUESTRIN C, *et al.*, 2008. Efficient sensor placement optimization for securing large water distribution networks [J]. Journal of Water Resources Planning & Management, 134(6): 516-526.

FUQUAN ZHANG, PENGCHENGZHAO, THIYAGALIGAM, 2018. Terrain-influenced incremental watchtower expansion for wildfire detection[J]. Science Of The Total Environmen, 654(2019): 164-176.

GANZ C, 2010. Introducing data-driven programming [M]. New York: Apress.

JIA DENG, WEI DONG, R. SOCHER, *et al.*, 2009. ImageNet: A large-scale hierarchical image database [C].//2009 IEEE Conf. Comput. Vis. Pattern Recognit., no. June, pp. 248-255.

第9章

单木及林分实时监测

在测树学中，单木及林分测量是其重要内容。对单木(伐倒木、立木)而言，主要通过测量胸径、树高计算其生长量。常用方法有孔兹曲线式、近似求积、区分求积、施耐德法、树干解析等；对林分而言，主要通过全林实测及局部实测计算其蓄积量。常用方法有一次调查法、固定标准地法等。近年来激光雷达技术在森林资源调查中得到广泛应用，已逐渐取代人工测量。但这一方法仍存在时效性，难于实时监测树木生长。物联网技术的应用，特别是树木胸径、树高传感器的研发，为单木及林分测量提供了实时监测手段，有望在森林资源调查得到应用。

本章先简单介绍常用的单木及林分测量方法，在此基础上，进一步说明激光雷达技术的应用。

9.1 单株树木材积测定

树木是由树干(体积占60%~70%)、树根(体积占15%左右)和枝叶(体积占15%左右)所构成。立木(standing tree)是指生长着的树木。伐倒木(felled tree)是指立木伐倒后打去枝桠所剩余的主干。材积是指树干的体积。

9.1.1 基本测树因子

基本测树因子包含树木的直接测量因子(如树干的直径、树高等)及其派生的因子(如树干横断面积、树干材积、形数等)。其中，

树干直径：指垂直于树干轴的横断面上的直径(diameter)。用 D 或 d 表示。

胸高直径：位于距根颈1.3m处的直径，简称为胸径(diameter at breast height，DBH)。

树高(tree height)：树干的根颈处至主干梢顶的高度。

胸高断面积(basal area of breast-height)：树干1.3m处的断面积。

树干材积：指根颈以上树干的体积(volume)，记为 V。

9.1.2 树干形状

树干直径随从根颈至树梢其树干直径呈现出由大到小的变化规律，变化多样。树干形

状是由树干的横断面形状和纵断面形状综合构成。影响树干形状的因子有：①内因，遗传特性、生物学特性、年龄和枝条着生情况；②外因(环境条件)，立地条件、气候因素、林分密度和经营措施等。任何规则的几何体，若要计算其体积必须先知其形状。

(1)树干横断面形状

树干横断面：假设过树干中心有一条纵轴线(称为干轴)，与干轴垂直的切面。树干横断面形状近似圆形，更接近椭圆形。为了计算方便通常视其为圆形，平均误差不超过±3%。树干横断面的计算公式为：

$$g = \frac{\pi}{4}d^2 \tag{9-1}$$

(2)树干纵断面形状

①基本概念

树干纵断面：沿树干中心假想的干轴将其纵向剖，所得纵剖面的形状。

干曲线(stem curve)：围绕纵剖面的那条曲线。

干曲线方程：将干曲线用数学公式予以表达。

干曲线自基部向梢端的变化大致可归纳为：凹曲线、平行于 x 轴的直线、抛物线和相交于 y 轴的直线 4 种曲线类型。

干曲线围绕干轴旋转可得 4 种几何体：凹曲线体(D)、圆柱体(C)、截顶抛物线体(B)和圆锥体(A)，如图 9-1 所示。

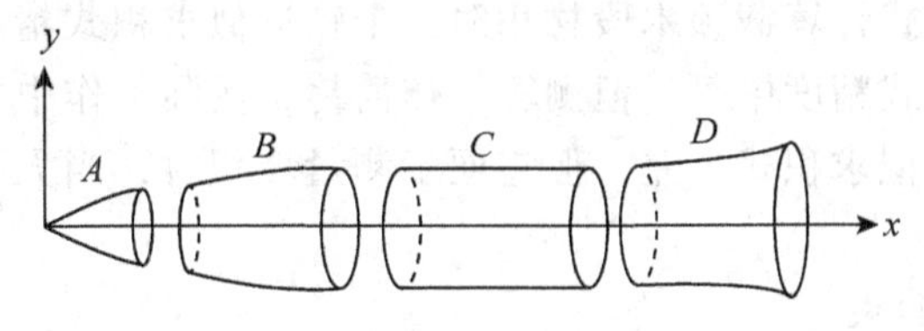

图 9-1 树木分段形状

②干曲线式

Ⅰ. 孔兹(M, Kunze, 1873)干曲线式：

$$y^2 = Px^r \tag{9-2}$$

式中，y 为树干横断面半径；x 为树干梢头至横断面的长度；P 为系数；r 为形状指数。

形状指数(r)的变化一般在 0~3，当 r 分别取 0、1、2、3 数值时，则可分别表达上述 4 种几何体。

Ⅱ. 分段二次多项式(Burkhart and Max, 1976)：

$$d^2/D^2 = b_1(h/H - 1) + b_2(h^2/H^2 - 1) + b_3(a_1 - h/H)^2 I_1 + b_4(a_2 - h/H)^2 I_2 \tag{9-3}$$

式中，$I_i = \begin{cases} 1, & 当\ h/H \leq a_1 \\ 0, & 当\ h/H > a_1, \end{cases}$ $i = 1, 2$；$y = d^2/D^2$；$x = h/H$；b_{1-4} 为系数；d 为在树干 h 高处的带(去)皮直径；h 为地面起算的高度或至某上部直径限；D 为带皮胸径(cm)；H 为全树高(m)。

9.1.3 伐倒木树干材积测定

(1)一般求积式

①树干完顶体求积式

a. 用下底断面(g_0)和长度求体积；

b. 中央断面($g_{0.5}$)和长度求体积。

②截顶体求积式

a. 用两端断面积求体积；

b. 用中央断面积求体积。

(2)伐倒木近似求积式

①平均断面积近似求积式（Smalian，1806 ）

$$V = \frac{1}{2}(g_0 + g_n)L = \frac{\pi}{4}\left(\frac{d_0^2 + d_n^2}{2}\right)L \tag{9-4}$$

②中央断面积近似求积式(Huber，1825)

$$V = g_{\frac{1}{2}}L = \frac{\pi}{4}d_{\frac{1}{2}}^2 L \tag{9-5}$$

③牛顿近似求积式（Reiker，1849）

$$V = \frac{1}{3}\left(\frac{g_0 + g_n}{2}L + 2g_{\frac{1}{2}}L\right) \tag{9-6}$$

以上三种近似求积式计算截顶木段材积时，牛顿近似求积式精度虽高，但测算工作较繁；中央断面近似求积式精度中等，但测算工作简易，实际工作中主要采用中央断面积近似求积式；平均断面近似求积式虽差，但它便于测量堆积材，当大头离开干基较远时，求积误差将会减少。

(3)伐倒木近似求积式

为了提高木材材积的测算精度，根据树干形状变化的特点，可将树干区分成若干等长或不等长的区分段，使各区分段干形更接近于正几何体，分别用近似求积式测算各分段材积，再把各段材积合计可得全树干材积。该法称为区分求积法(measuremental method by section)。

在树干的区分求积中，梢端不足一个区分段的部分视为梢头，用圆锥体公式计算其材积。

$$V = \frac{1}{3}g'l' \tag{9-7}$$

①中央断面区分求积式　将树干按一定长度(通常 1 或 2m)分段，量出每段中央直径和最后不足一个区分段梢头底端直径，如图 9-2 所示，利用中央断面近似求积式求算各分段的材积并合计：

$$\begin{aligned} V &= V_1 + V_2 + V_3 + \cdots + V_n + V' \\ &= g_1 \cdot l + g_2 \cdot l + g_3 \cdot l + \cdots + g_n l + \frac{1}{3}g'l' \\ &= l\sum_{i=1}^{n} g_i + \frac{1}{3}g'l' \end{aligned} \tag{9-8}$$

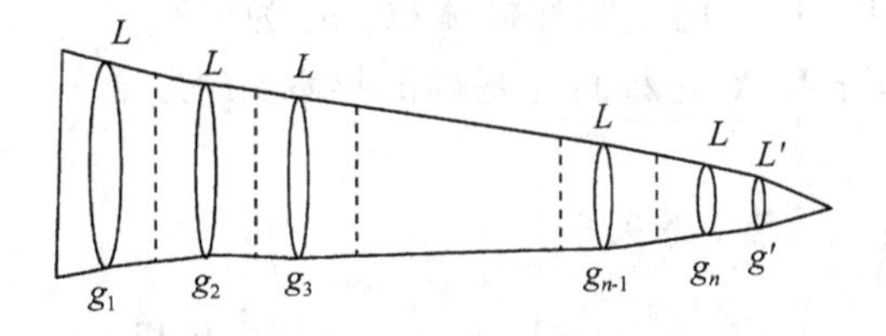

图 9-2　中央断面区分

②平均断面区分求积式　根据平均断面近似求积式，按上述同样原理和方法，可以推导出平均断面区分求积式为：

$$V = \left[\frac{1}{2}(g_0 + g_n) + \sum_{i=1}^{n-1} g_i\right] l + \frac{1}{3} g_n l' \tag{9-9}$$

式中，g_0 为树干底断面积；g_n 为梢头木底断面积；g_i 各区分段之间的断面积；l、l'分别为区分段长度及梢头木长度。

③区分求积式的精度　在同一树干上，某个区分求积式的精度主要取决于分段个数的多少，段数愈多，则精度愈高。

区分段数一般以不少于 5 个为宜：

a. 当 $H>15$m 时，$l=2$m

b. 当 $7>H>15$m 时，$l=1$m

c. 当 $H<7$m 时，$l=0.5$m

④直径和长度的测量误差对材积计算的精度影响　树干的材积为 $V=gL$，如长度 L 和断面积 g 测定有误差时，其材积误差近似为：

$$P_V = 2P_d + P_L \tag{9-10}$$

当多次测量时，直径标准误差百分数 $\sigma_d\%$ 与长度标准误差百分数 $\sigma_L\%$ 对材积标准误差百分数 $\sigma_V\%$ 的影响可用下式表示：

$$\sigma_V^2 = 4\sigma_d^2 + \sigma_L^2 \tag{9-11}$$

9.1.4　单株立木材积测定

(1) 立木测定特点

测定胸径注意事项：

①准确确定胸高位置(1.3m 处)；

②在坡地测径时，必须站在坡上测 1.3m 处直径；

③胸高处出现节疤、凹凸或其他不正常的情况时，取上下 ±am 干形较正常处测两个直径取平均数作为胸径值；

④胸高以下分杈的树，可以视为两株树分别测定；

⑤胸高断面呈椭圆形时，应测其相互垂直方向(特指用轮尺)的胸径取其平均数。

(2) 形数和形率

①形数(form factor)　树干材积与比较圆柱体体积之比，称为形数，如图 9-3 所示。

$$f_x = \frac{V}{V'} = \frac{V}{g_x h} \tag{9-12}$$

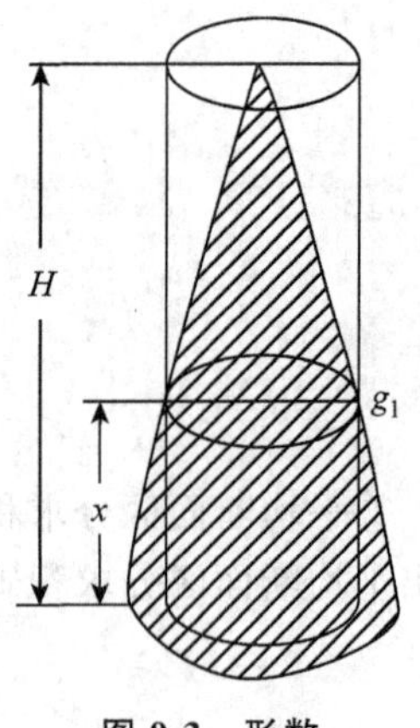

图 9-3　形数

式中，V 为树干材积；V' 为比较圆柱体体积；g_x 为干高 X 处的横断面积；f_x 为以干高 X 处断面为基础的形数；h 为全树高。

a. 胸高形数($f_{1.3}$)：$f_{1.3}$ 与 r 的关系。

$$\frac{\partial f_{1.3}}{\partial r}=\frac{1}{r+1}\left(\frac{h}{h-1.3}\right)^{r}\left(-\frac{1}{r+1}+\ln\frac{h}{h-1.3}\right) \qquad (9\text{-}13)$$

当 $H\gg1.3\text{m}$ 时，$\frac{\partial f_{1.3}}{\partial r}<0$，说明 $f_{1.3}$ 是关于 r 的减函数。

当 $r=1$，干形为抛物线体，则 $f_{1.3}>1/2$。

当 $r=2$，干形为圆锥体，则 $f_{1.3}>1/3$。

当 $r=3$，干形为凹曲线体，则 $f_{1.3}>1/4$。

当 H 低矮时，即 $-\frac{1}{r+1}+\ln\frac{h}{h-1.3}>0$，$f_{1.3}$ 是关于 r 的增函数。

解得：当 $r=1$ 时，$h<3.304$

当 $r=2$ 时，$h<4.586$

当 $r=3$ 时，$h<5.877$

$f_{1.3}$ 与 h 的关系：当 r 一定时，$f_{1.3}$ 是关于 h 的减函数。

$$\begin{aligned}\frac{\partial f_{1.3}}{\partial h}&=\frac{\partial}{\partial h}\left[\frac{1}{r+1}\left(\frac{h}{h-1.3}\right)^{r}\right]\\&=\frac{r}{r+1}\left(\frac{h}{h-1.3}\right)^{r-1}\left(\frac{1}{h-1.3}-\frac{h}{(h-1.3)^{2}}\right)\\&=-\frac{1.3}{(h-1.3)^{2}}\frac{r}{r+1}\left(\frac{h}{h-1.3}\right)^{r-1}<0\end{aligned}$$

b. 正形数：以树干材积与树干某一相对高(如 $0.1h$)处的比较圆柱体的体积之比，称为正形数。

$$f_n=\frac{V}{g_n h} \qquad (9\text{-}14)$$

由孔兹干曲线可以导出 f_n 与树高 h 无关，消除了树高的影响：

$$f_{1.3}=\frac{1}{r+1}\left(\frac{1}{1-n}\right)^{r} \qquad (9\text{-}15)$$

c. 实验形数：实验形数(experimental form factor)是林昌庚(1961)提出作为一种干形指标。

$$f_{\partial}=\frac{V}{g_{1.3}(h+3)} \qquad (9\text{-}16)$$

实验形数是为了吸取胸高形数的量测方便和正形数不受树高影响这两方面的优点而设计的。

设 g_n 为树干某一相对高(nh)处的横断面积。根据 g_n 与 $g_{1.3}$ 之比与 h 呈双曲线关系：

$$\frac{g_n}{g_{1.3}} = a + \frac{b}{h}\text{，即 } g_n = g_{1.3}\left(a + \frac{b}{h}\right) \tag{9-17}$$

由正形数定义可得：

$$V = g_n h f_n = g_{1.3}\left(a + \frac{b}{h}\right) h f_n = g_{1.3}\left(h + \frac{b}{a}\right) a f_n \tag{9-18}$$

令，

$$\frac{b}{a} = K,\ a f_n = f_\partial$$

则

$$V \approx g_{1.3}(h + K) f_\partial \tag{9-19}$$

在设计 f_∂ 时，取 g_n 在位置处，由云杉、松树、白桦、杨树 4 个树种求得 $K \approx 3$。因此，$K=3$ 是实验值。

无论树种、树高变化如何，f_∂ 平均值比较稳定 0.39~0.41。

②形率(form quotient)　树干上某一位置的直径与比较直径之比，称为形率。其表达式为：

$$q_x = \frac{d_x}{d_z} \tag{9-20}$$

式中，q_x 为形率；d_x 为树干某一位置的直径；d_z 为树干某一固定位置的直径，即比较直径。

由于所取比较直径的位置不同，而有不同的形率。

a. 胸高形率 q_2

$$q_2 = \frac{d_{1/2}}{d_{1.3}} \tag{9-21}$$

由孔兹干曲线式 $y^2 = Px^r$ 可导出 q_2 与 r 之间的如下关系：

$$\left(\frac{d_{1/2}}{d_{1.3}}\right)^2 = \frac{P\left(\frac{h}{2}\right)^r}{P(h - 1.3)^r} \tag{9-22}$$

故有：

$$q_2 = \frac{d_{1/2}}{d_{1.3}} = \left(\frac{h/2}{h - 1.3}\right)^{\frac{r}{2}} = \left(\frac{1}{2 - 2.6/h}\right)^{\frac{r}{2}} \tag{9-23}$$

在 r 相同时，q_2 依 h 增大而减小。

希费尔(1899)形率系列为：

$$q_0 = \frac{d_0}{d_{1.3}},\ q_1 = \frac{d_{1/4}}{d_{1.3}},\ q_2 = \frac{d_{1/2}}{d_{1.3}},\ q_0 = \frac{d_{3/4}}{d_{1.3}} \tag{9-24}$$

式中，d_0、$d_{1/4}$、$d_{1/2}$ 及 $d_{3/4}$ 分别为树干基部和 1/4、1/2、3/4 高处的直径，用形率系列课以比较全面地描述整个树干的干形及其变化。

b. 绝对形率 q_J-琼森(T. Jonson, 1910)

$$q_J = \frac{d_{\frac{1}{2}(h-1.3)}}{d_{1.3}} \tag{9-25}$$

q_J 与 r 之间的关系：

$$q_J = \frac{d_{\frac{1}{2}(h-1.3)}}{d_{1.3}} = \left[\frac{\frac{1}{2}(h-1.3)}{h-1.3}\right]^{\frac{r}{2}} = \left(\frac{1}{2}\right)^{\frac{r}{2}} \tag{9-26}$$

q_J 与树高无关。

当 $r=1$ 时，$q_J=0.707$；当 $r=2$ 时，$q_J=0.5$；当 $r=3$ 时，$q_J=0.354$。

c. 正形率 $q_{0.1}$

$$q_{0.1} = \frac{d_{\frac{1}{2}}}{d_{0.1}} \tag{9-27}$$

正形率与形状指数之间的关系：

$$\frac{d_{\frac{1}{2}}^2}{d_{0.1}^2} = \frac{P\left(\frac{1}{2}h\right)^r}{P(0.9h)^r} = \left(\frac{5}{9}\right)^r \tag{9-28}$$

所以

$$q_{0.1} = \left(\frac{5}{9}\right)^{r/2} \tag{9-29}$$

$q_{0.1}$ 只是形状指数 r 的函数，与 h 无关。

③形数与形率的关系

$$f_{1.3} = q_2^2 \tag{9-30}$$

式(9-30)是将树干当作抛物线体时导出的：

$$f_{1.3} = \frac{V_{干}}{g_{1.3}h} = \frac{\frac{\pi}{4}d_{\frac{1}{2}}^2 h}{\frac{\pi}{4}d_{1.3}^2 h} = \left(\frac{d_{\frac{1}{2}}}{d_{1.3}}\right)^2 = q_2^2 \tag{9-31}$$

式(9-31)是求算形数的近似公式，凡树干与抛物线体相差越大，按此式计算形数的偏差亦越大。

$$f_{1.3} = q_2 - c \tag{9-32}$$

式(9-32)由孔兹(Kunze，1890)根据大量树种的 $f_{1.3}$ 与形率 q_2 的关系提出的。

当树干接近抛物线体时，一般树的 c 值接近0.20。如松树 $c=0.20$，云杉及椴树 $c=0.21$，水青冈、山杨及黑桤木 $c=0.22$，落叶松 $c=0.205$。

此式适合于树高>18m 的树木，其误差一般不超过±5%。

a. 希费尔(Schiffel，1899) 公式：

$$f_{1.3} = 0.140 + 0.66q_2^2 + \frac{0.32}{q_2 h} \tag{9-33}$$

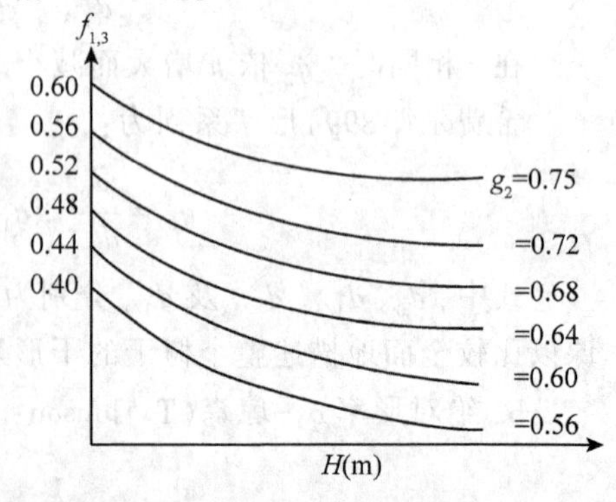

图 9-4　希费尔形数随数高的变化

该式属于经验公式，是用云杉、落叶松、松树和冷杉等树种测定出 $f_{1.3}$、q_2 和 h，绘图后用图解法解出参数，如图 9-4 所示。

形数、形率和树高的变化规律：

i. 当形率相同时，$f_{1.3}$ 随树高的增大而增大；

ii. 当树高相同时，$f_{1.3}$ 随形率的增大而增加。

(3)近似求积法

形数法：由希费尔公式计算形数后由公式 $V=g_{1.3}hf_{1.3}$ 计算树干材积。

平均实验形数法：$V=g_{1.3}(h+3)f_{\partial}$　　(9-34)

丹琴(Senzin, 1929)略算法：

$$V=\frac{\pi}{4}d_{1.3}^2hf_{1.3}=\frac{\pi}{4}d_{1.3}^2\times 25\times 0.51=0.001d_{1.3}^2 \tag{9-35}$$

当树高 $h=25-30$m 时，计算结果可靠。

(4)望高法(Pressler, 1855)求积

望点：树干上部直径恰好等于 1/2 胸径处的部位。

望高(h_R)：自地面到望点的高度。

测得胸径和望高(h_R)，则

$$V=\frac{2}{3}g_{1.3}\left(h_R+\frac{1.3}{2}\right) \tag{9-36}$$

①望高法公式证明如下：

设胸高以上树干材积为 V_1，胸高以下树干材积为 V_2，l 为望高以上树干长度。

由于曲线方程 $y^2=Px^r$ 可得：

$$\frac{\left(\frac{1}{2}d_{1.3}\right)^2}{d_{1.3}^2}=\left\{\frac{Pl}{P[h_R-1.3+l]}\right\}^r \tag{9-37}$$

$$\left(\frac{1}{2}\right)^{2/r}=\frac{l}{h_R-1.3+l} \tag{9-38}$$

两边同被 1 减得：

$$\frac{2^{2/r}-1}{2^{2/r}}=\frac{h_R-1.3}{h_R-1.3+l} \tag{9-39}$$

求得：

$$h_R-1.3+l=\frac{2^{2/r}}{2^{2/r}-1}(h_R-1.3) \tag{9-40}$$

由树干的一般求积式可得：

$$V_1=\frac{1}{r+1}g_{1.3}(h_R-1.3+l)=\frac{1}{r+1}g_{1.3}\left(\frac{2^{2/r}}{2^{2/r}-1}\right)(h_R-1.3) \tag{9-41}$$

当 $r=1$ 或 $r=2$ 时，则

$$V_1=\frac{2}{3}g_{1.3}(h_R-1.3) \tag{9-42}$$

将胸高以下部分当作圆柱体，

其材积为：

$$V_2=1.3g_{1.3} \tag{9-43}$$

故全树干材积为：

$$V = V_1 + V_2 = \frac{2}{3}g_{1.3}(h_R - 1.3) + 1.3g_{1.3} = \frac{2}{3}g_{1.3}\left(h_R + \frac{1.3}{2}\right) \tag{9-44}$$

②望高法适应性　普雷斯勒以 80 株云杉检查结果，最大正误差为 8.7%，最大负误差为 8.0%，平均误差为-0.89%，其他人试验结果，平均误差为±4%~5%。该法适用于测定主干明显，而树冠比较稀疏的林木。应用该法需要精密的测树仪器，其优点是能迅速求得立木材积。

(5)形点法（徐祯祥，1990)求积

形点：将树干上部直径 d 为 $\sqrt{0.5}D_{1.3}$ 处的点。

胸高以上材积：
$$V_1 = \frac{h - 1.3}{r + 1}g_{1.3} \tag{9-45}$$

胸高以下材积：
$$V_2 = 1.3g_{1.3} \tag{9-46}$$

全树干材积：
$$V = V_1 + V_2 = \left(\frac{h - 1.3}{r + 1} + 1.3\right)g_{1.3} \tag{9-47}$$

干形指数 r 计算公式：
$$r = \lg\left(\frac{d}{D_{1.3}}\right)^2 / \lg\left(\frac{h_1}{h - 1.3}\right) \tag{9-48}$$

按形点法：
$$r = \lg(0.5) / \lg\left(\frac{h_1}{h - 1.3}\right) \tag{9-49}$$

式中，h_1 为测径点距树梢端长度。

9.2　测定林分生长量的方法

森林调查是实施林业工程、指导林业开发的基础工作，在林业建设和生态环境建设中具有不可替代的基础地位和重要作用。森林调查包括各种重要立木指标，林木的树冠和胸径是重要的测量因子。胸径和树高的测量则是评价立地质量与林木生长状况的重要依据。立木的胸径一般指树干离地表面 1.3m 处的直径，其生长数据对林业相关作业提供基础数据和科学依据具有重要价值。对林地而言，调查和预估林分生长量是森林资源调查工作中的重要内容之一，通常，林分生长量测定常采用临时标准地法及固定标准地法。

临时标准地法，又称为一次调查法。它是通过设置临时标准地(或随机样地)，用一次测得的树木直径生长量和林分直径分布预估未来林分蓄积生长量(净增量)。属于此类的方法有：材积差法、一元材积指数法、林分表法、生长率法和双因素法。

固定标准地法是通过设定固定标准地或固定样地，重复测定各项调查因子，从而确定林分的各类生长量的方法。

9.2.1　林分生长量的概念及种类

林分生长通常是指它的蓄积的生长量而言，它是由组成林分的树木材积消长的累积。

林分生长过程与树木生长过程截然不同，树木生长过程属于“纯生”型；而林分生长过程，由于森林存在自然稀疏现象，所以属“生灭型”。因此，林分生长模型要比树木生长模型复杂得多。

(1) 森林自然稀疏现象

在林分的生长发育过程中，林分林木株数随着林龄的增加而减少的现象称为自然稀疏现象。自然稀疏现象是林分生长过程中的必然现象，也是林木竞争的反馈调节。森林抚育，例如，抚育间伐正是基于这一自然规律所采取的人工调节措施它不属于自然稀疏。其他原因(指虫、病、风、冰、雪、火等灾害)而死亡的林木，使得活立木株数随着林龄的加大而减少的现象不属于自然稀疏现象。

(2) 林分生长的特点

林分在其生长过程中有两种作用：①活立木逐年增加其材积，从而加大了林分蓄积量；②因自然稀疏或抚育间伐以及其他原因使一部分树木死亡，从而减少了林分蓄积量。林分生长(stand growth)通常是指林分的蓄积量随着林龄的增加所发生的变化。林分蓄积生长量(stand volume increment)：组成林分全部树木的材积生长量和枯损量的代数和；林分蓄积生长量即是使林分蓄积增加的所有活立木材积生长量与枯损量(或间伐量)的差。

林分的生长发育可分为四个阶段：

①幼龄林阶段　在此阶段由于林木间尚未发生竞争，自然枯损量接近于零，所以林分的总蓄积量是在不断增加。

②中龄林阶段　发生自然稀疏现象，但林分蓄积正的生长量仍大于自然枯损量，因而林分蓄积量仍在增加。

③近熟林阶段　随着竞争的剧增自然稀疏急速增加，此时林分蓄积的正生长量等于自然枯损量，反映出林分蓄积量停滞不前。

④成、过熟林阶段　林分蓄积的正生长量小于枯损量，反映林分蓄积量在下降。

(3) 林分生长量的分类

①毛生长量(gross growth)(记作 Z_{gr})　也称粗生长量，它是林分中全部林木在间隔期内生长的总材积。

②纯生长量(net growth)记作(Z_{ne})　也称净生长量。它是毛生长量减去期间内枯损量以后生长的总材积。

③净增量(net increase)(记作 Δ)　是期末材积(V_a)和期初材积(V_b)两次调查的材积差。

④枯损量(mortality)(记作 M_o)　是调查期间内，因各种自然原因而死亡的林木材积。

⑤采伐量(cut)(记作 C)　一般指抚育间伐的林木材积。

⑥进界生长量(ingrowth)(记作 I)　期初调查时未达到起测径阶的幼树，在期末调查时已长大进入检尺范围之内，这部分林木的材积称为进界生长量。

林分各种生长量之间的关系：

$$\Delta = V_b - V_a \tag{9-50}$$

$$\begin{aligned} Z_{ne} &= \Delta + C = V_b - V_a + C \\ Z_{gr} &= Z_{ne} + M_0 = V_b - V_a + C + M_0 \end{aligned} \tag{9-51}$$

例如，某落叶松天然林 1995 年、2000 年两次固定样地测定每公顷蓄积量为 $135m^3$，$140m^3$，期间的枯损量为 $2m^3$，采伐量为 $20m^3$。

林分生长量中不包括进界生长量：

$$\Delta = V_b - V_a - I \tag{9-52}$$

$$Z_{ne} = \Delta + C = V_b - V_a - I + C$$
$$Z_{gr} = Z_{ne} + M_0 = V_b - V_a - I + C + M_0 \tag{9-53}$$

9.2.2 一次调查法确定林分蓄积生长量

利用临时标准地(temporary sample plot)一次测得的数据计算过去的生长量，据此预估未来林分生长量的方法，称作一次调查法。这种方法主要利用胸径的过去定期生长量间接推算蓄积生长量，并用来预估未来林分蓄积生长量。

一次调查法要求：预估期不宜太长、林分林木株数不变，也不能估计林分枯损量和采伐量。

林分蓄积量计算方法有：材积差法、林分表法、一元材积指数法、双因素法、近似生长率法和单木生长率法。

9.2.2.1 材积差法

材积差法：将一元材积表中胸径每差 1cm 的材积差数，作为现实林分中林木胸径每生长 1cm 所引起的材积生长量，利用一次测得的各径阶的直径生长量和株数分布序列，从而推算林分蓄积生长量的方法。应用此法必须具备两个前提条件：一是要有经过检验而适用的一元材积表；二是要求待测林分期初与期末的树高曲线无显著差异。用材积差法的步骤：

①胸径生长量的测定和整列；

②各径阶株数分布；

③应用一元材积表计算蓄积生长量。

(1)胸径生长量的测定——基础

一次调查法在不能考虑采伐、枯损及进界生长量的条件下，林分生长取决于直径分布和直径生长量。

由于受各种随机因素的干扰，胸径生长的波动较大，应对胸径生长量分别径阶作回归整列处理。

(2)胸径生长量的测定

①资料收集　采用砍口法或生长锥法测定胸径生长量。

a. 样木数量：在调查总体内(地区、树种)随机抽样或系统抽样时样木株数≥100 株，且各径阶均有样木。一般分别林分类型取样。

b. 间隔期：依树木生长速度而定，一般 5~10 年为宜。用生长锥测定胸径生长量，为减少测定误差，n 可稍大些。

c. 锥取方向：一般取南北 2 个方向。

d. 测定项目：应实测样木的带皮胸径 D、树皮厚度 B 及 n 个年轮的宽度 L。

e. 在野外将木芯装入信封。

②胸径生长量样木资料的计算　直接用野外测得的资料整列直径生长量有下列问题：

a. 所测得的胸径生长量 $2L$，实际上是去皮胸径生长量；

b. 带皮胸径 d 是期末 t 时的胸径，应与胸径生长量相对应的期中 $t-\frac{n}{2}$ 时带皮胸径。

实际应用下面方法计算：

i. 计算林木的去皮直径 d：

$$d=D-2B \tag{9-54}$$

ii. 计算树皮系数 k：

$$K=\frac{\sum D}{\sum d} \tag{9-55}$$

iii. 计算期中 $t-\frac{n}{2}$ 时带皮胸径：

其中去皮直径：

$$d'=d-L \tag{9-56}$$

其中带皮直径：

$$D'=k\times d' \tag{9-57}$$

iv. 计算带皮直径(定期)生长量 Z_D：

去皮直径生长量：

$$Z_d=2L \tag{9-58}$$

带皮直径(定期)生长量：

$$Z_D=k\times 2L \tag{9-59}$$

③林木胸径生长量的整列　根据 D 和 Z_D，可选择下列回归方程确定林木胸径生长量方程：

$$\begin{aligned}
Z_D &= a_0 + a_1 D \\
Z_D &= a_0 D^{a_1} \\
Z_D &= a_0 + a_1 D + a_2 \lg D \\
Z_D &= a_0 + a_1 D + a_2 D^2
\end{aligned} \tag{9-60}$$

利用胸径生长量方程，按径阶进行整列。

(3)材积差法计算林分蓄积生长量

①计算各径阶材积差 Δ_V

应用一元材积表按下式：

$$\Delta_V=\frac{1}{2C}(V_2-V_1) \tag{9-61}$$

式中，Δ_V 为 1cm 材积差；V_1 为比该径阶小一个径阶的材积；V_2 为比该径阶大一个径阶的材积；C 为径阶距。

或利用材积式 $V=aD^b$ 计算各径阶材积差：

$$\Delta V_i = abD_i^{b-1} \tag{9-62}$$

②计算林分蓄积生长量

a. 计算单株材积生长量：

$$Z_{vi} = \Delta V_i \times Z_D \tag{9-63}$$

b. 计算径阶材积生长量：

$$Z_{Mi} = Z_{Vi} \times n_i \tag{9-64}$$

c. 计算林分蓄积生长量：

i. 连年生长量：

$$Z = Z_M / n \tag{9-65}$$

ii. 生长率：

$$P_M = \frac{V_a - V_{a-n}}{V_a + V_{a-n}} \times \frac{200}{n} \tag{9-66}$$

9.2.2.2 林分表法

林分表法是通过前 n 年间的胸径生长量和现实林分的直径分布，预估未来(后 n 年)的直径分布，然后用一元材积表求出现实林分蓄积量和未来林分蓄积量，两个蓄积量之差即为后 n 年间的蓄积定期生长量。林分表法的核心是对未来直径分布的预估。由于林木直径的生长，使林分的直径分布逐年发生变化，即所谓林分直径状态结构的转移。通常表现林木由下径级向上径级转移，故林分表法又称为进级法。

(1)未来直径分布的预估

林分直径分布的变化取决于两个因素：林木直径生长量，决定移动量。一般假设在同一径阶内，所有林木均按相同的直径生长量 Z_D 增长，即"径阶内所有林木直径生长量与径阶平均生长量呈正比"。各径阶内的株数分布决定移动方式。

①均匀分布法　假设各径阶内的树木分布呈均匀分布状态，如图 9-5 所示。图中的矩形面积代表任意一个径阶内的株数 n，AB 为径阶大小，用 C 表示。令 X 等于 AD，则 $X=n/C$。$BB'CC'$积代表移动的株数，DD'为直径定期生长量，记为 Z_D。则：

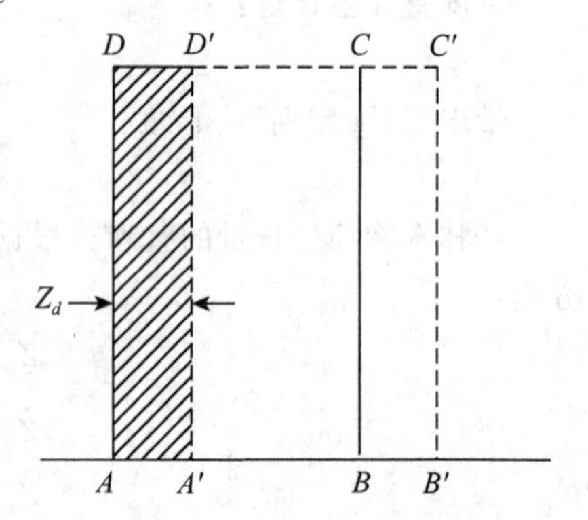

图 9-5　各径阶内的树木呈均匀分布状态

$$BB'C'C = Z_d X = Z_d \frac{n}{C} \tag{9-67}$$

令 $R = \dfrac{Z_d}{C}$，则径阶转移株数：$n'=n\times R$

根据 R 的大小可以判断径阶内树木移动的步长：

$Z_D<C$，$R<1$，R 的小数部分树木升 1 个径阶，其余留在原径阶内；

$Z_D=C$，$R=1$，全部树木升 1 个径阶；

$Z_D>C$，$2>R>1$，R 的小数部分对应株数升 2 个径阶，其余升 1 个径阶内；

$Z_D>C$，$R>2$，R 的小数部分对应株数升 3 个径阶，其余升 2 个径阶内。

②非均匀分布法　在林分中各径阶内树木分布实际上并不是均匀分布，在一般情况下，径阶内代表树木分布的面积(株数)不是矩形，而是近似于梯形。

若直径分布为上升直线，用均匀分布法计算结果偏小；若直径分布为下降直线，用均匀分布法计算结果偏大。

(2)用林分表法计算林分蓄积生长量

由现实林分的直径分布和未来 n 年的林分直径分布，查一元材积表可求得 M_t 和 M_{t+n}。

计算 n 林分蓄积生长量：$Z_M=M_{t+n}-M_t$。

计算连年生长量：$Z= Z_M/n$

生长率：

$$P_M = \frac{V_a - V_{a-n}}{V_a + V_{a-n}} \times \frac{200}{n} \tag{9-68}$$

实例：见测树学(第三版)，孟宪宇主编，中国林业出版社，2006，p212。

(3)林分表法计算林分蓄积生长量存在的问题

①用 n 年前的生长量代替未来 n 年的生长量，用现在的净增量代替将来的毛生长量，未计入枯损量，结果偏大。

②预测间隔期内树高曲线应无明显变化。

③该法预测直径生长量或断面积生长较准确，但对林分高生长、枯损和进界生长预估很粗略。

9.2.2.3　一元材积指数法

一元材积指数法是指将测定的胸径生长率(由胸径生长量获得)，通过一元幂指数材积式($V=a_0D^{a_1}$)转换为材积生长率式，再由标准地每木检尺资料求得材积生长量的方法。

材积生长率公式：

$$P_V = a_1 P_D \tag{9-69}$$

步骤：

①先测定各径阶胸径生长量 Z_D。

②计算各径阶的平均胸径生长率：$P_D = \dfrac{Z_D}{D}$。

③将乘一元材积式的幂指数，即得相应各径阶的材积生长率 P_V。

④再利用一元材积表，由标准地的林分蓄积量，算出材积生长量 Zv。

实例：见测树学(第三版)，孟宪宇主编，中国林业出版社，2006，P214。

这一节介绍了一次调查法确定林分蓄积生长量的几种常用方法：林分表法、材积差法和一元材积指数法，它们的共同特点有：

①用过去的直径定期生长量资料；

②用过去的 n 年生长量代替未来 n 年生长量；

③假设间隔期内树高曲线无明显变化；

④利用现在的直径分布；

⑤要有验证过的一元材积表(材积式)；

⑥用现在的净增量代替将来的毛生长量，不能对枯损量、采伐量和进阶生长量等进行估计。

9.3 固定标准地法

固定标准地法是指通过设置固定标准地(permanent sample plot)，定期(1、2、5、10年)重复地测定该林分各调查因子(胸径、树高和蓄积量等)，从而推定林分各类生长量。主要目的是：①准确测定树木 D、H 和 V 生长量；②林分结构动态和枯损量、采伐量和进界生长量；③不同经营措施的效果评定。可分为编号和不编号的固定标准地。

9.3.1 固定标准地的设置和测定

与临时标准地基本相同，下面提几点注意事项：

①设置下次复测能找到的固定标志，采用 GPS 定位。

②标准地面积和形状。

③标准地四周应设置保护带，带宽以不小于林分的平均高为宜。

④重复测定的间隔年限，一般以 5 年为宜。速生树种间隔期可定为 3 年；生长较慢或老龄林分可取 10 年为一个间隔期。

⑤测树工作及测树时间最好在生长停止时。应在树干上用油漆标出胸高(1.3m)的位置，并画树木位置图。

⑥应详细记载间隔期内标准地所发生的变化，如间伐、自然枯损、病虫害等。

9.3.2 编号固定标准地的调查及生长量的计算

(1)调查方法

①对每株树进行编号，并挂号，用油漆标明胸高 1.3m 位置，用围尺测径，精度保留 0.1cm。

②确定每株数在标准地的位置，绘制树木位置图。

③复测时要分别单株木记载死亡情况与采伐时间，进界树木要标明生长级。

④其他测定项目同临时标准地。

(2)生长量的计算

①胸径和树高生长量；

②材积生长量。

实例：见测树学(第三版)，孟宪宇主编，中国林业出版社，2006，P217。

9.4　基于点云数据的活立木测量

9.4.1　概述

林木监测和精细识别一直是个难题，而随着计算机技术、数字图像处理技术、信息技术的发展以及智能机的研发应用，为解决这一难题找到了突破口。利用扫描得到的点云数据进行三维重建等算法研究，进而获取林木生物学特征参数及三维模型的技术在林木生产、果树栽培、园林绿化等多方面引起了人们广泛的关注。

(1)树木胸径的测量

在我国林地资源清查中，立木胸径测量仍采用人工接触式的测径尺方法，仪器主要有轮尺、卡尺、直径卷尺等。但在野外调查中，由于林地地形的不确定性等外界因素，直接测量将耗费大量人力物力，且劳动强度高、时间成本大、精度低、测量效率低下。因此，采用非接触式的胸径测量方式受到重视。

当前非接触式胸径测量主要通过传感器、超声波、激光、计算机视觉、数字图像处理等技术手段，在距离立木一定距离处获取胸径。其中，超声波技术是根据超声波脉冲返回的时间差得到距离信息从而计算胸径，但超声波对周围环境依赖性大，且超声波束的发散角大，精度较低；计算机视觉技术通过双目相机拍摄待测树木，利用三维重建技术或双目视觉技术进行图像处理和特征提取后计算胸径。由于计算机视觉技术对环境光照、湿度、角度、标定结果等参数依赖较大，在不同环境下可能需要重新标定，环境适应能力低。而激光技术主要根据地基、背包及机载激光雷达获取点云数据，其测量精确、快速、稳定，且 2D 激光雷达不仅体积小、成本低，非常适合立木胸径的测量与位置计算。

(2)点云数据

点云是指应用 3D 扫描仪获取数据信息，其扫描得到的数据以点云的形式记录，每一个点包含有三维坐标（$p_{i,x}$，$p_{i,y}$，$p_{i,z}$），有些还含有色彩(R，G，B)信息或物体反射强度值(intensity value)信息。强度信息是激光扫描仪接收装置采集到的回波强度，此强度信息与扫描目标的表面材质、粗糙度、入射角方向，以及仪器的发射能量、激光波长等有关。本章通过徕卡 Cyclone 激光扫描仪扫描人工杨树单木，得到实测的点云数据，包括位置坐标（x，y，z）、地径、胸径、树高等因子外，还包括详细的一级枝条构件的组成数据(枝条、弦长、基径、着枝角度、方位角、弓高等)。

(3)点云数据拓扑结构

近年来，地面激光扫描仪已广泛用于生产生活的各个方面，获得的三维数据可以精确地还原出目标体，这就是三维重建的过程，难点是海量测量数据的精简，其处理的关键之一是算法的效率。对于庞杂散乱的点云数据，必须先分析每个数据点的邻近点的几何拓扑信息，从而建立点云局部拓扑结构。快速获取点云的几何拓扑信息是提高算法效率的关键步骤。而点云的几何拓扑信息也是后期对点云进一步挖掘的前提和基石。

在点云数据拓扑结构的研究方面，最简便的方法是求出点云数据中每个点与剩余点的欧几里得距离，然后选出与该点距离最近的 K 个点，即为该点的 K 近邻。这种方法在点云数据集较小的时候是比较适用的，但是在多数情况下，点云数据集的规模都很庞大，这种方法非常耗时。J. HANAN 等提出从激光扫描数据的空间分布中提取结构信息，熊邦书等利用空间分块的方法把点云数据集分成子立方栅格进行的拓扑分析，刘晓东等采用八叉树结构实现了快速的拓扑分析，但这些算法仍然繁杂耗时。本章使用局部曲面拟合方法快速获取树干胸径，其效率较高。

9.4.2 活立木树干局部曲面拟合及拓扑结构

9.4.2.1 胸径圆拟合

点云处理一般有样条拟合、三角面片和曲面拟合。改进后的综合方法有双三次 Bezier 曲面插值拟合法和模型重构法，它们的曲面拟合效果较好，应用广泛。但其研究的物体几何形状较为规整、曲面圆滑，而鲜见于林木研究。这是由于林木形态极不规整，且品种内个体之间差别巨大。

霍夫变换(Hough Transform, HT)是图形检测处理中的方式之一。其主要通过图像空间与参数空间的点—线的对偶性，将边缘点映射到霍夫参数空间，从而可以将平面空间中的检测问题转换成参数空间的检测问题。霍夫变换可以有效提取直线、曲线、圆、椭圆甚至其他任何形状的边缘，应用领域较为广泛。其中，圆形检测是很多研究问题的基石。在立木点云数据中，利用霍夫变换检测树干胸径并进行胸径圆拟合，需要两个基本参数：圆心位置和半径大小。

(1)随机霍夫变换检测圆

对立木树干进行拟合之后，利用随机霍夫变换对树干进行初步检测。

①Hough 变换检测直线的原理　参数 (ρ, θ) 决定二维坐标平面中任意一条直线，其中 ρ 表示坐标原点到该直线的距离，θ 表示该直线的垂线与 X 轴的夹角，直线上的任意点 $(p_{i,x}, p_{i,y})$ 满足

$$\rho = p_{i,x} \cdot \cos\theta + p_{i,y} \cdot \sin\theta \tag{9-70}$$

式中，$p_{i,x}$，$p_{i,y}$ 表示立木树干点云数据集 p 中某点 i 的 x，y 坐标。图像空间中的每条直线对应于 Hough 参数空间 (ρ, θ) 的一个点，用累加器 $H(\rho, \theta)$ 计数。当 $H(\rho, \theta)$ 的值大于规定的阈值 L 时，则认为此直线就是目标。

②Hough 变换圆检测原理　在平面空间中，两点确定一条直线，不在一条直线上的三个点确定一个圆。延伸到检测圆，与使用 (ρ, θ) 来表示一条直线类似，设任意一个圆的半径为 r，圆心为 (a, b)，那么对于圆上一点 (x, y)，圆的标准方程为：

$$(x-a)^2 + (y-b)^2 = r^2 \tag{9-71}$$

则可以用 (a, b, r) 来确定一个圆。同样的，过一个点能作出无数个圆。那么，对于立木树干的点云数据中某点 $i(p_{i,x}, p_{i,y})$ 来说，满足

$$(p_{i,x} - a)^2 + (p_{i,y} - b)^2 = r_i^2 \tag{9-72}$$

而对于另外一点 $j(p_{j,x}, p_{j,y})$，必定存在一组参数 (a_j, b_j, r_j)，近似计算后使得 $a_i = a_j$，$b_i = b_j$，$r_i = r_j$，即两个点在同一个圆上；同理，如果第三个点 $k(p_{k,x}, p_{k,y})$ 也在同一个圆上，则也必须存在 $a_i = a_j = a_k = a$，$b_i = b_j = b_k = b$，$r_i = r_j = r_k = r$ 的情况。对立木树干进行霍夫变换圆检测，即将上述的参数 (a, b, r) 求解出来。因此，圆霍夫参数空间需从

直线检测的二维增加至三维。图 9-6 是圆的 $x-y$ 平面空间到圆的 $a-b-r$ 霍夫参数空间的对应关系：右上图表示将圆上任意一点转换成圆霍夫参数空间的三维圆锥面；右下图则表示将圆上所有点（$p_{i,x}$，$p_{i,y}$）映射到圆霍夫参数空间，形成一个锥面簇。

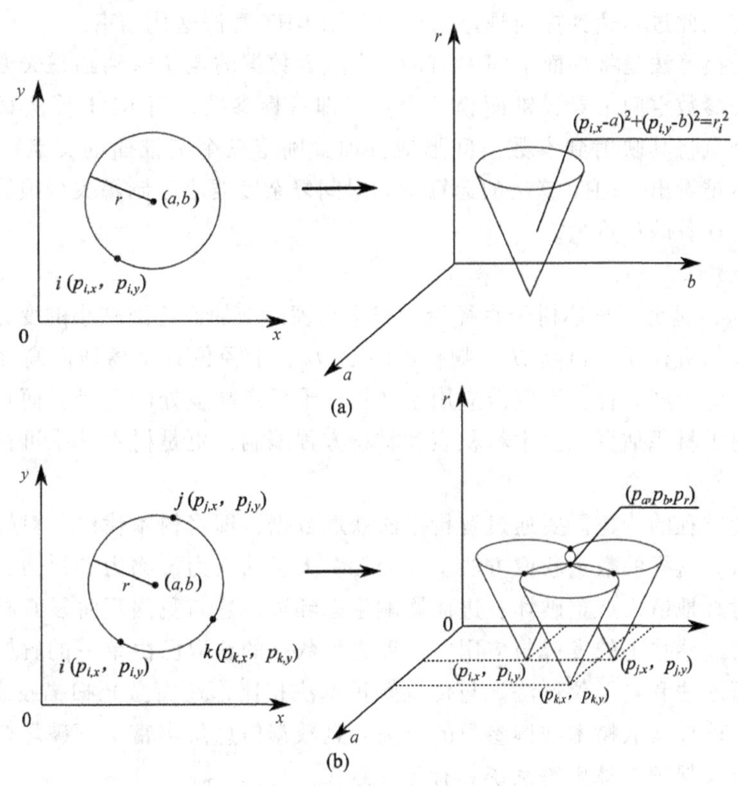

图 9-6　圆平面空间与圆霍夫参数空间对应关系图

将树木的点云数据中所有点映射到圆霍夫参数空间。假设半径 r 确定，点 $i(p_{i,x}$，$p_{i,y})$ 已知，根据式(9-71)可知，(a，b) 的轨迹在几何意义上则变成以 $i(p_{i,x}$，$p_{i,y})$ 为圆心，r 为半径的圆；若 r 不确定，(a，b，r) 的轨迹在圆霍夫参数空间中则变成了以 $i(p_{i,x}$，$p_{i,y})$ 为顶点的一个圆锥。则同时过 $i(p_{i,x}$，$p_{i,y})$，$j(p_{j,x}$，$p_{j,y})$，$k(p_{k,x}$，$p_{k,y})$ 三点的圆即分别以 $i(p_{i,x}$，$p_{i,y})$，$j(p_{j,x}$，$p_{j,y})$，$k(p_{k,x}$，$p_{k,y})$ 为顶点的圆锥簇的交点（p_a，p_b，p_r）在圆的平面空间中所确定的圆。

③随机 Hough 变换圆检测　圆霍夫变换算法对于图形检测虽然具有很好的鲁棒性，但其计算量和时空复杂度都较高，导致不能实时进行检测。随机霍夫变换(Random Hough Transform，RHT)的提出改进了圆霍夫变换算法存在的问题，在立木树干的点云数据圆检测中效率更高。RHT 算法检测圆的主要过程为：

在点云数据中随机选择三个不共线的点 $i(p_{i,x}$，$p_{i,y})$，$j(p_{j,x}$，$p_{j,y})$，$k(p_{k,x}$，$p_{k,y})$，代入式(9-73)，得到方程组

$$\begin{cases}(p_{i,x}-a)^2+(p_{i,y}-b)^2=r^2\\(p_{j,x}-a)^2+(p_{j,y}-b)^2=r^2\\(p_{k,x}-a)^2+(p_{k,y}-b)^2=r^2\end{cases}\tag{9-73}$$

根据上述方程组解得（a，b，r），该位置对应的参数累加器加 1。若该位置的累加器值超过了一定阈值，则将该圆列为候选圆，并统计候选圆上点云的数量；若候选圆上点云的数量超过一定数值，则该圆即为真正的圆。在剩余的点云中任取三个不共线的点，重复上述过程，直到此过程达到提前规定的次数，则 RHT 算法迭代结束。

圆霍夫变换算法是将平面空间中的每一个点云数据的点映射到圆霍夫参数空间形成锥面，在圆霍夫参数空间中寻找锥面簇的交点，即目标参数。而 RHT 算法每次迭代只是在随机选取三个点将其映射到参数空间形成锥面，确定三个圆锥面的交点。因此，从 RHT 算法的过程不难看出，RHT 算法的运算量和时间复杂度要小于圆霍夫变换算法，可以大大减少整个检测任务的计算量。

(2) 削度方程

削度(taper)是为了描述树干直径沿其树干高度的增加而逐渐减小的变化程度。通过构建树干上各部位直径 d 、树高 H 、胸径(干径) D 、干径位置距离地面高度 h 这 4 个变量的关系方程，即削度方程，不仅能应用于估算树干任意高度处的直径，而且还可用于森林植被模拟、树干材积估算、立木材积表和材积方程编制，更是树木三维可视化模型重建的重要方法。

传统削度方程的构建需要通过解析木法获取数据，即将树木伐倒，对样木逐段进行树干直径的测量。这样的数据获取方法不仅会耗费大量的人力、物力和财力，且伐倒的树木不可再生，对林地造成严重破坏，进而影响生态环境，这与我国现阶段森林资源保护政策相悖。但随着遥感技术的发展与应用，削度方程数据的获取已由单一的解析木法演变为两种方法：解析木法和电子仪器法。与传统解析木法相比，地面激光扫描技术(TLS)具有快速、高效、精确地获取树木结构参数的能力，且数据信息量丰富，不破坏树木生长，这对森林资源调查及保护森林生态系统具有重要意义。

削度方程的主要形式有简单削度方程、分段削度方程和可变参数削度方程，其结构通式大致分为 $d^2 = f(D, H, h)$ 和 $d = f(D, H, h)$ 两种。要注意的是，任何一个削度方程都不可能完美地描述所有树种树干形状的变化，同时也完全适应某一树种的所有林分。因此，在构建削度方程时，通常选择具有典型代表性样地中的多株树木为研究对象。本章应用机载激光雷达扫描获取 4 棵橡胶树的点云数据，并应用三维激光扫描技术获取点云数据，探讨构建的削度方程的可行性和优越性。图 9-7 为去噪处理后 4 棵橡胶树的点云数据。考虑到选取的 4 棵橡胶树的树干干形通直且相对简单的生长特性，我们选取了涵盖两种通式中的 4 种简单及可变参数削度模型作为削度方程备选模型。其中，参照杨玉泽等对该 4 个削度方程进行多元非线性回归分析后，获得各模型的参数估计值 a_0、a_1、

图 9-7　橡胶树点云数据

表 9-1　削度方程备选模型

模型序列号	削度方程模型	模型来源	参数估计值		
			a_0	a_1	a_2
Ⅰ	$d^2 = D^2[a_0 + a_1(h/H) + a_2(h/H)^2]$	杨玉泽等，2018	1.043	-1.384	0.177
Ⅱ	$d^2 = D^2[a_0 + a_1(H-h)/h]$	梅光义等，2015	0.532	0.034	
Ⅲ	$d = a_0[1-(h/H)]a_1 D^{a_2}$	陈孝丑等，2004	2.159	1.000	0.725
Ⅳ	$d = D[(H-h)/(H-1.3)]a_0$	王俞明等，2019	0.777		

注：h 为干径距离地面的高度；d 为树干 h 高度处的直径；D 为胸径；H 为树高；a_0、a_1、a_2 为待定参数。

a_2 见表 9-1。

为了构建基于橡胶树立木点云数据的树干削度方程，需要提取每株树木的树高、胸径、离地 1、2 等高度处的直径作为削度方程参数进行建模：①从地表处开始将点云数据依次按照间隔 1m 的区间进行分段。由于样地内的单木在 3～5m 处及以上的树干中，很难进行复杂的枝叶分离，因此为了计算和分析方便，只将 1～3m 的分段树干直径进行处理。图 9-8 为四棵立木橡胶树点云数据胸径切片霍夫变换圆的检测结果及干径距离地面高度 1～3m 处，即 h = 1m，2m，3m 时的切割和截面示意图；②将各个区间的截面，依次按照

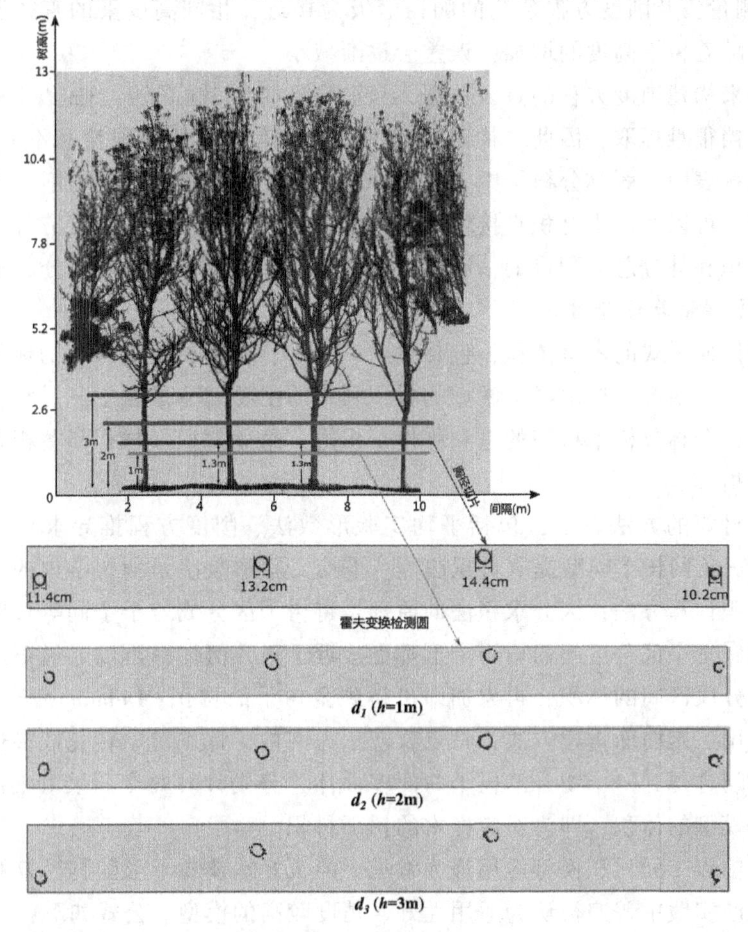

图 9-8　橡胶树点云数据胸径霍夫变换圆检测结果及 1～3m 处切割截面图

分段区间的顺序编号为 d_1, d_2, d_3，使用霍夫变换圆检测算法依次计算并记录各分段处的直径；③通过杨玉泽等人提出的算法(杨玉泽，2018)对各备选模型拟合，其效果由高到低依次为：模型Ⅲ、模型Ⅰ、模型Ⅳ、模型Ⅱ。因此，本节选用最优削度方程模型Ⅲ的预测值与霍夫变换圆检测算法求得每米树高处的树木直径，并进行对比(表9-2)。

表9-2 霍夫变换圆检测计算的每米树高处直径及削度方程模型预测值

单木编号	树高 H/m	胸径 D/cm	每米树高处直径 d/cm			削度模型预测值 d/cm		
			d_1	d_2	d_3	d_1	d_2	d_3
1	10.4	11.4	13.3	13.5	13.2	13.1	12.5	12.6
2	12.5	13.2	14.5	14.1	14.1	14.2	13.1	13.5
3	11.5	14.4	15.3	14.9	14.8	14.9	14.6	14.2
4	12.8	10.2	10.8	11.3	10.2	11.8	10.9	10.6

注：H 为树高；D 为胸径；d_1、d_2、d_3 分别为 h = 1m，2m，3m 的树木直径；h 为干径距离地面的高度。

测试表明：应用激光雷达扫描获得的点云数据提取树干胸径和应用树干上离地1m、2m等处直径测量值及削度方程预测的胸径值极为接近，相同高度下的直径误差单位在厘米级左右，且随着树干高度的增加，误差会逐渐减小。

实验中用来构建削度方程的点云数据，只提取到树干3m高处，3m以上的树干点云数据，因树冠遮挡很难提取，因此，构建的削度方程具有很大的局限性和不完整性。然而，国内外研究现状表明，因林分树干中存储了70%~80%的生物量，应用削度方程取代材积表和材积方程，可以用树干材积直接估测林分生物量。因此，树干削度方程可实现对多种树种的单木材积和林分总蓄积量的估测，进而可以估算树干生物量和林分总体生物量。

(3)削度方程估算林分材积

材积是指任何形式的木材体积，包括立木、原木、原条、板方材等的体积。广义的材积还包括枝桠、伐根等。树木经济领域的材积利用的主要部分是树干，材积测量和计算以单株木为对象；全林分树木材积的总和称作蓄积量，简称蓄积。材积和蓄积是森林经营利用的基本经济指标。

计算立木材积的方法较多，包括平均实验形数法、削度方程推导求积式、区分求积法、Delaunay三角网树干模型提取材积法等。平均实验形数法是测树学中的基于特定公式的一种立木材积计算方法；区分求积法的原理是将树干区分成若干个同等长度或不同等长度的区分区间，每个区分区间的树干干形都更接近于正几何体，可以通过正几何体的求积公式求得各个分段区间的体积，再累加即可得到全树干的材积；Delaunay三角网树干模型提取材积法是用三维曲面重建方法，将点云转化为网格，将点对象转化成多边形对象。对树干底部截面闭合得到一个闭合的树干曲面多面体，分别计算每个封装好的闭合Delaunay三角网多面体模型的体积，即为对应样木的树干材积。

这些方法中以二元材积模型应用最为常见，能较好地体现干形随胸径 D 和树高 H 变化的规律，在生产实践中普遍被认为适用性好、精度较高的模型。公式如下：

$$V = c_0 D^{c_1} H^{c_2} \tag{9-74}$$

式中，D 为林木胸径；H 为树高；V 为单株林木材积；c_0，c_1，c_2 均为模型参数。上节介绍了削度方程的几个精度较高的相关削度方程模型，因此，本节主要联系削度方程估算材积。

根据由削度方程的定积分求得的树干材积与指定的材积方程求得的树干材积是否相一致，可将削度方程分为一致性和非一致性两大类。由材积方程和削度方程之间的关系来看，如果一个材积方程与一个已知的削度方程之间可以通过微积分学与求导运算互相导出，且方程之间的参数存在一定的代数关系，则我们称这样的削度方程为一致性削度方程。一致性削度方程的优点是其全树干积分材积与编表地区现行二元材积式的材积相一致。经分析，本文选用的削度方程为一致性削度方程，根据微积分学和求导运算方法推导出削度方程的一致性材积方程计算公式为：

$$V = \frac{\pi}{40\,000}\int_0^H d\,\mathrm{d}h = \frac{\pi}{40\,000}\int_0^H D \cdot \left(\frac{H-h}{H-1.3}\right)^k \mathrm{d}h$$

$$= \frac{\pi}{40\,000} \cdot D \cdot \frac{1}{k} \cdot \left(\frac{Hh - \frac{h^2}{2}}{H-1.3}\right)^k \Big|\frac{H}{0} = \frac{\pi}{40\,000} \cdot D \cdot \frac{1}{k} \cdot \left(\frac{H^2}{2(H-1.3)}\right)^k \quad (9\text{-}75)$$

$$k = 2.121 - 5.024\left(\frac{h}{H}\right)^{\frac{1}{4}} + 3.364\left(\frac{h}{H}\right)^{\frac{1}{2}} + 0.306\left(\frac{D}{H}\right) \quad (9\text{-}76)$$

式中，D 为胸径；H 为树高；d 为不同高度处直径；h 为 d 取不同值时对应的树干高度。根据以上削度方程求积推导公式对点云数据计算材积。

但很多计算方法计算出的材积结果都存在一定的误差，树干材积的提取误差与所测样木所在的林分的郁闭度没有内在联系与规律，而是会随着树冠垂高的增大、冠幅的增大以及枝下高的增大而增大。材积的决定性因子为树高和胸径，因此材积的提取误差分布规律和树高、胸径的提取误差分布规律是一致的。所以，材积的计算误差主要来源于树干树冠部分的遮挡造成树高数据提取的不精准和树干的倾斜导致在提取胸径时产生误差而导致的。因此，提取精确的林木参数亟待解决。

9.4.2.2　点云数据局部特征的拓扑结构

设点云数据集合 $C = \{p_1, p_2, \cdots, p_n\}$，对于任意一点 p_i，$i \in [1, n]$ 的坐标为 (x_i, y_i, z_i)。则与点 p_i 距离最近的 K 个点，即为点 p_i 的 K 近邻。

本研究算法首先根据点云数据集合 C 的范围，即 X、Y、Z 三个方向上的各自的最大值和最小值，点云的总数目以及 K 值，计算出子立方栅格边长 n_L，并根据 n_L 值将整个点云集合划分成多个几何大小相同的子立方栅格，然后再记录每个子立方栅格所包含的点云及每个点云所在的子立方栅格索引号，最后利用子立方栅格内点云的信息对每个点云进行 K 近邻搜索。

(1)点云数据空间的划分

首先，读取整个点云数据，分别计算点云数据 p_i 的 x、y、z 坐标的最大值和最小值，x_{max}、x_{min}、y_{max}、y_{min}、z_{max}、z_{min}。然后通过子立方栅格边长 n_L 的计算公式：

$$n_L = \beta \cdot \sqrt[3]{\frac{K}{n}(x_{\max} - x_{\min})} \cdot \sqrt[3]{(y_{\max} - y_{\min})(z_{\max} - z_{\min})} \tag{9-77}$$

其中 n 为点云数据的总数目，β 为调节子立方栅格边长 n_L 大小的比例因子，此值为一般情况下的权重值，可根据点云处理的具体情况自行调整。取用不同的 β 值和 K 值试运算，如选取 $\beta = 1.4$，$K = 20$。整个点云数据在 x、y、z 方向上的子立方栅格数目即为：

$$n_{x_{num}} = (ceil)[(x_{\max} - x_{\min})/n_L] \tag{9-78}$$

$$n_{y_{num}} = (ceil)[(y_{\max} - y_{\min})/n_L] \tag{9-79}$$

$$n_{z_{num}} = (ceil)[(z_{\max} - z_{\min})/n_L] \tag{9-80}$$

这里，$ceil$ 是向上取整函数。

然后使用 $map < char *, vector < POINT7D \gg$ 结构，该结构的第一项 first 里保存子立方栅格的索引号，第二项 second 里保存与其对应的栅格里的点云。首先清空每个子立方栅格，对于当前的待分配点 p_i，利用下面公式分别计算 p_i 在 x、y、z 方向上的索引号 u_{ind}、v_{ind}、w_{ind}，并以字符串的形式保存索引号：

$$u_{ind} = (floor)[(p_{i,x} - x_{\min})/n_L] - 1 \tag{9-81}$$

$$v_{ind} = (floor)[(p_{i,y} - y_{\min})/n_L] - 1 \tag{9-82}$$

$$w_{ind} = (floor)[(p_{i,z} - z_{\min})/n_L] - 1 \tag{9-83}$$

其中，$floor$ 为向下取整函数。

这样点云数据就都保存到具有同时保存索引号和每个索引号里的点云的 map 结构里。

(2) 点云数据的 K 近邻

在进一步求取点云数据集 C 的 $K = 20$ 近邻时，分为两种情况：当子立方栅格第二项 second 的大小，即其中点的数目小于 K 时，则此子立方栅格里的每个点的近邻即为此子立方栅格里的其他所有点；而当第二项 second 的大小大于或等于 K 时，通过欧式距离式(9-84)计算出子立方栅格里的每个点的 K 近邻。

$$Distance = (p_{i,x} - p_{0,x})^2 + (p_{i,y} - p_{0,y})^2 + (p_{i,z} - p_{0,z})^2 \tag{9-84}$$

这样就快速地获取了点云数据的拓扑信息，大大节省了运算时间，提高了搜索点云数据的拓扑结构的速率，从而提高了点云数据处理的算法效率，同时得到的结果可以很好地应用到点云数据的进一步挖掘中。

(3) 试验结果

本研究的试验平台是 Microsoft Visual Studio 2005 并结合了 OpenGL 技术。在对立木点云数据的树干进行拟合时，选取立木 z 轴方向进行分块，即将树干剖分为 10 段，对每一段再次进行剖分，得到 5 个树干片段。根据树干的几何管道形状，使用霍夫变换的方法检测圆，如图 9-8 所示。图 9-8 中列出了其中的任意 4 段，并求得每个树干片段的圆心坐标以及圆半径。

运用随机霍夫变换算法对立木树干进行拟合，通过建立每个数据点的几何拓扑信息，实现立木树干点云的局部拓扑结构表达。我们重点在获取拓扑信息方面做了一定探讨，在保证所需精准度的前提下，对获取拓扑信息的算法做了精简，试验结果表明该法是可行的。

9.4.3　活立木树干点云数据特征提取

应用地面激光扫描仪获取速生材杨树的活立木点云数据，包括主干和中轴部分的枝条叶片，即树干部分。杨树活立木枝叶分生散乱随意，主干几何形状也极不规整，由激光扫描仪得到的树干实测数据非常庞杂散乱。点云数据三维重建的难点是对海量的测量数据进行精简，精简的关键是快速获得其局部特征的拓扑结构并实现特征提取，而其算法的效率尤为重要。因此，为了提高海量测量数据处理算法的效率，分别应用邻域弯曲度和曲率估计值提取点云数据的特征点，以实现活立木材积估算。

9.4.3.1　点云数据的特征提取

数据来源于 Cyclone 激光扫描仪获取的人工杨树单木实测数据。首先根据点云数据集合 C 的范围，对整个点云集合进行划分，得到多个几何大小相同的子立方栅格，再利用记录的子立方栅格内点云的信息对每个点云进行 K 近邻搜索，从而获取到整个活立木树干点云数据的局部拓扑信息。通过得到的局部拓扑信息，对整个点云模型进行特征提取，这样既完整保存实物模型的整体轮廓，而且能够最大限度地保证模型局部区域特征。

本文首先对数据点 p_i 的 K 个领域点集合 P 进行协方差分析，得到其邻域协方差矩阵：

$$Z_i = \begin{bmatrix} p_{i,1} - \bar{p}_i \\ \cdots \\ p_{i,k} - \bar{p}_i \end{bmatrix}^T \begin{bmatrix} p_{i,1} - \bar{p}_i \\ \cdots \\ p_{i,k} - \bar{p}_i \end{bmatrix} \tag{9-85}$$

式中，Z_i 为半正定的三阶对称矩阵，其中 $\bar{p}_i$ 是集合 P 的中心：

$$\bar{p}_i = \frac{1}{K}\sum_{j=1}^{K} p_{i,j} \tag{9-86}$$

(1) 局部区域弯曲度计算

点的邻域弯曲度，它能够近似表示该点附近的弯曲程度和特征明显度，它不需要进行复杂的曲率计算。处于特征明显地段的点的邻域弯曲度大，相反处于特征不明显，不尖锐的地方的点的邻域弯曲度小。

由前文最小特征值 λ_1 对应的单位特征向量 e_1，定义每个点的弯曲度 $k(p_i)$：

$$k(p_i) = \frac{1}{K}\sum_{j=1}^{K} \frac{fabs(<(p_{i,j} - p_i), e_1>)}{\| p_{i,j} - p_i \|} \tag{9-87}$$

式中，$<,>$ 为向量之间的点积符号；$\| \ \|$ 为求向量模长符号。根据式(9-87)的计算结果，选取弯曲度大的点作为特征点，即可以实现点云模型的特征提取。

具体的特征保留的点云自适应精简算法步骤如下：

①根据 K 近邻，求出每个点的邻域弯曲度值 $k(p_i)$，并根据每个点的 $k(p_i)$ 值，依次将点分别归类到 4 个点集，然后根据所在区间将其分别标记为 S_1、S_2、S_3、S_4。

②将点云中点的邻域弯曲度大于 γ 的点置为“保留”，其余置为“待定”状态。其中 γ 为定义的近似特征点参考阈值。$\gamma = \frac{\sigma}{N}\sum_{i=1}^{N} k(p_i)$，其中，$k(p_i)$ 为点 p_i 的邻域弯曲度；N 为点云中的点数；σ 为调节因子。

③遍历点云进行精简。

④对处理后的点云，仅仅读取“保留”状态的点，删除所有“删除”状态的点。

(2) 局部区域曲率估计

曲面的曲率信息是曲面特征识别的重要依据，曲率大小反映模型表面的凸凹程度。在点云数据模型中，曲率信息被广泛用于数据分割和简化等处理中。将上节 Z_i 求得的最小特征值 λ_1 用来定义曲面沿法向方向的变化量，即可得到顶点 p_i 的法向 $n_i=e_1$，然后根据该点所在局部区域的表面变化，估计曲率大小。

根据法向 n_i 估计曲率 H_i：

$$H_i=\frac{\lambda_1}{(\lambda_1+\lambda_2+\lambda_3)} \tag{9-88}$$

通过式(9-88)计算得到的曲率作为点云模型的法向，将整个模型中的尖锐部分，即曲率比较大的点提取出来，即可以实现点云模型的特征提取。

9.4.3.2 实验结果

本文的实验平台是 Microsoft visual studio 2005，在结合 OpenGL 的基础上嵌入 OpenCV 技术。运算过程中，利用其中的库函数和函数类来求解矩阵，快捷地得到了矩阵 Z_i 的三个特征值 λ_1，λ_2，λ_3 及其对应的单位特征向量 e_1，e_2，e_3，用于求解邻域弯曲度及曲率，其中假定 λ_1 为三个特征值中最小值。这样根据弯曲度计算结果和曲率估计值即可分别实现点云模型的特征提取。其中，求取弯曲度以及估计曲率的邻域协方差矩阵 Z_i 的部分伪代码如下：

```
1: BEGIN
2: INPUT covariance_ P[M][N]
3: for P_ colum←0 to 3
4: for P_ row←0 to X
5: covariance_ transposition[P_ row][P_ colum]←covariance_ P[P_ colum][P_ row]
6: end for
7: end for
8: for P_ row←0 to 3
9: for P_ colum←0 to X
10: for k 0←to 3
11: D1[P_ row][k]←D1[P_ row][k]+ covariance_ P
      [P_ row][P_ colum]
  * covariance_ transposition [P_ colum][k]
12: end for
13: end for
14: end for
15: for k←0 to 3
16: for t←0 to 3
```

图 9-9 为原始点云，图 9-10 为用(熊帮书等，2014)提供的算法通过计算弯曲度获得的特征提取效果图。

图 9-9 杨树三维点云数据片段原图

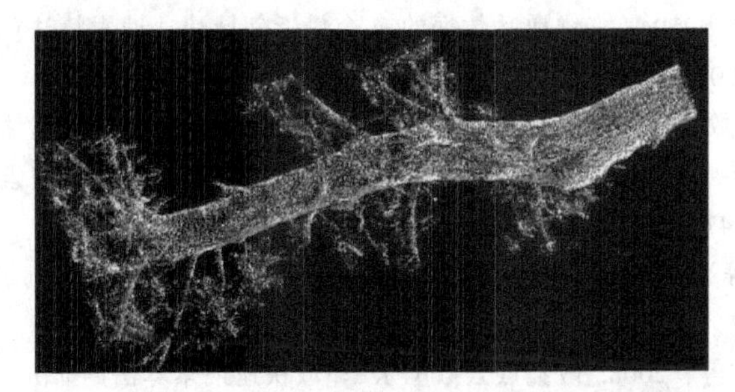

图 9-10　基于弯曲度特征提取的杨树三维点云数据片段

本章小结

本章分析了单木(伐倒木、立木)及林分的常规测量方法，说明了如何通过测量单木胸径、树高计算其生长量，以及如何通过全林实测及局部实测计算林分蓄积量。重点分析了应用背包及机载激光雷达获取点云数据，并通过求解削度方程估算单木及林分材积。

习　　题

1. 简述单株树木材积测定的常用方法。
2. 简述林分蓄积生长量的计算方法。
3. 简述三维激光扫描仪原理。如何应用三维激光点云数据计算立木材积？
4. 如何应用削度方程估算林分材积以及应用激光点云数据计算？

参考文献

孟宪宇，2006. 测树学[M]. 3 版. 北京：中国林业出版社.

李少钦，2016. 试论林业资源调查与规划[J]. 科技展望(4)：76.

吴明钦，孙玉军，郭孝玉，等，2014. 长白落叶松树冠体积和表面积模型[J]. 东北林业大学学报，42(5)：1-5.

冯仲科，赵春江，聂玉藻，等，2002. 精准林业[M]. 北京：中国林业出版社.

张士增，1996. 林木径生长测量技术的现状及发展[J]. 国外林业，26(1)：1- 4.

黄晓东，冯仲科，解明星，等，2015. 自动测量胸径和树高便携设备的研制与测量精度分析[J]. 农业工程学报，31(018)：92-99.

郑大青，陈伟民，陈丽，等，2015. 一种基于相位测量的快速高精度大范围的激光测距法[J]. 光电子·激光 (2)：303-308.

程子龙，李鹏展，刘佳，2018. 基于超声波传感器的无人机避障技术研究[J]. 科技视界(29)：89-89，75.

邵俊飞，徐华东，徐伟通，2015. 数显树木胸径测量仪结构设计及工作原理分析[J]. 森林工程，31(4)：98-100.

李旭惠，王俊彪，张贤杰，2011. 应用高斯曲率积分的曲面可展化分片方法研究[J]. 计算机工程与应用，47(6)：202-204，222.

熊邦书，何明一，俞华璟，2004. 三维散乱数据的 K 个最近邻域快速搜索算法[J]. 计算机辅助设计与图形学学报，16(7)：909-912.

伍爱华，2007. 三维散乱数据点集 K 近邻的快速搜索算法[J]. 湖南工业大学学报，21(2)：84-87.

马长胜，姜晓峰，强鹤群，等，2007. 一种改进的散乱数据点的 *K* 近邻快速搜索算法[J]. 苏州大学学报(工科版)，27(2)：47-50.

张涛，张定华，王凯，等，2008. 空间散乱点 *K* 近邻搜索的新策略[J]. 机械科学与技术，27(10)：1233-1235，1241.

杨科彪，李旭，张学义，等，2008. 散乱点云数据 *K*-邻域快速搜索算法的研究[J]. 农业装备与车辆工程(2)：17-19.

刘晓东，刘国荣，王颖，等，2006. 散乱数据点的 K 近邻搜索算法[J]. 微电子学与计算机，23(4)：23-26，30.

曹毓秀，孙延奎，唐龙，2001. 三角域 Bezier 曲面若干算法研究[J]. 清华大学学报(自然科学版)，41(7)：83-86.

詹庆明，周新刚，肖映辉，2011. 从激光点云中提取古建筑线性和圆形特征的比较[J]. 武汉大学学报(信息科学版)，36(6)：674-677，682.

虞凡，吴惠思，覃征，2006. 从图像中快速检测直线的并行算法[J]. 西安交通大学学报，40(12)：1370-1373，1387.

倪小军，姜晓峰，葛亮，2011. 特征保留的点云数据自适应精简算法[J]. 计算机应用与软件，28(8)：38-39.

叶雯，云挺，业宁，2013. 基于点云数据的立木树干局部曲面拟合及拓扑结构[J]. 山东大学学报(工学版)，43(2)：42-47.

王丽辉，袁保宗，2011. 三维散乱点云模型的特征点检测[J]. 信号处理，27(6)：932-938.

李元，2017. 红松人工林树干削度方程的研究[J]. 绿色科技(17)：87-91.

何美成，1993. 关于树干削度方程[J]. 林业资源管理（5）：42-50.

郑淯文，吴金卓，林文树，2018. 应用地面三维激光扫描对白桦单木结构参数的提取[J]. 东北林业大学学报，46(8)：49-55.

杨玉泽，张珊珊，林文树，2018. 依据地面三维激光扫描及点云数据建立的白桦树干削度方程[J]. 东北林业大学学报，46(12)：58-63.

梅光义，孙玉军，2015. 国内外削度方程研究进展[J]. 世界林业研究，28(4)：44-49.

陈孝丑，余荣卓，林金叶，2004. 杉木人工林最佳削度方程的研究[J]. 福建林业科技，31(4)：15-15.

王俞明，2019. 基于地基激光雷达的杉木参数提取与材积估测[D]. 长沙：中南林业科技大学.

LOVELL J L，JUPP D L B，NEWNHAM G J，*et al.*，2011. Measuring tree stem diameters using intensity profiles from ground-based scanning lidar from a fixed viewpoint[J]. ISPRS Journal of Photogrammetry and Remote Sensing.

XU H，GOSSETT N，CHEN B，2007. Knowledge and heuristic based modeling of laser-scanned trees[J]. ACM Transac-tions on Graphics，26(4)：303-308.

KLEIN R，SCHILLING A，STRABER W，2000. Reconstruc- tion and simplification of surfaces from contours [J]. Graphical Models，62(6)：429-443.

ZHU C，ZHANG X，JAEGER M，*et al.*，2009. Cluster-based construction of tree crown from scanned data [C]//Plant Growth Modeling，Simulation，Visualization and Applica tions. Beijing：PMA，2009：352-359.

NOWAK D J，CRANE D E，DWYER J F，2002. Compensatory value of urban trees in the United States[J].

Journal of Arboriculture, 28(4): 194-199.

THIES M, PFEIFER N, WINTERHALDER D, *et al.*, 2004. Three-dimensional reconstruction of stems for assessment of taper sweep and lean based on laser scanning of standing trees[J]. Scandinavian Journal of Forest Research, 19(6): 571-581.

PAULY M, GROSS M, KOBBELT L P, *et al.*, 2002. Efficient simplification of point-sampled surface[C]// Proceedings of the Conference on Visualization 2002. Boston: IEEE Computer Society: 163-170.

SONG H, FENG H Y, 2009. A progressive point cloud simplification algorithm with preserved sharp edge data [J]. The International Journal of Advanced Manufacturing Technology, 45(5): 583-592.

HANAN J, LOCH B, MCALEER T, 2004. Processing laser scanner plant data to extract structural information [C]//4th International Workshop on Functional-Structural Plant Models: 9-12.

ILLINGWORTH J, KITTLER J, 1988. A survey of the Hough transform[J]. Computer Vision, Graphics, and Image Processing, 44(1): 87-116.

CHOUDHARY A N, PONNUSAMY R, 1991. Implementation and evaluation of Hough transform algorithms on a shared-memory multiprocessor[J]. Journal of Parallel and Distribution Computing, 12(2): 178-188.

HOPPE H, DEROSE T, DUCHAMPT T, *et al.*, 1992. Surface Reconstruction from Unorganized Points [C] // SIGGRAPH'92 conference proceedings. Addison-Wesley: ACM SIGGRAPH: 71-78.

BROOKS J R, JIANG L C, OZCELIK R, 2008. Compatible stem volume and taper equations forBrutian pine, Cedar of Lebanon, and *Cilicica* fir in Turkey[J]. Forest Ecology and Management, 256 (1/2): 147-151.

第10章 林业物联网实施方案

本案例来源于国家重点基础研究发展计划(973计划)："我国主要人工林生态系统结构、功能与调控研究"项目的第四课题"人工林生态系统生物多样性和生产力关系"的子项目："杨树人工林不同间伐密度下生长及环境因子监测"。课题要求对江苏宝应县人工杨树林生态环境指标(光照强度、空气温湿度，以及不同深度的土壤温湿度)进行两到三年的全天候监测，对杨树林生态环境指标数据进行实时采集、保存和读取，为科研人员掌握林业生态环境数据，研究树木生长规律提供依据。

本案例设计了一种基于3G技术的林业生态环境监测系统，以林业生长环境因子为监测对象，实现了一种利用智能传感器采集林业生态环境参数，以ZigBee模块和3G模块发送数据，太阳能和锂电池供电的远程林业生态环境监测系统。该系统成功地实现了对林业生态环境的监测，为林业工作者提供了长期、可靠的杨树林生态环境数据。

10.1 系统总体设计

10.1.1 系统设计要求及考虑因素

为研究人工杨树林的生长规律，项目组在江苏宝应湖湿地公园旁选取了约100亩人工杨树林进行试验，将杨树林根据不同的造林密度分成四个区域，如图10-1所示。要求在第一、四区域分别布置1个监测点，第二、三区域分别布置2个监测节点，用于长期实时监测该区域光照强度、空气温湿度，及不同深度的土壤温湿度等林业生态环境参数。宝应杨树林监测点分布如图10-1所示。

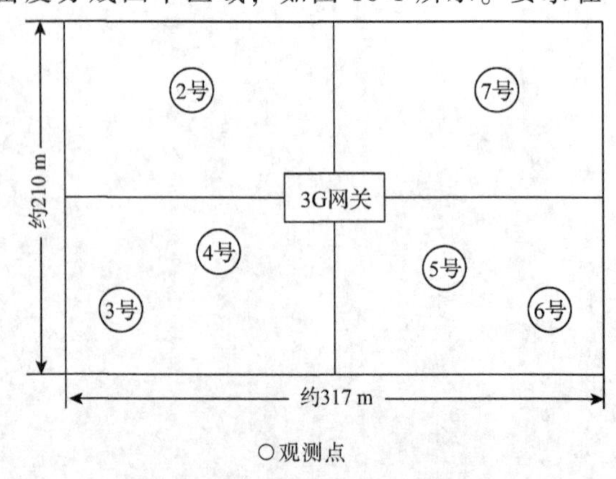

图10-1 宝应杨树林监测点分布

分析江苏宝应杨树林的监测要求，以及实际周围的环境，在设计生态环境监测系统时考虑了以下几个方面：

(1)网络拓扑结构的变动

根据科研需求或环境变化而改变监测节点的位置和个数，因此，系统必须能自动发现节点并且改变网络的拓扑结构，以保证网络的连通性。

(2) 系统能源和功耗

采集节点分布在人工杨树林场，其周围没有电力供应。设计系统时必须考虑采集节点的功耗和通信要求，采用低功耗的无线通信协议和无线通信模块来延长网络的生命周期，同时使用休眠机制来节约能量。另外，系统采集节点和网关节点的电源模块必须能够从周围环境中采集和存储能量，以保证系统的正常运行。

(3) 系统故障报警

采集节点和网关节点长期处于野外，可能因为能源耗尽、物理损耗和外部环境干扰等因素而出现通信中断等异常事件，因此系统必须在第一时间将异常信息传送给系统维护人员，以便及时排除故障。

(4) 系统节点的小型化

部署林业生态环境监测系统需考虑对环境破坏小，而且要便于部署和安装，因此，其监测系统的设计必须符合小型化、标准化。

(5) 系统的扩展性

为满足不同要求的林业生态监测要求，需要采用不同的传感器和数据采集设备，因此节点的设计必须留有丰富的接口，方便外部传感器的接入，即要有良好的扩展性。

10.1.2　系统总体设计方案

根据上述提出的要求和考虑因素，设计了由数据数据采集节点、3G 网关节点和服务器三个部分组成林业生态环境监测系统，其中 3G 网关节点包括 ZigBee 模块、主控系统、3G 模块。系统工作原理如图 10-2 所示。在林业生态环境监测系统中，数据采集节点和 3G 网关节点具有核心作用。数据采集节点是 ZigBee 网络系统的基本单元，它被布置在设定的监测区域内，通过传感器测量林业生态环境的各类参数，经处理器系统处理后由无线通信

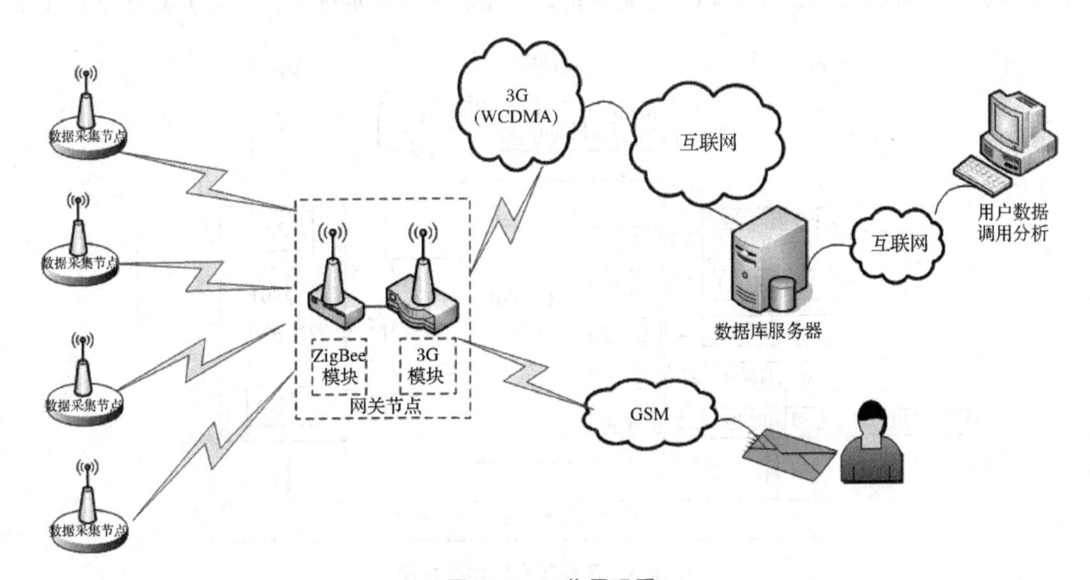

图 10-2　工作原理图

模块发送到网关节点的 ZigBee 模块，完成了系统的采集和短距离传输的功能，对整个系统的稳定性起决定作用。

3G 网关节点用来完成 ZigBee 和 3G 之间数据的透明转换，在整个生态环境监测体系中起着重要的枢纽作用。它管理整个 ZigBee 网络，接收来自数据采集节点的数据，并对数据进行融合等处理，然后通过 3G 网络将数据发给与 Internet 相连的数据服务器，同时对系统的故障信息及时报警，如通过短信发送给系统维护人员。

整个系统的工作原理如下：首先采集节点现场采集生态环境的各类参数并形成数据报文，通过 ZigBee 网络传送到 3G 网关节点；网关节点主要负责接收采集节点的数据报文，同时将数据报文进行融合后，通过 3G 网络传送到互联网上指定 IP 的数据服务器；数据服务器对数据进行存储、分析，以方便用户调用和分析数据。当 3G 网关节点检测到网关的电压过低并接近预警值时，以及网关与远程服务器断开后无法连接等故障时，3G 网关将及时通过短信方式将故障信息发送到维护人员的手机上，并且提示维护人员回复确认短信，以确认故障信息的送达。

10.2 系统硬件电路设计

10.2.1 数据采集节点硬件电路设计

数据采集节点的硬件部分主要包含有感知模块、处理模块、射频模块和野外供电系统四部分，数据采集节点硬件结构如图 10-3 所示。

采集节点处理模块采用 TI 公司生产的 CC2430 作为采集节点的核心处理芯片，CC2430 包括一个高性能 2.4GHz DSSS(直接序列扩频)射频收发器核心和一颗工业级小巧高效的 8051 控制器。通过 CC2430 控制感知模块和射频模块的工作，实现数据采集和 ZigBee 网络数据传输。处理模块还设计了 DeBug 调试接口电路和运行指示灯点，以便于系统的调试和

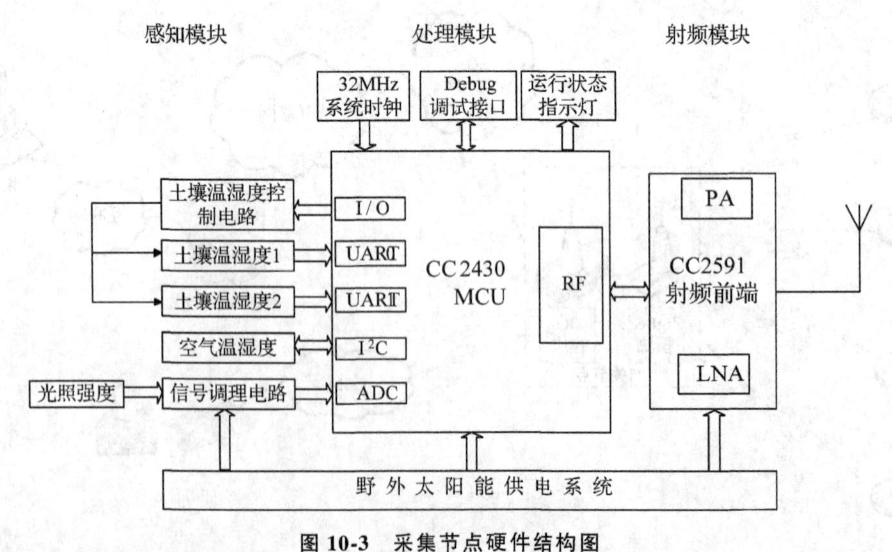

图 10-3 采集节点硬件结构图

指示。处理模块中的系统时钟电路是CC2430处理器正常运行的基本保证。

感知模块共设置了3种类型的传感器，包括土壤温湿度传感器、空气温湿度传感器和光照强度传感器，能够很好地感知林业生态环境参数。感知模块的土壤温湿度传感器采用的是美国Decagon公司的5TM传感器，它与处理模块采用UART接口通信，为正常使用5TM传感器，配合设计了5TM传感器控制电路。感知模块的空气温湿度传感器采用的是SENSIRION公司提供的SHT11传感器，它通过I^2C接口与处理模块进行通信。光照强度传感器采用的是HAMAMATSU公司的S1087传感器，并设计了信号调理电路，将光照传感器的输出信号调理到CC2430内集成的A/D接口能够有效检测的范围。

为了有效地提高无线通信质量，以及增加通信距离，在数据采集节点上设计了射频模块。射频模块采用了TI公司研发生产的CC2591芯片，它是一款高性价比和高性能的2.4GHz射频前端芯片，适合低功耗及低电压的2.4GHz无线应用。它主要集成了功率放大器(PA)，低噪声放大器(LNA)、平衡转换(Balum)等多种功能的电路，大大降低了外围电路的设计难度，同时也改善了射频(RF)性能。

（1）CC2430介绍

CC2430是TI公司推出的用来实现嵌入式ZigBee应用的片上系统，它支持2.4GHz IEEE 802.15.4/ZigBee协议。CC2430片上系统集成了CC2420 RF、增强工业标准的8051 MCU，以及8k字节的SRAM，另外提供32/64/128kB Flash三种容量的闪存为不同应用选择，本文中系统采用的是128kB的闪存。

CC2430包含的一个增强工业标准的8位8051单片机微控制器内核，运行时钟32MHz，具有8倍于标准8051的内核性能。除了集成8051微控制器的内核外，还配置许多强大的外设，如DMA、4个定时器、AES-128协处理器、8路ADC、带休眠模式的定时器、两个USART以及21个可编程I/O引脚。CC2430的RF收发器在发生和接收模式下，电流分别为25mA和27mA，并且内置了ZigBee协议栈，采用休眠机制实现低功耗节能，使得它可以用很低的费用构成ZigBee节点。

CC2430芯片具有如下主要特性：

①高性能和低功耗的8051微控制器核；

②硬件支持CSMA/CA功能；

③较宽的电压范围(2.0~3.6V)；

④数字化的RSSI/LQI支持和强大的DMA功能；

⑤集成14位模/数转换的ADC；

⑥集成AES安全协处理器；

⑦携带1个符合IEEE802.15.4规范的MAC计时器；

⑧集成符合IEEE802.15.4标准的2.4GHz的RF无线电收发机；

⑨在休眠模式时仅0.9μA的消耗，具有外部中断或RTC能唤醒系统。

（2）CC2430工作电路设计

CC2430是一无线片上系统，其内部集成了大量的外设，只需要增加少量外设就能正常工作。为了减小节点的体积，方便用户携带和安装使用，在设计数据采集节点时电路尽量简化除必要的器件外，其他模块都没有设置。数据采集节点处理模块的硬件电路如图10-4所示。具体描述如下：

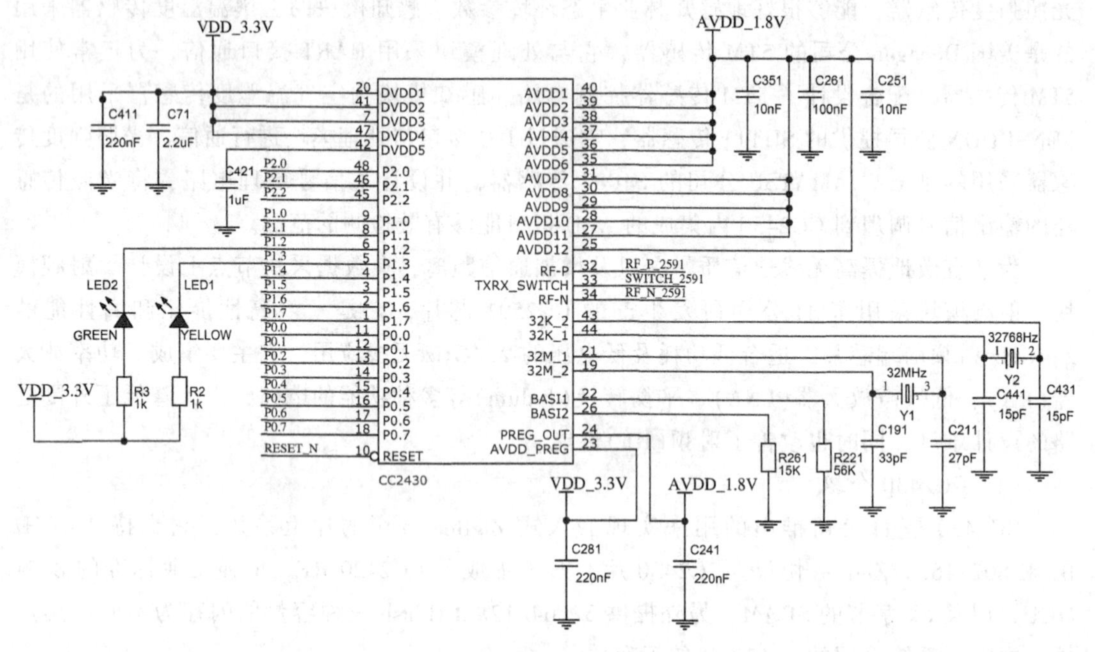

图 10-4 处理模块的硬件电路图

①32MHz 系统主时钟　即硬件电路图中的 Y1，采用固有频率为 32MHz 的 4 引脚表贴晶体，晶体只有 1、3 引脚有效，分别连接 33pF 和 27pF 电容的一个引脚，同时各自分别连接到 CC2430 芯片的 19、21 引脚。32MHz 系统时钟精度要求较高（电子自旋谐振 $<60\Omega$），因此使用晶体芯片型号为 NX322SA。

②32.768KHz 实时时钟　实时时钟晶振使用普通直插晶振，晶振的两脚各自连接一个 15pF 的晶振负载，同时各自连接到 CC2430 芯片的 44，43 引脚。

③偏置电阻器　R221 和 R261 是偏置电阻器，均采用精密电阻器。其中 R221、R261 分别为参考电流提供精确的偏置电阻（±1%）。

④1.8V 稳压器　CC2430 有两个低压差的稳压器，它们主要是提供一个 1.8V 的电压给 CC2430，用作模拟电源和数字电源。模拟稳压器的输入引脚 AVDD_ RREG 连接到外部输入电源（2.0~3.6V），稳压后的 1.8V 电源通过 RREG_ OUT 引脚输出，提供给模拟部分。数字稳压器的输入引脚也是 AVDD_ RREG，其稳压器的输出连接到 CC2430 内部数字电源。为稳定模拟稳压器的输入、输出电压在其输入、输出端串接了电容 C281 和 C241 作为模拟稳压器的负载电容，电容的一端分别于 CC2430 的 AVDD_ RREG、PREG_ OUT 引脚相连，同时另一端与地相连。

⑤电源的退耦和滤波　为了得到优良的性能，需要对电源退耦和滤波。电路中电容 C411、C71 用于对 3.3V 的模拟电源进行退耦和滤波，电容 C351、C261、C251 用于对 1.8V 的模拟电源进行退耦和滤波。

⑥RF 接口　CC2430 的 RF 接口 RF_ P、RF_ N、TXRX_ SWITCH 引脚直接与射频前端芯片 CC2591 相连。

(3) 射频前端 CC2591 介绍

CC2591 是 TI 公司推出的一种用于低功耗、低电压的 2.4GHz 无线应用射频前端，可应用于 TI 公司的 2.4GHz 低功耗射频收发器和片上系统以扩展传输距离，其价格低廉、性能较高。CC2591 通过一个功率放大器以增加输出功率，并通过一个低噪声放大器以改进接收灵敏度，采用 4mm×4mm 方形扁平无引脚(QFN16)小尺寸封装，其内部主要有功率放大器(PA)、低噪声放大器、收发切换开关(SW)、射频匹配(RFM)和非平衡变压器等部分构成，内部结构如图 10-5 所示。它广泛应无线传感器网络、无线工业系统、IEEE802.15.4、ZigBee 系统、无线消费系统和无线音频系统等领域，大大简化了高性能无线应用的设计。

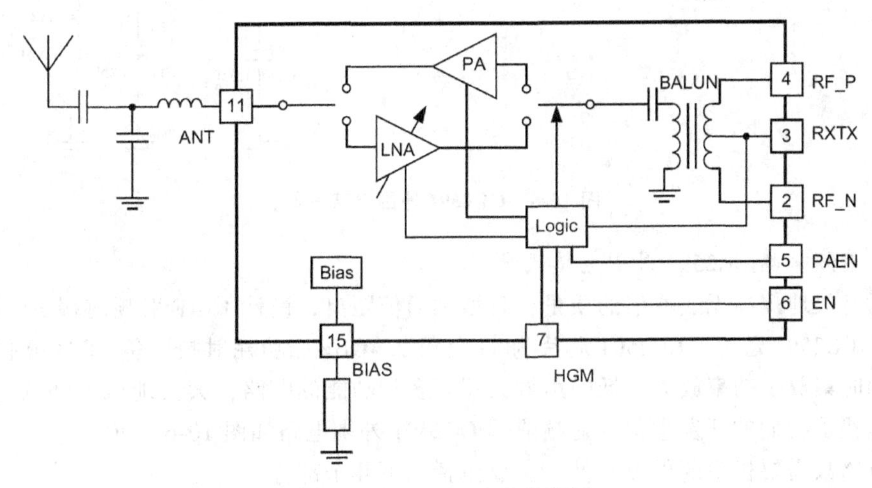

图 10-5　CC2591 内部结构图

CC2591 主要特点如下：

①为 TI 公司 2.4GHz 低功耗射频设备提供无缝接口；

②输出功率高达 22dBm；

③对于 TI 公司的 CC24XX 系列、CC2500/2510/2511 等 2.4GHz 低功耗射频设备，其接收灵敏度可改进 6dB；

④外接元器件极少(内部集成了收发切换开关、匹配网络、非平衡变压器、感应器、功率放大器和低噪声放大器等)；

⑤低噪声放大器的增益可由数字控制引脚 HGM 进行控制；

⑥关闭模式消耗电流仅 100nA；

⑦低发射电流消耗((3V 供电输出功率 20dBm 时，发送电流约为 100mA)；

⑧低接收电流消耗(高增益模式时为 3.4mA，低增益模式时为 1.7mA)；

⑨4.8dB 的低噪声放大器特性，包括收发切换、外部天线匹配等。

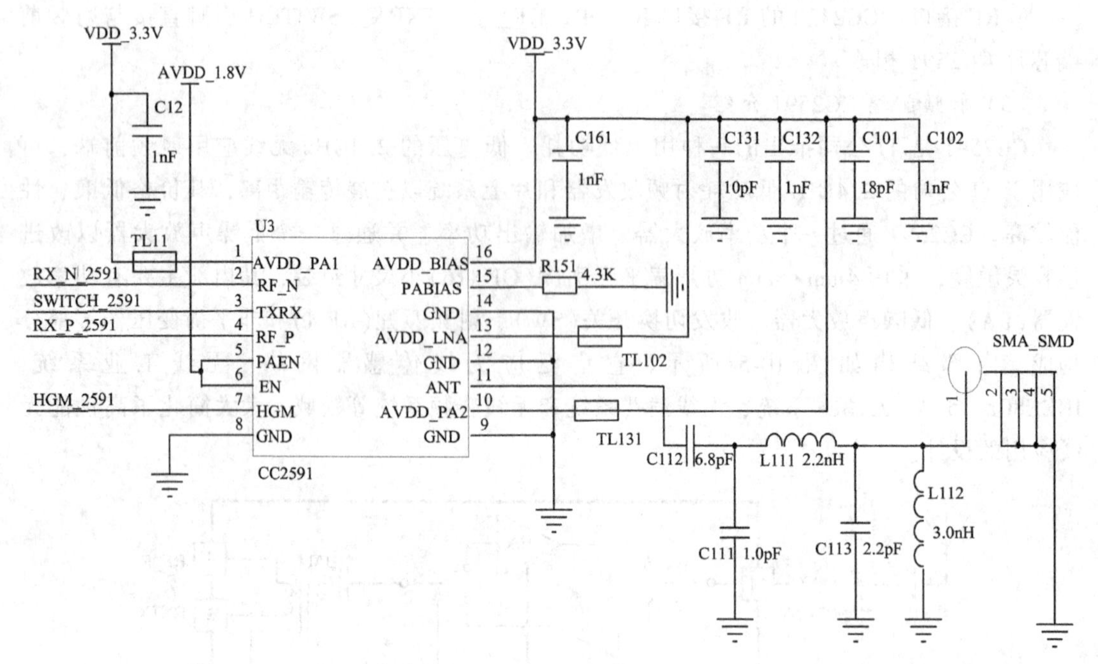

图 10-6　CC2591 外围电路设计

(4) 射频前端 CC2591 外围电路设计

为了有效地提高无线通信的质量，且增加通信距离，设计了 RF 射频前端。使用 TI 公司生产的 CC2591 芯片。CC2591 芯片为 TI 公司 2. 4GHz 低功耗射频设备 CC2430 提供无缝接口，同时集成了功率放大、低噪声放大器等多种功能的电路，大大地减少外围电路的设计，也加快了我们的开发进程。射频前端 CC2591 外围电路如图 10-6 所示。

该电路只需要极少的外部元件，主要包括以下几个部分：

①电源去耦电容和射频负载　为获得最佳性能，必须对供电电源进行合适的去耦处理，图 10-6 中给出了 CC2591 的去耦电容，它并联于电源两端，有 C12，C101，C102，C131，C132，传输线 TL11，TL101，TL131 用作射频负载，以确保从 CC2591 获得最佳的增益。C161 为 AVDD_ BIAS 供电电源的滤波电容。为了获得最佳性能，需妥善放置去耦电容、滤波电容和 PCB 传输线的位置。

②输入/输出匹配和滤波　CC2430 射频输入/输出端为高阻抗、差分式，在 CC2591 内部除了有低噪放大器(LNA)、功率放大器(PA)和射频切换开关(RFSW)外，还有一个非平衡变压器和一个匹配网络，由此可以实现 CC2591 到 CC2430 的无缝对接。CC2591 和天线间的匹配网络由 C111，C112，L111，C113 和 L112 构成，使得 CC2591 和 50Ω 负载相匹配，并可根据需要进行滤波处理，其中 C112 同时起到隔直流的作用。

③偏置电阻　R151 是一个偏置电阻，用于设置一个精确的偏置电流，提供给 CC2591 内部电路。

④天线的选择　天线是无线传输过程中的重要组件，它对整体性能有着极大的影响。性能高、尺寸小、成本低是无线通信系统对天线的普遍要求。在短距无线通信领域最常见的天线类型主要是 PCB 天线及棒状或鞭状天线这两种，它们的优缺点见表 10-1。

表 10-1　常用 RF 天线优缺点比较

天线类型	优点	缺点
PCB 天线	成本低、尺寸小	设计困难、占用大量 PCB 空间
棒状或鞭状天线	性能优越	成本略高

表 10-1 中，PCB 天线虽然成本低、尺寸小，但设计较为困难。一方面，需要大量仿真以确定最优方案；另一方面，仿真工具本身的配置也非常复杂。由于 PCB 天线的辐射模式随方向的改变而发生变化，因此主要适用于拓扑结构比较简单的无线通信场合。棒状天线性能优越，这是一种带有连接器的外部天线，且通常为单端天线，特征阻抗一般为 50Ω，可实施全向辐射。

考虑到无线节点组网后的扩展需求，本文主要关注的是系统性能，对于外形尺寸没有严格要求，故采用 2.4GHz 带 SMA(Sub-Miniature-A)接口的高增益棒状天线发送信号。

10.2.2　传感器电路设计

林业生态环境监测系统中各数据采集节点携带各种不同类型的传感器，用于采集森林中的生态环境数据。各类传感器与主芯片 CC2430 的接口各不相同，因而传感器采集电路的方法和形式也各不相同。根据林业生态环境监测的需求，设置采集不同深度的土壤的温湿度、空气温湿度和光照强度等参数。林业生态环境监测系统的数据采集节点可以携带两种类型的传感器，根据数据输出类型的不同可以分为：模拟量传感器、数字量传感器。在选择传感器时，要考虑 CC2430 的设计要求以及传感器的输出量类型、输出量范围、电源容量、功耗等。下面针对不同的生态环境采集需求详细设计各种传感器电路。

10.2.2.1　土壤温湿度传感器电路设计

土壤温湿度传感器需要长期放置在土壤中，所以必须具有良好的抗腐蚀性。结合精确度、电源供电、输出特性等方面的考虑，本设计选择美国 Decagon 公司生产的 5TM 土壤温湿度传感器用于测量土壤的温度和湿度。该传感器适用于生态环境监测、温室大棚、花卉蔬菜、草地牧场、土壤速测、植物栽培等多种场合。

5TM 传感器用于测量土壤的体积含水量，它基于介电特性的测量理论与方法，根据电磁波在土壤中的传播特性来测量土壤的介电常数，从而得到土壤的含水量。不同物质的介电常数有很大的差异，土壤中的空气和其他材料的介电常数都远远小于水的介电常数，因此可以忽略其他材料的影响，近似认为土壤的介电常数主要取决于土壤的含水量。本文选用的 5TM 土壤传感器是通过数字接口输出，主要参数见表 10-2。

从表 10-2 不难看出该传感器有如下特点：体积小，携带方便，安装、操作及维护简单，结构设计合理；可直接埋入土壤中使用，且不易腐蚀；土质影响较小、应用地区广泛；测量精度较高，性能可靠，响应速度较快，数据传输率较高。

5TM 土壤温湿度传感器提供了两种不同的数字接口：一种是串口(TTL 电平)，波特率 1200，8 位数据位，没有奇偶校验及停止位，使用该接口时电源供电 3.6V 即可；另一种是 SDI-12 接口，使用该接口时电源供电需要 12V。结合 CC2430 主控芯片接口和电源提供等综合因素，故而选择串口与主控芯片进行通信。

表 10-2　5TM 土壤温湿度传感器参数

特征	描述	特征	描述
测量参数	土壤的体积含水和温度	工作电压	3.6~15V(DC)
含水量量程	0~100%	工作电流	测量时 10mA
含水量测量分辨率	0.08%	工作温度	-40~50℃
含水量测量精度	±1%	测量频率	70MHz
温度量程	-40~50℃	测量时间	150ms
温度测量分辨率	0.1℃	探针长度	5.2cm
温度测量精度	±1℃	传感器体积	10cm×3.2cm×0.7cm
输出信号	RS232(TTL)或 SDI-12	导线长度	5m

5TM 土壤温湿度传感器每次测量都需要一个激发电平，在激发后约 120ms，5TM 将传送三个 ASCII 格式的测量值到主控芯片。在测量完后电源必须移除，当下一次接通电源时又将产生一组新的测量数据给主控芯片。因此，5TM 传感器需要一个开关电路来控制其电源的通断，考虑到 5TM 传感器测量时的电流在 10mA 左右，故本系统设计时采用了 Philips 公司生产的 NPN 三极管 BC847 作为电源通断的开关。

5TM 传感器的控制电路如图 10-7 所示。三极管 BC847 的集电极与电源 VCC 相连接，发射极与 5TM 传感器的 VCC 相连接，基极经过一个 1kΩ 的电阻与主控芯片 CC2430 的 P1.0 引脚相连。5TM 的输出端与主控芯片 CC2430 的 P0.2 引脚直接相连，主控芯片 CC2430 通过寄存器 P0SEL 将 I/O 口 P0.2 配置为 UART0 的 RX 端。测量时 CC2430 首先通过 P1.0 端口输出一个高电平("1")使 BC847 的集电极和发射极导通，给 5TM 传感器供电，5TM 传感器通过 OUT 端口输出测量数据给 CC2430 的 UART0 的 RX(P0.2)端口，当得到数据后 CC2430 的 P1.0 口输出一个低电平("0")使得 BC847 的集电极和发射极断开，从而切断 5TM 的电源。由于需要测量不同深度的土壤温湿度信息，本系统配置了两个 5TM 温湿度传感器，另一个传感器的控制电路与图 10-7 类似，只是使用了不同的端口，在此不再详细说明。

10.2.2.2　光照传感器电路设计

光强度测量的前端为光强度测量头，它包括光探测器、干涉滤光片、余弦修正器三部

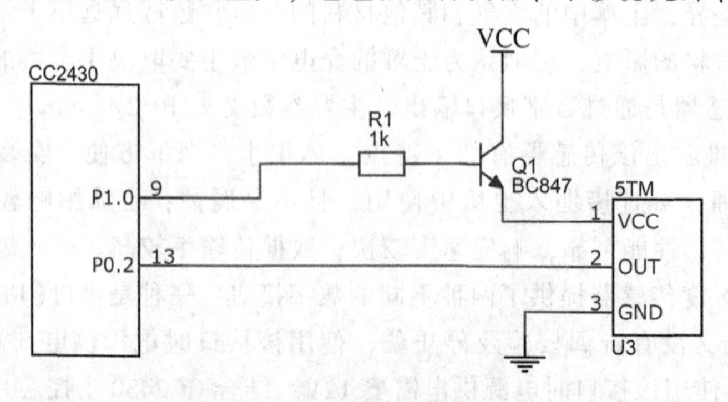

图 10-7　5TM 传感器的控制电路

分，它的结构示意如图 10-8 所示。当光探头接收到通过余弦矫正器和干涉滤光片的光辐射时，所产生的光电信号首先经过 I/V 变换，然后通过电压跟随器得到电压值，再经过 AD 转换后输入到单片机，最后通过电流与光强度的特性曲线计算出光照值。

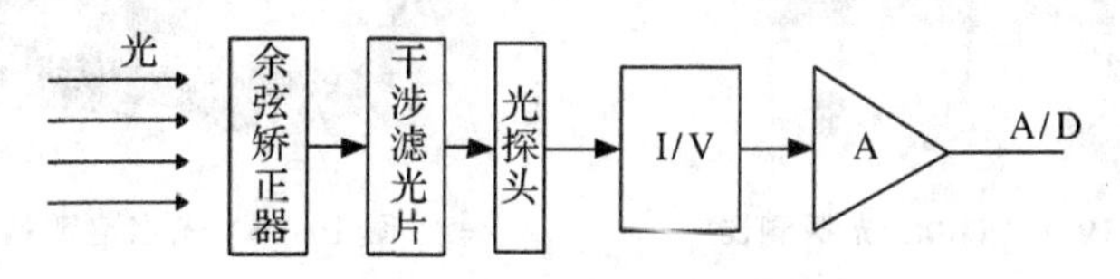

图 10-8　光强度测量头结构示意

(1) 余弦矫正器

根据照度的余弦定理，同一表面处的照度值随光的入射角按如下规律变化：

$$E = E_0\cos\alpha$$

式中，E_0 为光垂直入射时表面的照度；α 为光入射角。

在理想情况下，探测器的响应也应有同一变化规律，即：

$$R = R_0\cos\alpha$$

但光探测器本身难以做到这一点，主要原因是菲涅尔反射的存在，故应该对探测器进行余弦修正。为此，在滤光片前面加上一块乳色漫透玻璃，以避免菲涅尔反射，使探测器具有余弦响应，从而提高测量精度。

(2) 干涉滤光片

在探头前面加装有色光学玻璃制成的干涉滤光片，滤除入射光中的蓝紫光、近红外光和红光，使组合后的光谱响应与之匹配。

(3) 光探测器

光测量头中的光探测器是光电转换器件，它一般采用硅光电池(硅光二极管)、硒光电池和光电管。本文采用的 S1087 硅光电池具体参数见表 10-3。

表 10-3　S1087 硅光电池参数表

特征	描述	特征	描述
有效光感面积	1.6m^2	短路电流	0.0016μA/Lux
响应光谱波长范围(λ)	320~730nm	最大反向电压	10V
峰值波长(λ)	560nm	最大暗电流(V_R=1V)	10pA
红外敏感率	10%	结电容(V_R=0V)	200Pf
结电阻(V_R=10mV)	250GΩ	工作温度	-10~60℃

S1087 是陶瓷封装的硅光二极管，暗电流较小，陶瓷包装使杂散光无法从侧面或背面到达光感有效面。S1087 光谱的测量范围为可见光到近红外光波段，光强度可以在一个大的动态范围，即从低光照到高亮度。S1087 光探测器如图 10-9 所示，加入滤光片和余弦矫正器后的光强度测量头如图 10-10 所示。

图 10-9　S1087 光探测器

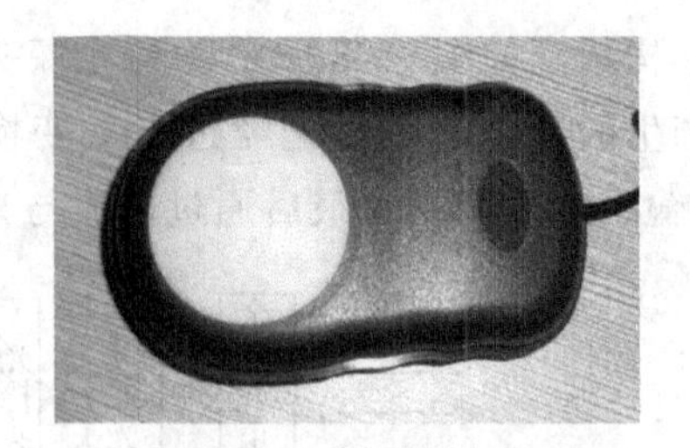

图 10-10　光强度测量头

当光强测量探头将入射的太阳光转换成光电流信号后，微弱的光电流信号必须转换成电压信号才能被 CC2430 的 A/D 输入检测。因此要求光强度测量调理电路必须是一个 I-V 变换器，同时要应尽可能地拓展系统的带宽，以较小的失真放大阶跃信号的各频率成分。调理电路的 I-V 变换器采用高互阻增益的设计结构，用单电阻构成反馈网络，配合高增益带宽积运放实现其功能。

光强度测量头调理电路如图 10-11 所示，调理电路中的运算放大器采用 AD8616，它具有轨对轨输入和输出，单电源供电，失调电流极低，为 1pA，高输入阻抗等特点，能很好地满足光强度测量的要求。

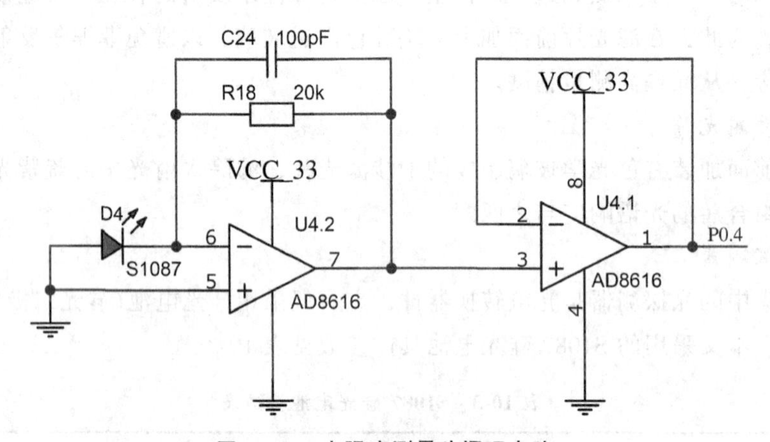

图 10-11　光强度测量头调理电路

AD8616 放大器与电阻 R_{18}，电容 C24 和 S1087 硅光二极管构成了一个 I-V 电路，互阻增益的大小由反馈电阻 R_{18} 决定。该电路的等效输入电阻 $R_i = R_{18} / (1+A)$，其中 A 是运放 AD8616 的开环增益，因此 R_i 远小于 S1087 硅光电池的二极管结电阻。即 I-V 变换器的设计导致了 R_i 的减小，这有两个好处：一是使光电流信号完全流入探头电路，避免了信号的非正常衰减；二是降低了负载的量级，减少了 S1087 硅光电池的响应上升时间。S1087 硅光二极管工作在反向偏置模式，这是以降低结电容为代价来增加硅光电池的电流。输入总电容 C_i 为硅光二极管的结电容和运算放大器的输入电容之和。这就产生了一个的反馈极点和导致了相位裕量的降低，使运放不稳定。因此，有必要使用一个电容 C_{24} 反馈来弥补这一极点。由于的反馈电阻 R_{18} 为 20kΩ，因此在 I-V 的输出端的电压已经满足了主控芯片 CC2430 的 A/D 采样的输入要求，故在 I-V 后未加入后端的放大电路，而是增加了一个由 AD8616 构成的电压跟随器，用来降低输出阻抗。电压跟随器的输出与 CC2430 的

P0.4 引脚相连，CC2430 的 P0.4 配置为 AD 的输入口。

10.2.2.3　空气温湿度传感器电路设计

在林业生态环境的监测指标中，大气的温湿度是一个重要的指标，所以实时准确地测量出大气中的温湿度，对林业的研究具有重大意义。本文选用的是瑞士 SENSIRON 公司生产的 SHT11 空气温湿度传感器。SHT11 传感器将传感元件和信号处理电路集成在一块微型芯片上。传感器采用专利的 CMOSens 技术，确保 SHT11 具有极高的可靠性与卓越的长期稳定性。SHT11 品具有品质卓越、抗干扰能力强、响应迅速、性价比高等优点。每个传感器芯片都在极为精确的湿度腔室中进行标定，校准系数以程序形式储存在 OTP 内存中，用于内部的信号校准。

SHT11 的性能参数见表 10-4，从表中的性能参数可知 SHT11 大气温湿度传感器能够很好地满足林业生态环境的大气温湿度测量要求，因此本设计中采用 SHT11。

表 10-4　SHT11 的性能参数

相对湿度参数	描述	温度参数	描述
分辨率	0.05%	分辨率	0.01℃
精度	±3.0%	精度	±0.5℃
重复性	±0.1%	重复性	±0.1℃
迟滞	±1%	漂移	<0.04℃/a
响应时间	8 S	响应时间	6S
测量范围	0~100%	测量范围	-40~123.8℃

SHT11 传感器与控制器 CC2430 的接口电路如图 10-12 所示。SHT11 的供电电压范围为 2.4~5.5V，本设计采用的供电电压为 3.3V。在电源引脚(VDD，GND)之间须加一个 100 nF 的电容 C5，用以去耦滤波。SHT11 的串行接口与 CC2430 的 I/O 口直接相连，CC2430 的 P1.4、P1.0 引脚与 SHT11 的 SCK、SDL 引脚相连。SCK 用于同步 CC2430 和 SHT11 的时钟，DATA 引脚 SDL 为三态结构，用于读取传感器数据。当向传感器发送命令时，DATA 在 SCK 上升沿有效且在 SCK 高电平时必须保持稳定。DATA 在 SCK 下降沿之后改变。为确保通信安全，当从传感器读取数据时，DATA 在 SCK 变低以后有效，且维持到下一个 SCK 的下降沿。为避免信号冲突，CC2430 应驱动 DATA 在低电平，需要一个外部的上拉电阻将信号提拉至高电平，本系统中采用的电阻 R_8 为 10kΩ，能够保证 SHT11 的正常工作。

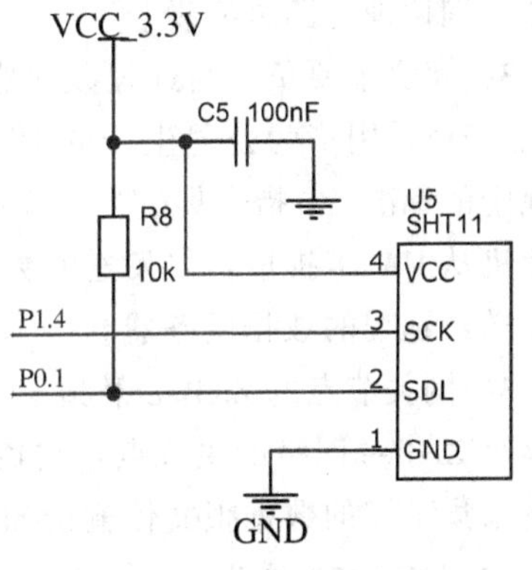

图 10-12　SHT11 传感器与 CC2430 的接口电路

10.2.3　3G 网关节点硬件电路设计

3G 网关电路是整个林业生态环境监测系统的通信中枢，它既与各个数据采集节点相互通信获得各个采集节点的信号，同时又与远程数据服务器建立链接和数据通信。3G 网关节点硬件电路包含有 ZigBee 射频模块、MCU 处理模块、3G 模块和野外供电系统四部分。3G 网关节点硬件电路结构如图 10-13 所示。

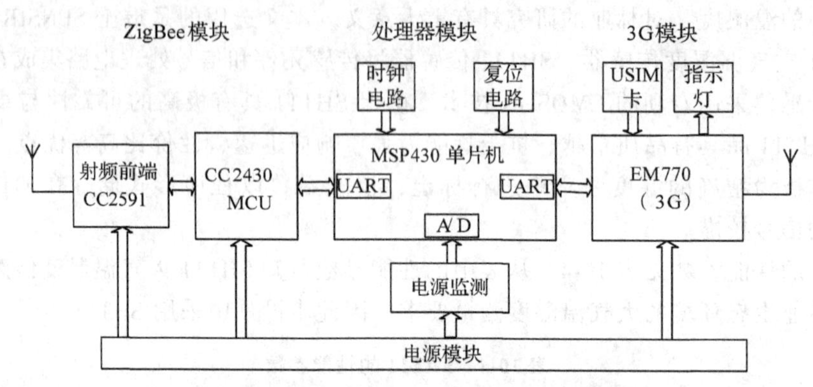

图 10-13　3G 网关节点硬件电路结构图

MCU 处理模块的主控芯片采用了 TI 公司的 MSP430F149 单片机，它是一款 16 位单片机，具有低功耗、低供电电压等优点，还集成了丰富的外围接口，能够很好地满足网关节点的设计，通过 MSP430 单片机控制整个系统运行。

MCU 处理模块还设计了电源监测，这个电路主要是为了应对监测系统的异常情况。电源监测电路主要是实时监测野外供电系统的电压，当出现电压过低等异常情况的时候及时地向 MCU 报警，以保证系统的稳定性。电源监测模块主要依靠 MSP430F149 的 A/D 接口和外围调理电路来实现。

3G 模块主要负责与远程数据服务器建立链接和数据通信，还具有短信发送和接收的功能。3G 采用华为公司生产的 EM770W 模块，模块内嵌 TCP/IP 协议，支持 WCDMA 协议规定的标准 AT 指令集，是无线高速数据传输等其他各种业务的理想解决方案。MSP430 单片机从 UART 提取需要发送的数据，并通过另一 UART 接口控制 3G 模块，将需要的数据发送给远程的数据服务器。

3G 网关节点的 ZigBee 射频模块使用数据采集节点的设计方案，3G 网关的 ZigBee 模块是整个 ZigBee 网络的主节点，它负责接收所有数据采集节点的数据报文，并通过 UART 接口将采集节点的数据报文传输给 MCU 处理模块。

(1) MSP430 单片机介绍

MSP430 单片机是美国 TI 公司提供的超低功耗单片机。它是一个 16 位的单片机，采用了精简指令集(RISC)结构，具有丰富的寻址方式；有大量的寄存器以及片内数据存储器都可参加多种运算；有较高的处理速度，在 8MHz 晶振驱动下指令周期仅 125ns。其内置模块丰富，包含了如看门狗、定时器、A/D 转换、UART 接口等，不同型号的 MSP430 单片机内置模块略有不同。本文中，我们采用了 MSP430F149 系列的单片机，其主要参数如下：

①低电压供电，供电范围为 1.8~3.6V。

②超低电流消耗，标准模式下为 1.1μA。

③内置 12 位 A/D 转换器。

④两个 16 位计时器 A、B，具有捕捉和比较功能。

⑤两个串行通信接口 USART。

⑥内置看门狗功能。

⑦内置中断优先级，对同时发生的中断按优先级别来处理。

⑧支持嵌套中断结构，中断程序可被更高优先级的中断请求打断。

(2) MSP430 单片机外围电路设计

MSP430 单片机需要一些外围电路来保证其正常运行，本文采用 MSP430F149 单片机，其外围基本电路有复位电路、时钟电路和 JTAG 接口电路。MSP430F149 外围电路如图 10-14 所示。电路中电容 C17、C18、C19、C20 主要是对电源进行去耦滤波。

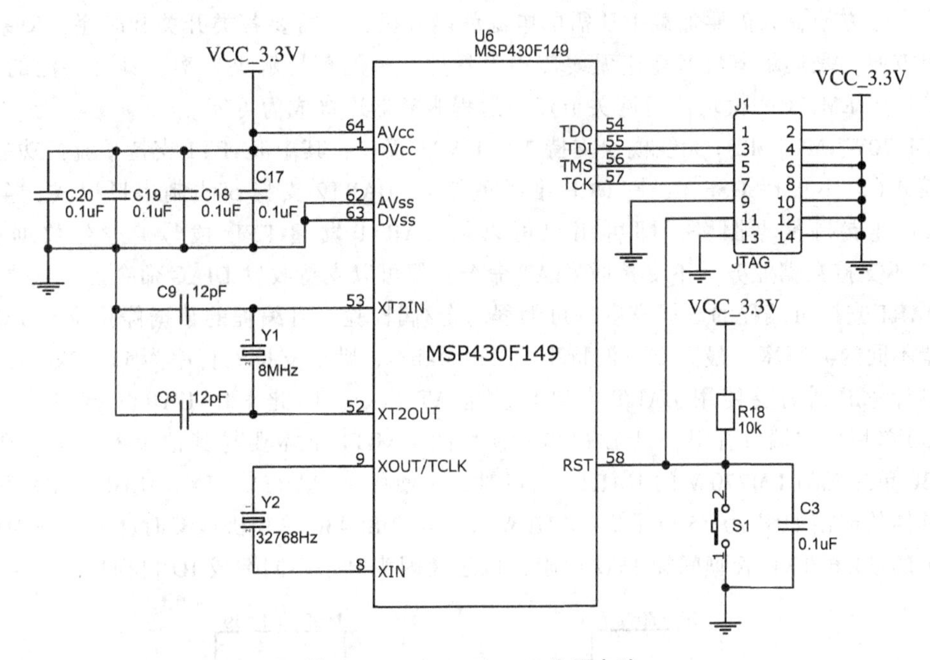

图 10-14　MSP430F149 外围电路

①复位电路　复位电路是单片机电路中一个重要电路，本系统 MSP430 单片机的复位采用手动复位。无论 MSP430 单片机是出现死循环，还是正常运行，按下手动复位端，系统将被强制复位。MSP430F149 单片机的复位引脚 RST 低电有效，当系统刚通电的时候，单片机自动复位一次，之后，当按键 S1 被按下时，RST 端被拉低到低电平，系统将被强制复位。

②时钟电路　时钟电路为单片机提供准确的时钟信号。MSP430 单片机有两个外接晶振，分别是 8MHz 和 32768Hz。其中 8MHz 晶振 Y1 接于单片机 XT2IN 和 XT2OUT 两端，为系统时钟源，C8、C9 两个 12pf 的电容对频率有微调的作用。考虑到 3G 模块串口通信的波特率为 115200b/s，为了能够准确地分频到 115200b/s，因此外接晶振频率选择了 8MHz。32768Hz 晶振 Y2 接在 XIN 和 XOUT 两端。这里 32768Hz 晶振为单片机提供低功耗情况下辅助时钟源。

③JTAG 电路　为了便于程序的在线调试和下载，需要将 MSP430 单片机的 JTAG 端口引出。由于 MSP430F149 内部已经集成了 JTAG 测试电路 TAP(测试访问端口)，只需通过 MSP430 仿真器就可以进行程序的下载和在线调试。JTAG 接口由 TDO、TDI 、TMS 、TCK 和 RST 这 5 个标准的管脚组成，其中分别对用了数据输出、测试时钟、数据输入、模式选择和复位输出功能。JTAG 接口有两种标准，本系统设计采用了 14 针脚的 JTAG 接口。

(3)3G(EM770W)模块电路设计

EM770W 是华为公司提供的 UMTS M2M 无线模块，具有简约小巧的外观，支持 UMTS 2100/1900/900/850 和 GPRS/GSM1900/1800/900/850 频段；支持语音、短信、数据、电话本、补充业务；支持内置 TCP/IP 协议栈；具有 7.2Mb/s 的下行速率及 5.76Mb/s 的上行速率。支持标准 AT 指令集和华为扩展 AT 指令集；支持特殊 USIM 卡业务。EM770W 的开机方式十分方便，只需要加载上所需的电源就能开机，不需要各类开关和时序，使系统的设计更方便，是远距离数据高速无线传输等各种业务的理想解决方案，具有广泛的应用。本系统使用 EM770W 模块使得网关节点与远程服务器连接成为可能。

EM770WUMTS M2M 无线模块支持 2 个 UART 接口，其中 UART1 支持带流控功能的全串口模式(但不支持 DSR 信号-DCE 准备就绪)，UART2 支持 5 线制串口模式。全串口 UART 1 可支持数据服务，即可用户可以从 UART1 发起 PPP 拨号，进行数据业务。UART2 不支持数据业务，不支持收发 AT 命令，但可以支持收发 DIAG 命令。

UART 支持可编程的数据宽度、可编程的奇/偶校验、可编程的数据停止位。UART 口可配置不同的波特率，最高支持波特率为 230.4kb/s，默认支持波特率为 115.2kb/s。本系统的设计考虑到需要使用 UART 串口来发送 AT 命令，因此采用 UART1 接口。考虑到 MSP430 单片机的端口有限，且 EM770W 模块的 UART1 不需要与其他设备通信，在设计 MSP430 单片机与 EM770W 的 UART1 接口时，只使用了 UART1_ TX、UART_ RX 两个信号，具体的连接如图 10-15 所示。EM770W 模块与 MSP430 单片机连接时，需要在 MSP430 单片机的 P3.6/TXD 管脚间加 1kΩ 电阻，以避免因为电平不同造成 IO 口损坏。

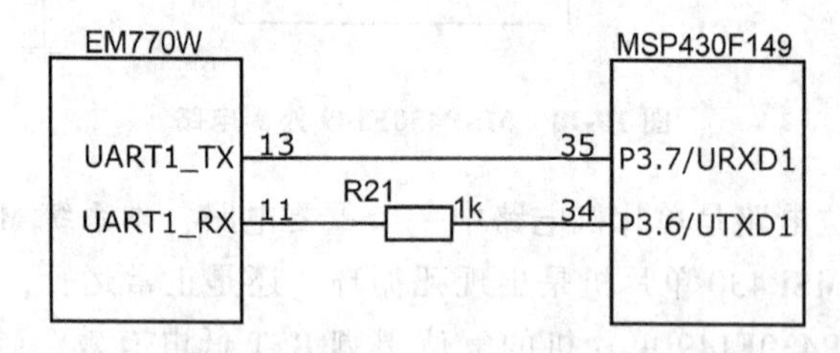

图 10-15　MSP430 单片机与 EM770W 的 UART1 的连接

EM770W M2M 无线模块提供一路 RESET 引脚 PERST_ N，通过外接复位电路，可实现模块的硬复位。将复位键(PERST_ N 管脚)拉低 100ms，即可复位模块。EM770W 的复位电路如图 10-16 所示。复位电路使用了 NPN 三极管 BC847，BC847 的集电极与 EM770W 的 PERST_ N 管脚相连，BC847 的发射极接地，BC847 的基极通过电阻 RST_ R1 与 MSP430F149 的 P2.0 相连接。当系统正常工作的时候，MSP430F149 的 P2.0 输出为低电平，三极管的集电极与发射极不导通，此时 EM770W 的 PERST_ N 管脚处于高电平；当复位时，MSP430F149 的 P2.0 输出高电平，且持续 100ms，三极管的集电极与发射极导通，

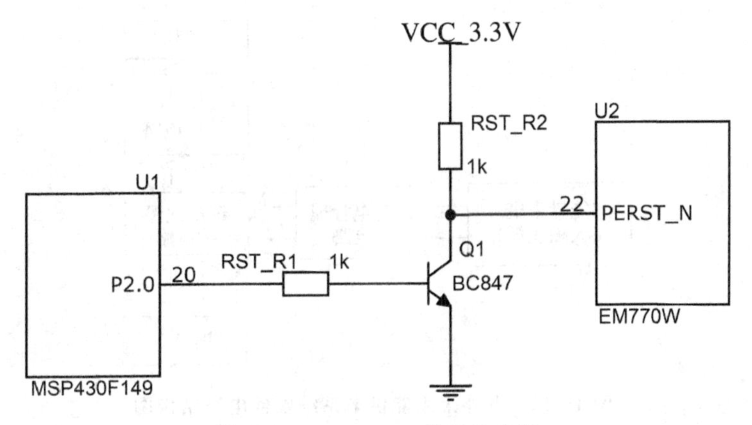

图 10-16 EM770W 的复位电路

EM770W 的 PERST_ N 的管脚被拉低 100ms 左右，即模块被复位。

(4)3G 网关的 ZigBee 模块接口

为了减小设计周期 3G 网关中 ZigBee 模块采用的是电路与数据采集节点一样，CC2430 只需通过 UART 接口与 3G 网关处理器 MSP430F149 的 UART0 口相连，如图 10-17 所示。

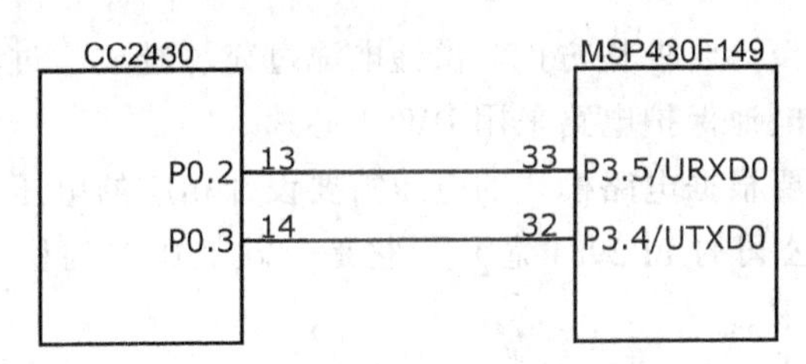

图 10-17 ZigBee 模块与 MSP430F149 相连

10.2.4 野外太阳能供电系统硬件电路设计

林业生态环境监测系统主要安装在区域较大的林场或者森林中，附近没有电源提供。野外太阳能供电系统是整个系统最重要的部分，它提供的稳定电源以保障电路正常运行。野外供电系统包含了能量采集、充电管理、锂电池保护电路、稳压电路以及锂电池五个部分。野外太阳能供电系统硬件电路结构如图 10-18 所示。

能量的采集模块采用太阳能光伏电池，当太阳能光伏电池受到太阳照射后，它可以吸收太阳能并转化为电能。太阳能光伏电池是一种利用光电效应将太阳光能直接转化为电能的器件，它的基本单元是半导体光电二极管。当太阳光照到光电二极管上时，激发光生载流子，在电场作用下产生电流，即将太阳的光能变成电能。将多个单元电池串联或并联起来使之成为有较大输出功率的太阳能光伏电池阵。

充电管理模块能够根据能量采集模块输出的电压和电流自动调整充电电流，可以极大限度地利用采集模块的输出电流。充电管理芯片主要采用 CN3065 芯片，它的输出电流和电压可以通过外部电路控制，因此能够满足锂电池的充电要求。

能量存储模块用以存储采集模块采集的能量，以及在没有太阳光照时为系统供电，能

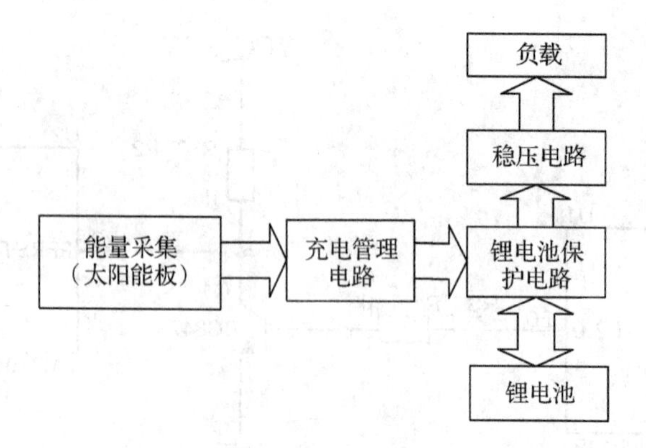

图 10-18　野外太阳能供电系统硬件电路结构图

量存储模块采用锂电池作为能量存储单元，单节锂电池的标称电压一般为 3.7V，其电压的量值较高，能够很好地满足系统的要求，另外锂电池具有内阻小、自放电率低、无记忆效应等优点。锂电池存储经太阳能板转换后的电能且对节点的其他模块进行供电。在林业环境监测系统中，考虑封装的尺寸和电压的要求，采用标称电压为 3.7V，容量为 6600mAh 的锂电池。

锂电池保护电路的设计要求是防止对供锂电池过充、过放，过流以及短路保护，保证供电系统的稳定性。锂电池保护电路采用 DW01 芯片。

稳压电路的设计主要根据电路模块的电压需要设计相应的电压，本系统中主要需要的 3.3V 的电压，采用 TI 公司的 LP2981 芯片，它是一款低压差的稳压芯片(LDO)，能够很好地满足电池供电的需求。

将太阳能供电系统应用于林业环境监测系统是太阳能利用的一个新突破，它不仅解决了野外数据采集节点和网关节点的长期供电问题，也给林业物联网的能源研发带来了新的发展方向，经过实验验证，野外太阳能系统有以下几大优点：

①太阳能对生态环境不构成污染，没有安全隐患，是一直洁净的再生能源。

②解决了林业生态环境监测节点因电池能量耗尽而频繁地更换电池的问题。

③解决了数据采集过程中因为电池电压过低而影响传感器数据的精度等问题。

④太阳能源可再生，提供足够的节点电源能量，大大地增加了网络的生命周期。

⑤太阳能和锂电池的结合可以实现全天候工作，实用性很强。

(1) 太阳能充电管理电路设计

太阳能充电管理芯片采用 CN3065。CN3065 是一款可以用太阳能板供电的单节锂电池充电管理芯片，芯片内部的功率晶体管对电池进行恒流和恒压充电。充电电流可以通过改变外部电阻大小来设定，最大持续充电电流可达 1000mA。CN3065 集成了 8 位 A/D 转换电路，可以根据输入电压源的电流大小自动调整充电电流，也可根据实际情况输出设定的充电电流，最大限度地利用了输入电压源的电流输出能力，非常适合于电流有限的电压源供电(如太阳能供电)系统中的锂电池充电。太阳能充电管理电路设计如图 10-19 所示。输入端 D1、D2 采用肖特基二极管 SS26，用以减小太阳能光伏电池的输入电压，实际使用时可以根据需求选择是否需要 D1、D2。D4、D5 为充电状态指示灯。正常充电时，CN3065

的 $\overline{\text{CHRG}}$ 引脚输出低电平，状态指示灯 D4 亮；当充电结束后，CN3065 的 $\overline{\text{DONE}}$ 引脚输出低电平，状态指示灯 D5 亮。电阻 R1 是用以设置恒流充电电流 I_{CH}，根据式 $I_{CH}=1800\text{V}/R_1$，其中 R_1 的单位为 Ω。实际使用中网关节点和数据采集节点的功耗不同，需要充电的电流值也不同，故通过选择不同的阻值 R_1 来满足不同需求。如网关节点采用 800mA 的充电电流，则 $R_1=1800\text{V}/0.8\text{A}=2.25\text{k}\Omega$；数据采集节点采用 500mA 的充电电流，则 $R_1=1800\text{V}/0.5\text{A}=3.6\text{k}\Omega$。

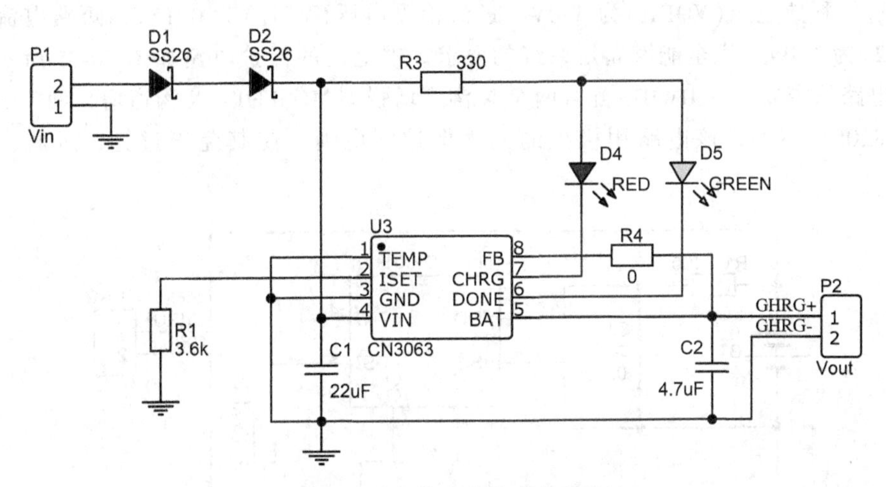

图 10-19　太阳能充电管理电路设计

CN3065 充电管理电路的充电过程如图 10-20 所示，若锂电池电压即 FB 输入端的电压低于 3V，则用涓细电流对锂电池进行预充电。当电池电压超过 3V 时，则用恒流充电模式对电池充电。当电池电压接近电池充电终止电压(4.2V)时，CN3063 充电电流逐渐减小，进入恒压充电模式。当 FB 输入电压大于 4.45V，并且充电电流减小到充电结束的阈值时，表示一次充电周期结束。这里，充电结束的阈值是恒流充电电流值的 10%。当电池电压即 FB 输入端的电压下降到再充电阈值以下时，则自动开始新的一次充电周期。CN3063 集成了高精度的电压基准源、电阻分压网络和误差放大器，确保电池端充电终止电压的误差在

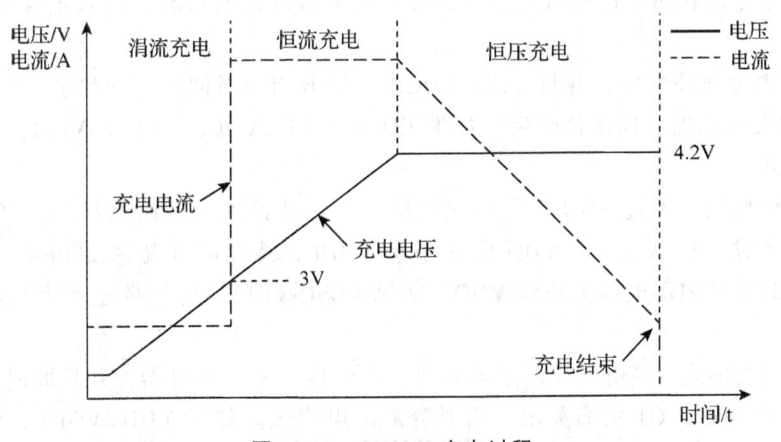

图 10-20　CN3065 充电过程

±1%以内。

（2）锂电池保护电路设计

锂电池保护电路为了避免锂电池因过充电、过放电、电流过大导致电池寿命缩短或电池损坏而设计的，野外太阳能供电系统采用DW01+芯片，它具有高精度电压检测与时间延迟电路。DW01+芯片具有工作电流低，工作电压范围广等特点，DW01+芯片的过充检测电压（VOCD）为4.3V，过充释放电压（VOCR）为4.05V，过放检测电压（VODL）为2.3V，过放释放电压（VODR）为3.0V，过流检测电压（VOI1）为0.15V，短路电流检测电压（VOI2）为1.0V，完全能够满足系统的要求。锂电池的保护电路如图10-21所示。锂电池保护电路只需要一片DW01+配合两个N沟道增强型MOSFET，N沟道增强型MOSFET使用的是8205A芯片，该电路用极少的元件保护锂电池，使其免于过充、过放、短路等状况。

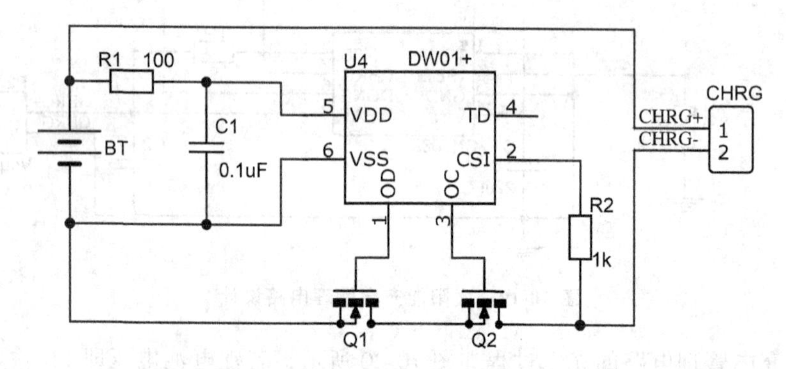

图10-21 锂电池的保护电路

锂电池保护电路的功能描述如下：

①正常条件　如果VODL>VDD>VOCD，并且VCH<VCSI<VOI1，那么Q1和Q2都开启，此时充电和放电均可以正常进行。

②过充电状态　通过VDD检测电池电压，确定是否进入过充电状态。当电池电压从正常状态进入到过充电状态时，VDD电压大于VOCD，持续时间超过350ms，Q2关闭。

③释放过充电状态　进入过记电状态后，要解除过记电状态，进入正常状态，有两种方法：

a. 如果电池自我放电，并且VDD<VOCR，Q2开启，返回到正常状态。

b. 在移去充电器，连接负载后，如果VOCR<VDD<VOCU，VCSI>VOI1，Q2开启，返回到正常模式。

④过放电检测　通过VDD检测电池电压，确定是否进入过放电状态。当电池电压由正常状态进入过放电状态时，VDD电压小于VODL，持续时间超过200ms，则Q1关闭。此时CSI管脚通过内部电阻上拉到VDD。如果VCSI>VOI2，则电路进入断电模式（电流小于0.3μA）。

⑤释放断电模式　当电池在断电模式时，若连接入一个充电器，并且此时VCH<VCSI<VOI2，VDD<VODR，Q1仍旧关闭，但是释放断电模式。如果VDD>VODR，Q1开启并返回到正常模式。

⑥充电检测　如果在断电模式有一个充电器连接电池，若 VCSI<VCH 和 VDD>VODL，Q1 开启并返回到正常模式。

⑦异常充电状态　如果在正常模式下，充电器连接在电池上，若 VCSI<VCH，持续时间超过 340ms，则 Q2 关闭。

⑧过电流/短路电流检测　在正常模式下，当放电电流太大时，由 CSI 管脚检测到电压大于 VOIX(VIO1 或 VIO2)，并且持续时间大于 5μs，则代表过电流(短路)状态，Q1 关闭，CSI 通过内部电阻上拉到 VSS。

⑨释放过电流/短路电流状态　当保护电路保持在过电流/短路电流状态时，移去负载或介于 VBAT+和 VBAT-之间的阻抗大于 500kΩ，并且 VCSI<VOI1，那么 Q1 开启，并返回到正常条件。

(3)3G 网关节点的电源设计

设计的野外太阳能供电系统在使用时需要考虑很多因素，主要包括有：

①野外太阳能供电系统使用地的太阳辐射情况。

②系统的整个负载功率大小。

③系统在连续阴雨天气情况下连续工作天数。

④系统每天的工作时间。

3G 网关节点包含 ZigBee 模块、MCU 模块和 3G 模块，野外太阳能供电系统同时为这个三个模块供电。其中 ZigBee 模块的消耗功率约为 30mA×3. 3V＝0. 099W，MCU 模块消耗功率约为 5mA×3. 3V＝0. 0165W，3G 模块的消耗功耗约为 50mA×3. 3V＝0. 165W，则系统的整个功耗大概在 0. 28W。网关节点需要维持与远程服务器相连接以及对整个系统的运行状态进行检测，因此需要每天 24h 不间断工作。江苏地区有效的平均太阳光辐射时间在 5h 左右，则太阳能电池板的功率大概约为 0. 28×24h/5h＝1. 346W。考虑到网络信号较弱时，3G 模块天线以最大功率发射，系统的功耗会增加，以及野外供电系统安装在树林中，阳光可能会被树叶遮挡而减小太阳光的照射时间。另外太阳能管理系统的输入电压范围在 4. 2～6V，因此选择 6V/10W 的太阳能电池板。根据江苏地区的天气情况，以及安装盒的体积，能量存储模块选择 3. 7V/6. 6Ah 的锂电池。在连续阴雨天气实测时，网关节点的锂电池能够工作 4d 左右。

实验证实，该套野外太阳能供电系统能够提供 3. 7V 大小的直流电压，最大输出电流为 2A。3G 网关节点中 MCU 模块和 ZigBee 模块的供电电压为 3. 3V，设计时采用一个低压差的 LDO 芯片 LP2981 获得 3. 3V 的电压。LP2981 芯片在最大输出电流 100mA 时输入和输出的压差最低为 0. 2V，能够很好地满足太阳能供电系统。3G 模块的供电电压虽然也为 3. 3V，但是 3G 模块发送报文数据时会出现 1. 6A 的瞬时尖峰电流，如果采用大功率的稳压芯片，则输入输出压差较大，而且稳压芯片本身消耗的功率过高，为此通过一个正向导通电压为 0. 33V 肖特基二极管 MBRS410 直接与野外供电系统连接，给 3G 模块供电。在 3G 模块的电源端与地之间直接并联了 4 个 470μF 的钽电容来消除尖峰电流对供电系统的影响。具体的 3G 网关电压调理电路如图 10-22 所示。

3G 网关电压调理电路中 U4 接口是野外供电系统的输出 3. 7V 直流电压接口，通过开

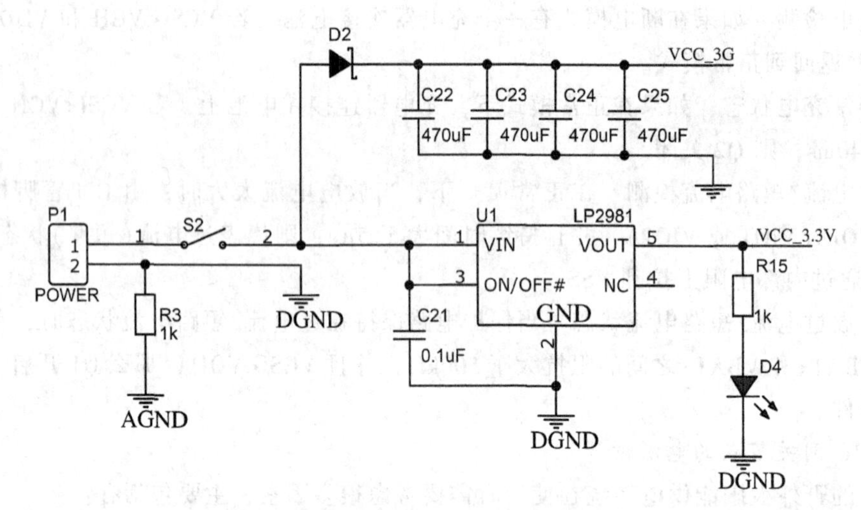

图 10-22 3G 网关电压调理电路

关 S2 和肖特基二极管 D2 直接给 3G 模块供电。U4 接口通过开关 S2 后另有一路与 LP2981 芯片的输入端相连，经稳压芯片 LP2981 转换后输出 3.3V 直流电压给 MCU 模块和 ZigBee 模块供电，LP2981 芯片的输出端通过一个 1kΩ 电阻与电源指示灯 D4 相连。

(4) 数据采集节点的电源设计

数据采集节点的电源设计时主要考虑节点的 ZigBee 模块和感知模块的消耗功率。在设计中节点选用了不同的传感器，主要有土壤温湿度传感器和空气温湿度传感器，以及光照强度传感器，其中主要的功耗是土壤温湿度传感器消耗的，约为 3.6V×10mA = 0.036W，但土壤传感器的工作时间较短，一般在 150ms，其消耗能不大。ZigBee 模块与 3G 网关节点中的 ZiBee 模块相同，约为 0.099W，因此数据采集节点的功耗总共在 0.15W 左右。由于林业环境变化缓慢，采集周期可适当延长，因而对 ZigBee 模块采用休眠技术，每 0.5h ZigBee 模块苏醒一次，工作 3min，因此整个数据采集节点的功耗较低。考虑到锂电池的成本不高，以及野外供电系统的通用性，我们采用了与 3G 网关相同的能量存储模块，即 3.7V/6.6Ah 的锂电池。太阳能光伏电池采用了 6V/5W 的太阳能板。系统在连续的阴雨天气可以工作 3 周左右。数据采集节点的电源调理电路与网关节点类似。野外太阳能供电系统输出的 3.7V 电压直接给土壤温湿度传感器供电，太阳能供电系统输出的 3.7V 电压经 LP2981 芯片转换后输出 3.3V 给 ZigBee 模块和空气温室度传感器供电。

10.3 采集节点软件设计

10.3.1 采集节点软件概述

(1) TinyOS 系统简介

目前用于 ZigBee 网络的操作系统有很多，例如，TinyOS、MantisOS、LiteOS 等。本文采集节点使用的操作系统 TinyOS 是业界一个标准的操作系统，可以支持 IEEE802.15.4 协议，该操作系统是开源性的操作系统，能比较方便地自添加和修改协议，同时还包含了大量成熟可靠的协议以及适用于不同应用的协议。TinyOS 操作系统是美国 UC Berkeley(加州大学伯克利分校)研究人员专门针对 ZigBee 网络研发的轻量级线程技术，采用两层调度方式、事件驱动模式、主动消息通信技术及组件化编程等手段有效地提高了传感器节点 CPU 的使用率，有助于省电操作并简化应用开发。TinyOS 的程序采用模块化设计，程序核心都很小，一般核心代码和数据大概在 400 Bytes 左右，能够突破传感器节点存储资源少的限制，这使得 TinyOS 能更有效地运行在 ZigBee 网络上，快速地执行相应的管理工作。TinyOS 本身提供了一系列的组件，用户可以利用已有的组件简单方便地编制程序，用以获取和处理传感器的数据，最终通过无线模块来传输信息。

(2) 采集节点软件开发平台

基于 TinyOS 开发的应用程序是由一系列的组件共同构成，组件之间通过接口(interface)相连接，并由此实现调用，接口声明了一系列命令(command)处理程序和事件(event)处理程序。用户可以在应用程序中设置各种与硬件有关的组件和接口程序，在 TinyOS 内核支持下，由 nesC 编译器编译，再通过对应的 Keil 编译平台生成相应的镜像文件，这样就可以通过 Cygwin 环境下载程序到硬件设备。简单调试后，硬件系统就可以正常运行。TinyOS 的具体实现和运行过程如图 10-23 所示。

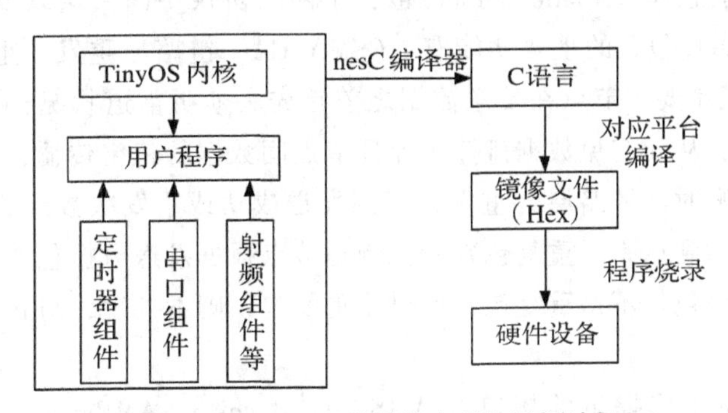

图 10-23　TinyOS 的具体实现和运行过程

10.3.2　ZigBee 模块软件设计

(1) 无线通信数据包解析

在 ZigBee 网络中，各个节点将采集到的传感器信息上传到主节点，系统需明确区分是哪个节点传来的？何种类型的传感器信息？何种类型的物理信息等？这就需要在数据传输协议中为每一个主节点、采集节点固定好数据包格式。根据 TinyOS 操作系统对数据包的要求，设计的报文共 29 字节，包含有包头、数据、校验三个部分，其中有效包负载长度 23 个字节，考虑到系统的扩展性，在数据报文格式的设定中考虑了多跳的情况，记录跳数等情况，校验码为除包头标志外所有字节异或的结果。设计的报文包格式见表 10-5，现以一条接收到的报文为例进行说明。

报文：3724300017000a000600060000011b8604fe092403c40201048d02424f

表 10-5　数据包格式

包头			数据						校验
包头标志	硬件类型	包负载长度	传感器类型	下一跳节点 ID	原始节点 ID	顺序号	跳数	传感器数据	校验码
1 字节	2 字节	2 字节	2 字节	2 字节	2 字节	2 字节	1 字节	14 字节	1 字节
37	24 30	00 17	00 0a	00 06	00 06	00 00	01	1b8604fe092403c40201048d0242	4f

其中传感器数据格式见表 10-6。

表 10-6　传感器数据格式

光照强度	空气温度	空气湿度	土壤 1 温度	土壤 1 湿度	土壤 2 温度	土壤 2 湿度
2 字节	2 字节	2 字节	2 字节	2 字节	2 字节	2 字节
1b 86	04 fe	09 24	03 c4	02 01	04 8d	02 42

(2) 通信实现和工作流程

ZigBee 网络中采集节点和主节点的通信使用 TinyOS 系统的中的活动消息(PlatformMacC)模型，活动消息模型 PlatformMacC 包含了网络协议中路由层以下的部分。在 ATOS 平台下，PlatformMacC 包含的主要功能有：CSMA/CA、链路层重发、重复包判断等机制。其中，CSMA/CA 机制要求节点在发送数据之前首先去侦听信道状况，只有在信道空闲的情况下才发送数据，从而避免数据碰撞，保证节点间数据的稳定传输；链路层重发机制是当节点数据发送失败时，链路层会重发，直到发送成功或重发次数到达设定的阈值为止，这样提高了数据成功到达率；重复包判断机制是节点根据发送数据包的源节点地址及数据包中的数据域判断该包是不是重复包，如果是重复包，则不处理，防止节点收到同一个数据包的多个拷贝。

PlatformMacC 向上层提供的接口有 AMSend，Receive，AMPacket，Packet，Snoop 等。AMSend 接口实现数据的发送，Receive 接口实现数据的接收，Snoop 是接收发往其他节点的数据，AMPacket 接口用于设置和提取数据包的源节点地址、目的地址等信息，Packet 接口主要是得到数据包的有效数据长度(payloadlength)、最大有效数据长度、有效数据的起始地址等。

采集节点承担着数据采集、发送等工作。由于 ZigBee 网络节点的特殊性，且能量的供给是有限，采集节点在发送状态时消耗能量最大，因此，采集节点的工作方式采用休眠和侦听的方式。采集节点设置了一个定时器，在规定的时间(如 30min)触发采集节点，采集节点就会自动苏醒。采集节点每一次苏醒后立即采集数据并且向主节点发送采集数据，当数据发送成功后采集节点立即进入休眠状态。如有新的采集节点加入网络，主节点(3G 网关中 ZigBee 模块)会广播定时器清零命令，使各个节点的定时器同步。采集节点的程序流程如图 10-24 所示。

主节点(3G 模块中 ZigBee 模块)承担着收集 ZigBee 网络中采集节点的数据，并传输给

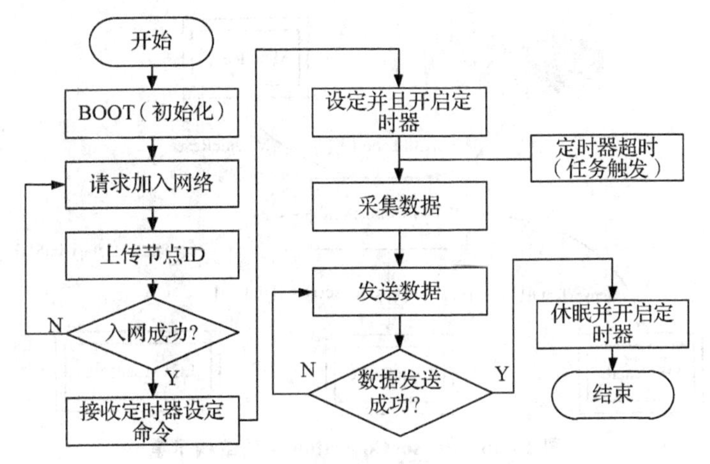

图 10-24　采集节点的程序流程图

3G 网关处理器的工作。TinyOS 通过低功耗监听（Low-Power Listening，LPL）技术实现无线低功耗操作。在低功耗监听技术中，节点不会一直开启无线模块，而是每隔一段时间开启无线模块且保持无线模块开启后的持续时间只够检测信道上的一个载波。如果检测到一个载波，则无线模块开启时间足够监听到一个数据包。主节点初始化后，创建网络，创建完后处于低功耗监听状态，等待采集节点发送的数据包，当收到数据报文时将其发送给 3G 网关处理器。当有新的数据节点加入网络时，节点会发送一个定时器清零命令，使各个节点的定时器同步。主节点的程序流程如图 10-25 所示。

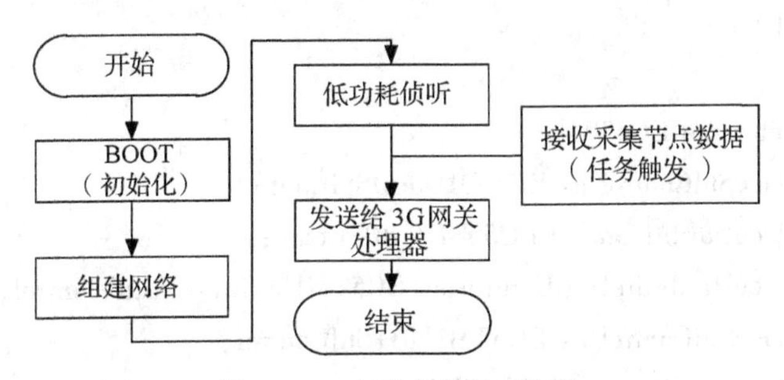

图 10-25　主节点的程序流程

10.3.3　感知模块软件设计

传感器采集数据是林业生态环境检测系统的主要工作之一，通常传感器采集数据可以分为两个步骤：配置并启动传感器和读取传感器数据。对感知模块中各个传感器进行应用层软件设计时，重点是设计各种传感器驱动组件。本文的传感器的接口有 3 种类型，即光照度传感器的模拟接口，空气温湿度传感器的类 I^2C 接口，以及土壤传感器的 UART 接口、系统中设计了 SensorCollection 组件来读取各个传感器的采集到数据。SensorCollection 组件结构示意如图 10-26 所示，其中 SHTDataC、LIghtDataC、ECTMSensorC 分别为空气温湿度、光照、土壤温湿度采集组件、McuSleepC 为系统休眠组件。

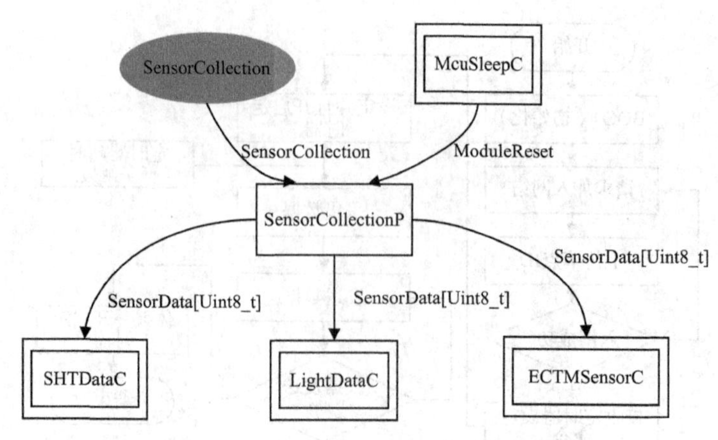

图 10-26　SensorCollection 组件结构示意

由于光照度计传感器使用 CC2430 的 A/D 接口，因此其驱动程序只需调用 TinyOS 系统中的 ADC 组件的接口即可；空气温湿度传感器采用 SHT11，这种传感器在无线传感网中应用广泛，其驱动组件比较成熟，在此不再展开。下面介绍一下 5TM 土壤温湿度传感器的驱动程序。

5TM 土壤温湿度传感器每一次测量都需要一个激发电平(即电源接通电平)，在激发后约 120ms，5TM 将通过异步通信的方式传送三个 ASCII 格式的测量数据到主控芯片。测量结束后电源必须切断，以便下一次接通电源时再次测量。EC5TM 组件使用和提供的接口的代码如下：

```
module EC5TMP
{
    provides interface EC5TM;
    uses interfaceStdControl as EC5TMUart0StdControl;
    uses interfaceUartStream as EC5TMUart0Stream;
    uses interfaceHardwareUartControl as EC5TMHardwareUart0Control;
    uses interfaceStdControl as EC5TMUart1StdControl;
    uses interfaceUartStream as EC5TMUart1Stream;
    uses interfaceHardwareUartControl as EC5TMHardwareUart1Control;
    uses interface Boot;
    uses interface Timer<TMilli> as CalcTimer;
    uses interface Timer<TMilli> as ResetTimer;
}
```

EC5TM 组件使用到的组件有通用 I/O 口组件(HplCC2340GeneralIO)，UART 组件(PlatfromGenericSerial)，定时器组件(TimeMilli)及系统 MainC 组件，组件连接图如图 10-27 所示，其中 HplCC2430GeneralIOC、PlatformGenericSerialC(EC5TMUart0C)、PlatformGenericSerialC(EC5TMUart1C)、MainC、TimerMilliC 分别为 IO 口组件、串口 0 组件、串口 1 组件、主函数、定时器组件。

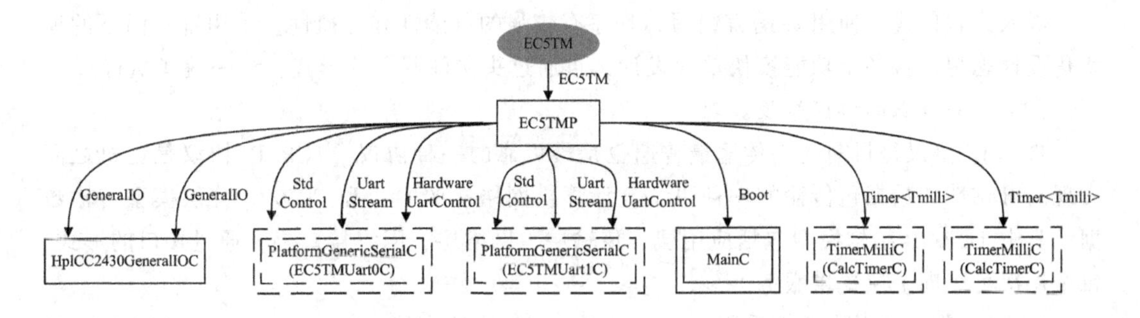

图 10-27　EC5TM 组件连接图

针对 5TM 土壤温湿度传感器特点，设计了读取 5TM 传感器数据任务 initRead( )。首先通过 I/O 口输出“1”，控制开关给传感器一个触发电平，随后开启串口通信，并且等待 200ms 后，I/O 口输出“0”，切断 5TM 传感器的电源，传感器数据通过触发串口收发数据事件，将测量数据存入 buffer_ 0、buffer_ 1 中。任务代码如下：

```
task voidinitRead( )
{
memset( buffer_ 0, 0, sizeof( buffer_ 0 ) );
memset( buffer_ 1, 0, sizeof( buffer_ 1 ) );          //buffer_ 0、buffer_ 1 数组清理
callPowerControl_ 0. makeOutput( );
callPowerControl_ 1. makeOutput( );                   //接通 5TM 传感器电源
call EC5TMUart0StdControl. start( );
call EC5TMUart1StdControl. start( );                  //开启串口通信
callResetTimer. startOneShot( EC5TM_ RESET_ WAIT_ TIME );    //等待 200ms
callPowerControl_ 0. clr( );
callPowerControl_ 1. clr( );                          //移除 5TM 传感器电源
}
```

10.4　网关节点软件设计

10.4.1　网关节点软件概述

(1) 网关节点软件开发平台

本文采用的是嵌入式 IAR Embedded Workbench IDE 集成开发平台进行软件设计。IAR Embedded Workbench 是一个非常有效的集成开发环境 IDE，它满足用户充分有效地开发并管理嵌入式应用工程，集成了高度优化的 IAR MSP430 C/C++编译器、IAR 汇编器、通用 IAR XLINK Linker、IAR C-SPY 调试器等。其中的 IAR C-SPY 调试器是为嵌入式应用程序开发的高级语言调试器，在设计时，它与 IAR 编译器和汇编器一起工作，并且与嵌入式 IAR Embedded Workbench IDE 完全集成，可在开发与调试间自由切换，极大地方便开发者进行软硬件协同调试。

嵌入式软件代码使用 C 语言编写，程序有较强的可读性和移植性。采用自上而下的模块化设计思想，将各个功能模块单独设计，再通过头文件调用的形式，统一编译执行。

(2) 网关节点的协议转换原理

TCP/IP 协议是目前网络传输最普遍也是最可靠的一种协议。TCP/IP 协议是主机之间实现高可靠性的数据包传输的一种协议。计算机网络按照 OSI 和 TCP/IP 分层模型传输数据，其中 TCP/IP 结构模型包括应用层、传输层、网络层、网络接口层。通过接口的形式，每个层次可以向上层提供服务。

3G 网关节点的无线通信采用 ZigBee 模块和 3G 通信模块，实现 ZigBee 协议到 TCP/IP 的协议转换，网关数据传输流程如图 10-28 所示。

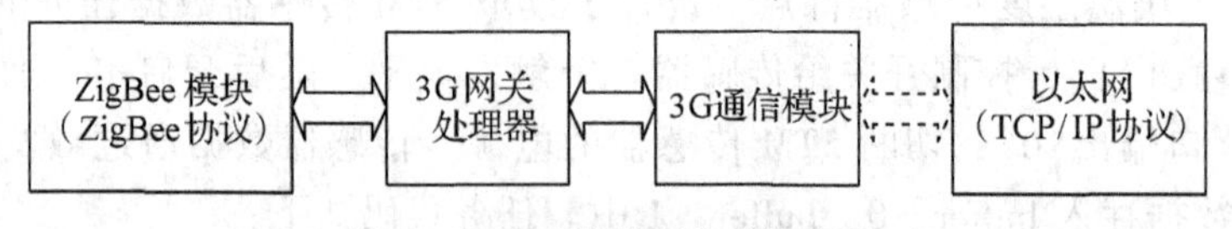

图 10-28　网关数据传输流程图

ZigBee 模块主要负责 ZigBee 传感网络的数据接入，通过 ZigBee 模块的内部数据通道发送数据到 3G 网关处理器。3G 网关处理器将从 ZigBee 模块收到的数据解包后得相应数据，打包成为适合在以太网发送的数据格式，通过 3G 通信模块发送至以太网接口，实现 ZigBee 协议到 TCP/IP 协议的转换。

由图 10-28 可以看出 3G 网关的核心内容就是数据协议转换。3G 网关的接入功能主要体现在协议转换，即将 ZigBee 无线通信协议转换为 TCP/IP 协议接入控制网络。网关协议转换的原理如图 10-29 所示。

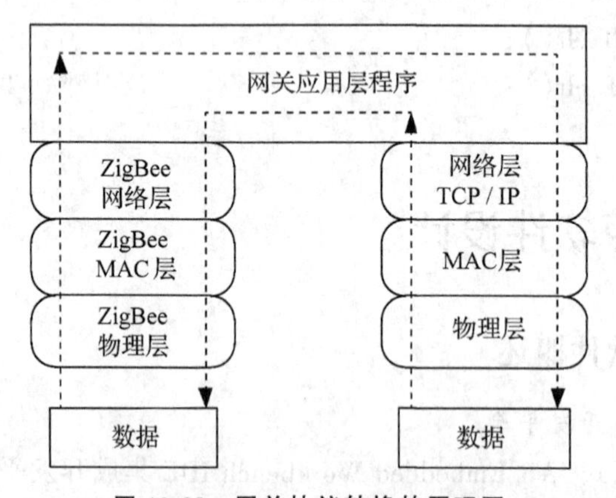

图 10-29　网关协议转换的原理图

在 TCP/IP 协议簇中，TCP/IP 协议的数据传输使用硬件地址进行识别，其中通过 ARP（地址解析协议）完成 IP 地址和数据链路层的硬件地址之间的转换。因此为了确保网关实现 ZigBee 和以太网中的协议转换，首先要实现 ARP 功能。在 ZigBee 网络中，每个节点都有唯一的地址，参考互联网中 TCP/IP 的实现机制，完成 IP 地址到 ZigBee 节点地址的映射。

数据包按图10-29中的虚线步骤走完协议栈：ZigBee物理层—ZigBeeMAC层—ZigBee网络层—网关应用程序—以太网网络层—以太网MAC层—以太网物理层。数据从ZigBee向以太网方向转换过程为：ZigBee接收指令将数据包打包，经过简单判断后向上发给本地ARP，并通过ARP解析出该ZigBee网络节点的MAC地址，确定要发送的以太网地址；然后向上传送给应用程序，通过解析后发送给以太网TCP/IP处理函数进行相应处理，再向下发送到以太网端口MAC地址。通过上述过程就完成了数据从ZigBce协议向TCP/IP的协议转换过程。

（3）互斥信号量机制

3G网关节点软件设计中的一个重要问题是数据报文的存取问题。ZigBee模块接收采集节点的数据报文，发送给固定大小的数据存储区，3G模块不断地从数据存储区读取数据报文并发送到远程服务器，这样的一个数据存取的问题可以映射为操作系统中的一个典型问题：生产者—消费者问题。ZigBee模块相当于生产者，不断地"生产"报文给数据报文存储区，而3G模块相当于消费者，不断地从数据存储区"消费"数据报文。如果简单地在ZigBee模块"生产"一条报文后，数据存储区报文计数器加一，3G模块"消费"一条数据报文后，计数器减一，就会出现资源的竞争问题，即在3G模块在"消费"报文还没结束时，ZigBee模块打断3G模块，又"生产"了数据报文，此时就会导致资源存储区报文计数器计数不同步和数据报文的不完整，即不能保障存储资源区报文数据的可靠性和完整性。为了解决这个突出问题，采用了互斥信号量机制。

互斥信号量机制(Mutex)是荷兰学者Edsger Dijkstra在1965年提出的信号量机制方法的简化。互斥信号量(Mutex)很好地实现了对共享资源的独占试处理，保证了共享资源区数据的可靠性和完整性。互斥信号量是一个处于两态的变量：解锁和加锁，使用一个整型量Mutex_ lock，值"0"表示解锁，值"1"则表示加锁。互斥信号量使用有两个过程：当某模块需要访问数据存储区时，调用查看Mutex_ lock。如果Mutex_ lock互斥量当前是解锁的(即存储资源临界区可用)，此模块获得访问权限，模块可以自由地访问存储资源。另一方面，如果该互斥量Mutex_ lock已经加锁，模块无权访问存储资源区，只能等到存储资源区中的模块完成操作并且解锁后才能访问存储资源区。

3G网关中互斥信号量机制示意如图10-30所示。ZigBee模块需要向存储区存入报文时，首先访问Mutex_ lock，如果Mutex_ lock处于解锁状态，则ZigBee模块获得授权进入数据储存区，然后加锁防止其他模块的竞争，并将报文存入数据存储区，同时相应地修改数据存区的报文计数器。当数据存储完毕后，解锁释放数据存取区的访问权。如果Mutex处于加锁状态，ZigBee模块无权访问数据存储器，需要等待其他模块解锁释放访问权后才能进行数据报文的存储。3G模块的获取数据存储区的报文过程与ZigBee模块类似，在此不再重复。由于引入了互斥信号量机制，这不仅很好地管理了ZigBee模块和3G模块存取数据报文，也为其他模块访问数据存储区的报文提供了可能，如图10-30中添加一个数据处理模块，用于对数据报文的查询和判别，只要获得数据存储区的访问权，就可以避免其他模块竞争。

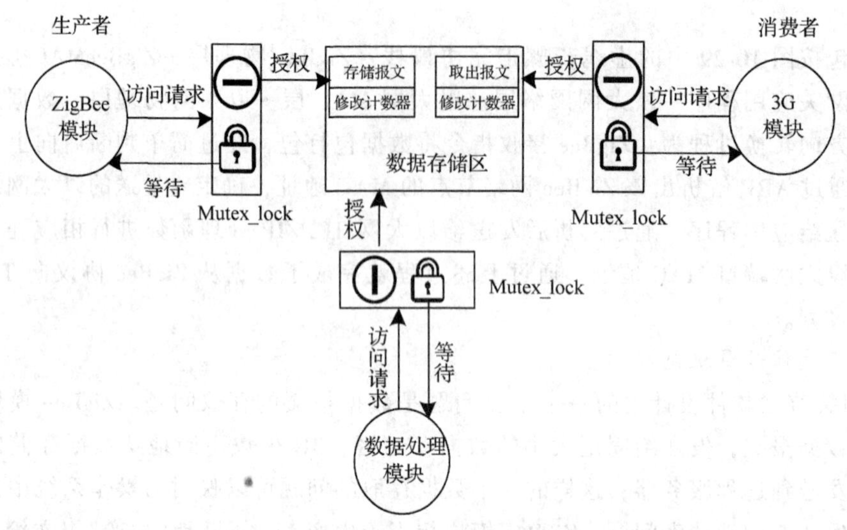

图 10-30 3G 网关中互斥信号量机制示意

(4) 网关节点的软件框架

网关节点的软件设计主要是为了安全实现 ZigBee 协议与 TCP/IP 协议的转换，能够使数据采集节点采集到的实时环境参数及时地传送到远程服务器，用于对数据的存储和分析。为了使 3G 网关节点能够在野外正常运行，3G 网关节点具有自我故障监测和 SMS 报警的功能。3G 网关节点的软件框架如图 10-31 所示，主要包括：主程序及系统初始化、3G 驱动和数据收发、ZigBee 驱动和数据接收、SMS 短信接收和发送和系统故障自检和处理。

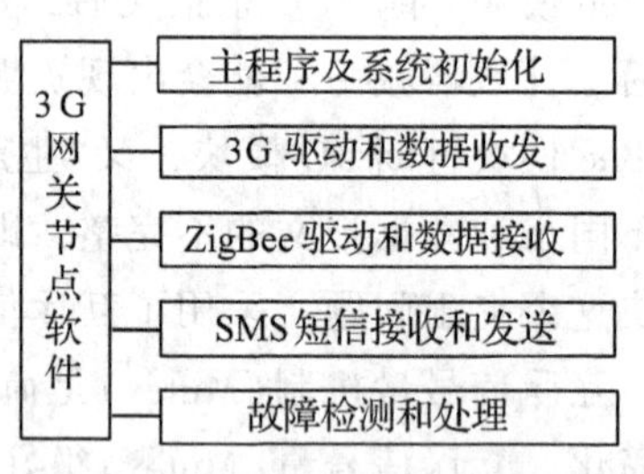

图 10-31 3G 网关节点的软件框图

10.4.2 网关节点软件设计

(1) 系统软件初始化及系统主程序

3G 网关的处理器采用了 TI 公司的 MSP430F149 芯片，它集成丰富的外设，需要在使用前进行初始化设置。MSP430F149 初始化主要有系统时钟设定、定时器配置、UART 串口初始化、数据存储区初始化。系统时钟的正确选择是整个程序运行保证，MSP430F149 的有 3 种时钟源可以选择：第一种是外部高速时钟源；第二种是外部低速时钟源；第三种是还有内部时钟源。为了更快地响应系统的各个模块，提高 UART 串口模块的收发速度，系统主时钟选择外部高速时钟源。定时器时钟采用了 8MHz 的系统主时钟，初始化时，设定定时器的计数方式为连续增计数

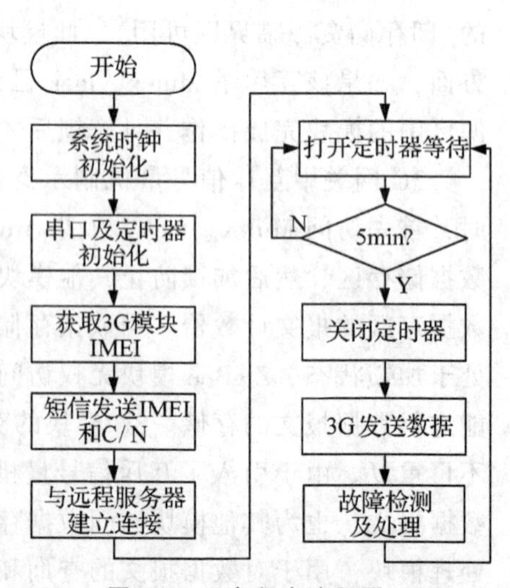

图 10-32 主程序流程图

方式，系统主程序流程如图10-32所示。

系统完成初始化后，通过SMS短信的方式与系统维护人员进行通信确认，然后通过3G(WCDMA)通信与远程数据服务器连接。待连接完成后，系统定时器TA0开启计时，每隔5min对数据存储区进行检索判断，如果发现数据存储区有数据报文，将数据报文通过3G(WCDMA)网络发送到远程数据服务器；若没有数据报文就发送心脏报文，以保障网络的正常。数据发送完毕后对系统进行故障检测和处理，以便及早地发现系统的运行状态。ZigBee模块数据的报文接收采用中断方式，只要ZigBee模块数据具有数据存储资源访问权，即可直接将数据存入数据存储区。

(2) 3G通信程序

3G网关处理器MSP430F149通过UART1与EM770W模块连接，EM770W模块根据串行接收的控制命令来实现WCDMA网络通信，因而在使用程序之前应该对网关处理器内部的UART1模块进行配置。MSP430F149芯片的UART1模块通过内部寄存器(U0CTL、U0TCT、U0BR0、U0BR1、U0MCTL、ME1)就可以设定串口UART1模块的通信波特率、收发帧格式以及中断使能等初始化参数。UART1设置的通信波特率115200，数据传输采用8位数据位、1位停止位、没有校验位的数据格式。UART1初始化的相关代码：

```
void  Init_ Uart1( )
{
  U1CTL | = SWRST;              //复位串口
  U1CTL | = CHAR;               //8位数据
  U1TCTL | = SSEL1;             //选择SMCLK=8MHz作为时钟信号
  UBR01=0x45;
  UBR11=0x00;
  UMCTL1=0x4A;                  //设置波特率为115200
  ME2 | = 0x30;                 //UART接收模块允许
  UCTL1 &= ~SWRST;              //SWRST复位，USART允许
  IE2 | = URXIE1;               //接收中断允许
  P3SEL | = BIT6+BIT7;          //P3.6 P3.7设置为USART1模块
  P3DIR | = BIT6;               //P3.6输出，P3.7输入
}
```

3G网关节点与远程数据服务器通过WCDMA网络的无线通信链路进行TCP数据传输。3G网关节点可以发送数据报文给数据服务器，也可接收数据服务器特定的指令报文。EM770W模块数据传输主要基于TCP/IP协议实现的，联网时需要一张开通WCDMA服务的USIM卡。由于EM770W内部集成了TCP/IP协议栈，通过华为内部扩展的AT指令很容易对模块上网进行配置。

EM770W模块进行上网连接时，首先需要发起PDP(Packet Data Protocol)激活。PDP定义了用户进行数据转发时的所有参数，包括数据包交换协议类型、用户IP地址、接入点情况以及服务质量等。PDP激活即EM770W模块设定数据包协议类型，如是“IP”或者“PPP”，并配置接入点域名，同时获得一个IP地址。在激活PDP后才能选择传输层协议

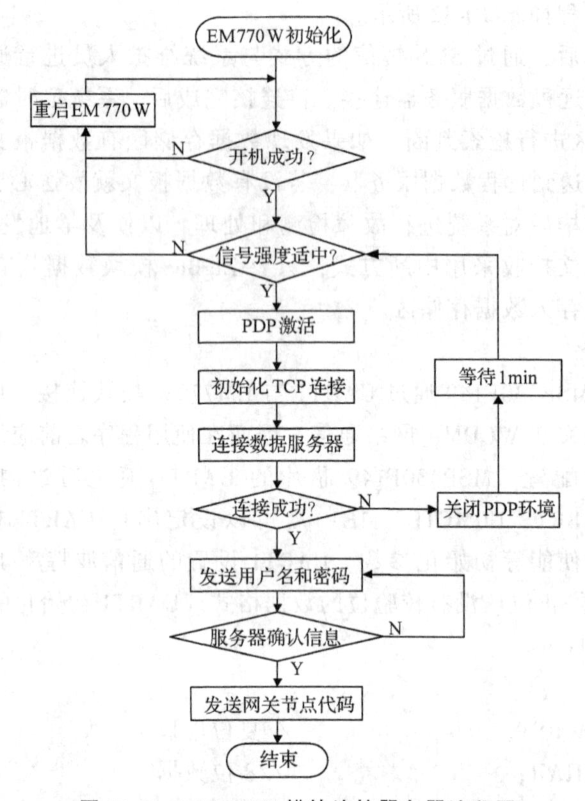

图 10-33 EM770W 模块连接服务器流程图

类型，如是 TCP 协议或者 UDP 协议。林业生态环境监测系统安装在在野外，需要实时掌握系统的运行状态等参数，因此传输层协议采用用了 TCP 协议。EM770W 模块连接服务器流程如图 10-33 所示。

EM770W 模块连接服务器时首先需对 EM770W 模块进行初始化，并通过发送指令"AT"判断 EM770W 模块是否开机成功，如不成功，则重启 EM770W 模块。EM770W 模块开机成功后进行 PDP 激活以获得动态 IP 地址，配置接入点，然后进行 TCP 初始连接后才能与远程服务器进行 TCP 的连接，连接成功后方可在应用层无线传输数据。为了防止无效的客户端访问数据服务器，避免数据服务器的处理压力，在每一个客户端连接到数据服务器后，都必须发送特定的用户名和密码，以得到服务器的认证后才能向服务器传输数据。当客户端连接后没有得到服务器的认证，服务器自动断开连接。因此，当 EM770W 模块连接到数据服务器后，3G 网关将通过 EM770W 模块发送第一条用户名和密码报文："User：3G_ wlw，PassWord：cs545"，以获得服务认证。为满足不同监测地域的林场同时使用一台服务器，对每一个 3G 网关设置不同的网关节点代码，当 3G 网关得到服务器认证后，3G 网关将自己的代码发送给服务器以确认网关所在区域。

EM770W 模块与 Internet 网络的连接是网关设计的关键。EM770W 模块内部集成了 TCP/IP 协议栈及丰富的 AT 指令集，使得整个开发过程高效快捷。表 10-7 中列出了常用的 AT 指令。

表 10-7　WCDMA 通信过程中使用到的 AT 指令

功能类别	AT 命令	说明
模块初始化	AT	测试 EM770W 工作状况
	ATE0	关闭回显功能
	AT+IPR = 115200	设置波特率 115 200 bit/s
上网连接	AT+CSQ?	测试当前信号强度
	AT+CGDCONT = 1，"IP"，"3GNET"	PDP 激活
	AT%IPINIT = 3GNET	TCP 连接初始化
	AT%IPOPEN = 1，"TCP"，"202. 119. 215. 219"，"60000"	建立 TCP 连接
数据传输	AT%IPSEND = 1，" User：3G_ wlw，PassWord：cs545"	数据包发送
	AT%IPCLOSE	断开网络连接
	AT%AUTORESET	EM770W 模块自动重启
	%IPDATA	新数据主动上报

表 10-7 中，EM770W 模块在初始化阶段关闭回显功能，目的是避免回显字符与返回参数之间发生误判。“AT+CSQ?”命令返回的信号质量报告一般在 15 以上，若返回值低于 10，说明当前信号较差，系统自动重启，然后再进行判断。上网连接阶段 TCP 连接命令“AT%IPSTART”中的参数“202. 119. 215. 219”为服务器所在公网的 IP 地址，参数“60000”为端口号。连接命令成功执行后，EM770W 返回“OK”信息；若 TCP 连接失败，则断开网络等待 1min 后重新建立连接。3G 网关与远程服务器进行 TCP 连接后，只需要将发送的数据作为命令“AT% IPSEND”参数发送即可将数据传输到远程服务器，发送成功后，EM770W 返回“%IPSEND：1”和“OK”信息。采用串口调试工具对 3G 模块进行调试，显示结果如图 10-34 所示，数据服务器使用 TCP/UDP socket 调试工具的结果如图 10-35 所示。

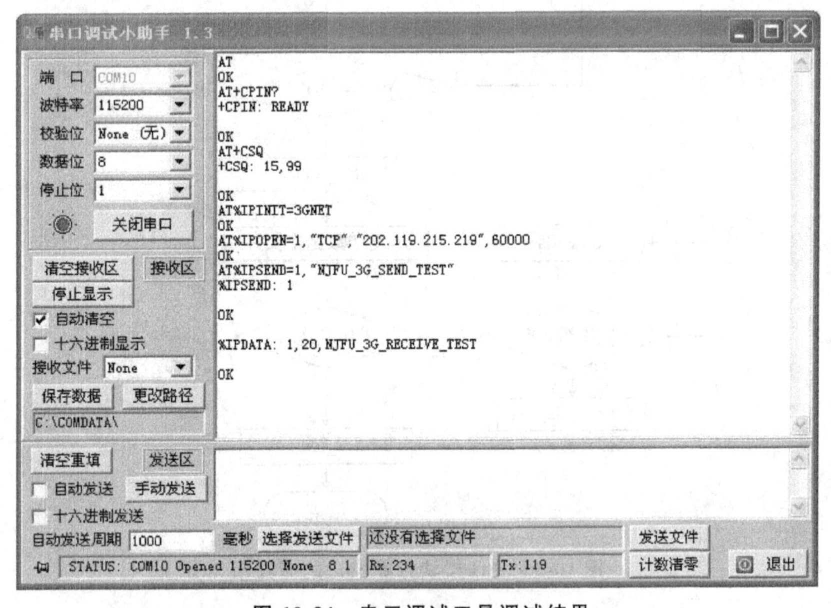

图 10-34　串口调试工具调试结果

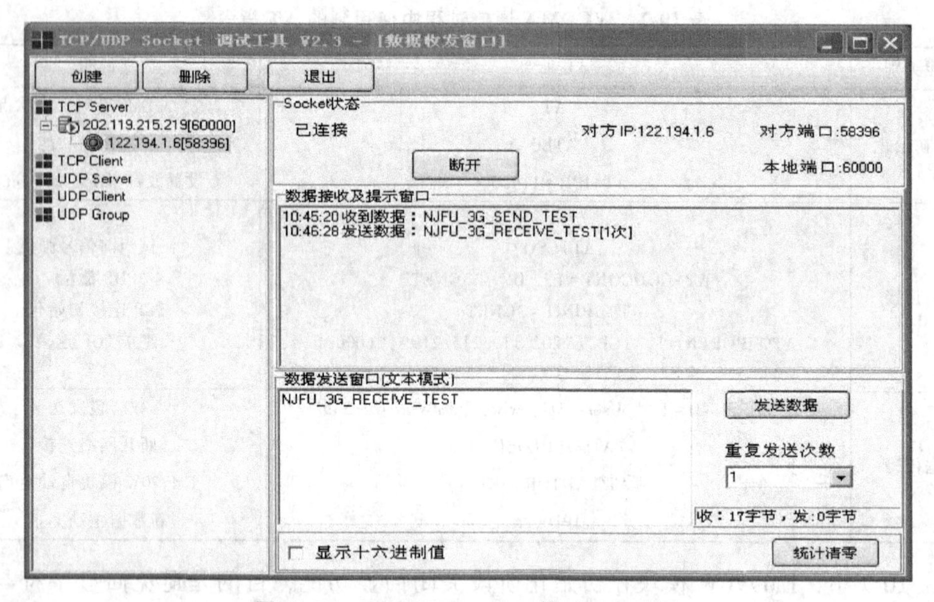

图 10-35　TCP/UDP socket 调试工具结果

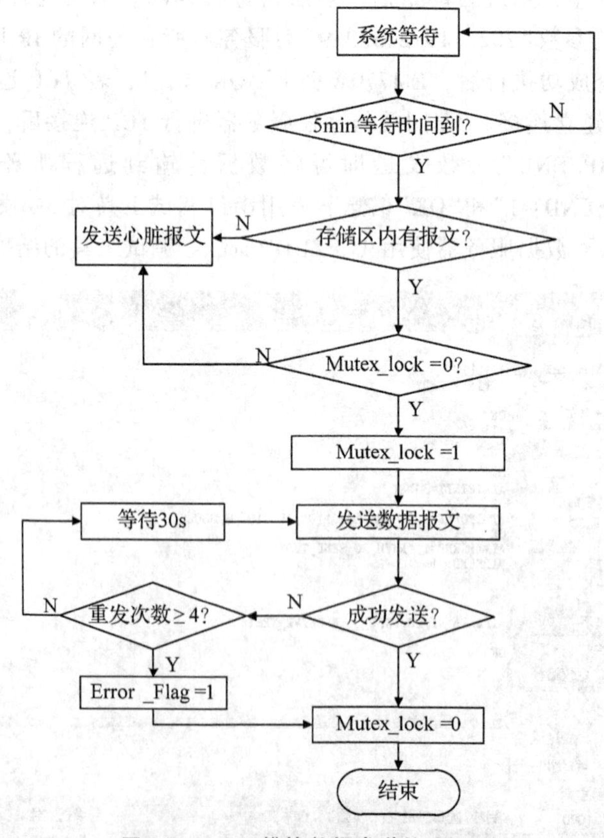

图 10-36　3G 模块数据发送的流程图

林业生态环境监测系统采集的是大气温湿度、光照强度、土壤温湿度，这些都缓慢的物理量，只需要每 0.5h 采集并保存一次数据，而 3G 网关使用的中国联通的 WCDMA 网络，如果长时间连接网络而不进行数据交换的话，中国联通将自动断开网络连接，因此 3G 网关必须在发送一个心脏报文来保证网络的持续连接，3G 网关中设计的心脏报文是："FFFFFFFFFFFFFFFFFFFFFFFFFFFF"。设定网关每 5min 发送一次数据，如果数据存储区中有数据报文且 3G 模块具有数据存储区的访问权就发送数据报文，如果 3G 网关中没有数据报文则发送一次心脏报文来保证网关与远程服务器相连接。在发送数据时，如果发现数据发送失败就重新发送，如果数据重新发送 4 次后仍然没有发送成功，则认为网络连接出现问题，设置故障标志 Error_ Flag=1，启动故障处理程序用以处理系统故障。3G 模块数据发送的流程如图 10-36 所示。

(3) SMS 短信发送和接收程序设计

当系统出现故障时需要第一时间通知系统维护人员，以便维护人员及时对系统进行维护，以保证系统的正常运行。林业生态环境监测系统采用 SMS(短消息服务)方式通知系统维护人员。基于 EM770W 模块共有 2 种短信收发方式，分别为：PDU 方式和 Text 方式。PDU 方式作为短信编码方式，可同时支持英文和中文的短信收发，但由于 PDU 串中包含了大量的其他信息且规则较多，因而编解码环节十分复杂。Text 方式，即纯文本方式，程序实现较为容易，而且支持多种字符集，但不支持中文数据传输。本系统中需要发送的数据比较短，内容包括节点代码、错误信息、提醒信息以及分隔符，没有设置中文字符，故选择 Text 方式最为合适。短信模式下的数据发送流程如图 10-37 所示，整个过程包括：工作模式选择、短信发送、短信接收确认等环节。

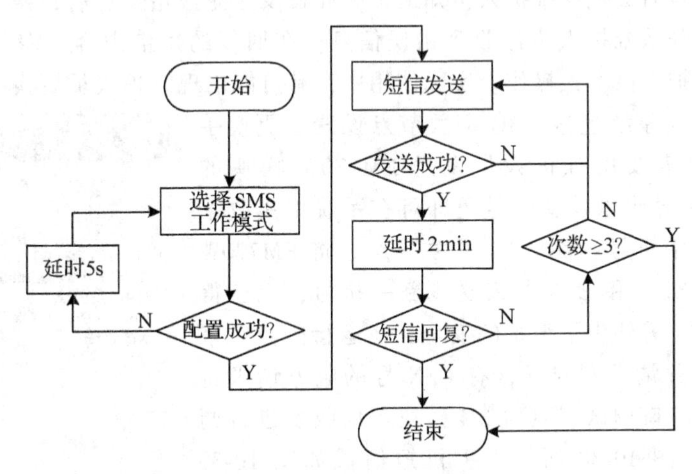

图 10-37　短信发送流程图

短信收发过程中涉及的 AT 指令见表 10-8。将 EM770W 的工作模式设置为 Text 文本模式，数据内容主要为数字和英文字符，后续无需编/解码工作。当收到命令"AT+CMGS"返回的字符">"后，向 EM770W 模块导入发送数据并以"0x1A"结束。发送完成后返回"+CMGS:"和"OK"信息，否则返回"ERROR"字符串。

表 10-8 短信发送过程中涉及的 AT 指令

AT 命令	说明
AT+CMGF=1	工作模式选择
AT+CMGS="维护人员手机号"	短信发送

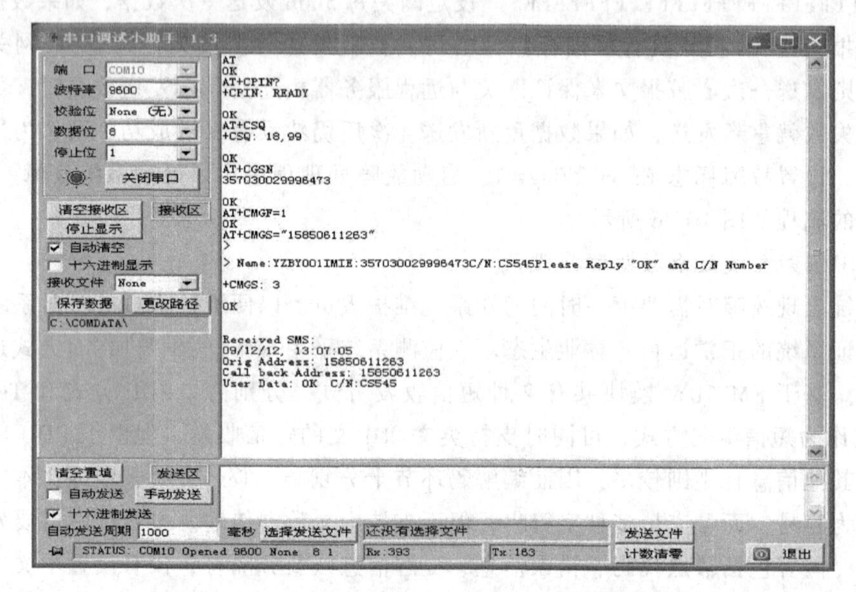

图 10-38 短信收发串口调试图

系统出现故障后必须使维护人员知道，因此在发送完报错信息后，需要等待维护人员的短信回复，以确认维护人员已收到错误信息。在回复的短信内容中需要有设备的 C/N 码，已确认是维护人员本人操作。实际使用中，有可能出现维护人员更换手机号码，为保持维护人员继续与系统连接，3G 网关节点设置了更换手机号码指令，仅需要用维护人员发送 EM770W 模块的 IMEI 号码和 C/N 号码以及新的号码即可在系统中更改手机号码。更改完手机号码后，3G 网关节点会将 EM770W 模块的代号，IMEI 号和 C/N 号发送到新手机号，以获得新手机号的确认。另外为了系统的安全，在运行阶段对来自外部号码的服务请求，或不含有 C/N 号的服务请求将不予理睬。采用串口调试工具对 3G 模块短信收发进行调试，显示结果如图 10-38 所示，手机短信截如图 10-39 所示。

图 10-39 手机短信截图

(4) 故障检测和处理程序设计

系统稳定运行是系统设计的基本要求，为了保证林业生态环境监测系统可靠运行，在其中设计了故障检测和处理系统。故障的检测主要有报文发送错误检测、电池电压过低检测和报文接收错误检测三个部分组成。其中电池电压过低检测为主动检测，设定每隔 5min 进行一次检测和处理，其他两个为被动检测，仅当数据接收和传输中出现错误后进行检测处理。

电池电压检测是系统的主动检测，每隔 5min 采集 MSP430F149 处理器的 A/D 口 P6.0 的输入电压。MSP430F149 处理器的 A/D 是一个 12 位的高精度 ADC12 内核，ADC12 内核接收到模拟信号输入并具有转化允许信号之后便开始进行 A/D 转换。为了节省能量，在没有模拟信号输入时通过 ADC12 ON 关闭内核。ADC12 内置参考电源，而且参考电压具有 6 种不同的可编程选择。为了可靠地检测电池电压，采用内置 2.5V 的参考电压。ADC12 中有 4 种不同的转换模式，本系统采用单通道多次采样的转换模式检测电池电压，对 ADC 转换后的数据采用均值滤波法进行滤波，采集 8 次电压数据后取平均值，最后将其数字量转化为模拟电压，并与设定的预警电压进行比较。输入的模拟电压存放在转换存储器 Results 中，当 ADC 输入端为 2.5V 时，ADC 满量程输出，为 0x0FFF，输入电压 V_{IN} 与转换结果 Results 之间的关系为：

$$V_{IN}=\text{Results}\times 2.5/4095(\text{V})$$

电路设计中采用将电池电压平均分压后进行进行 AD 转换，因此电池电压 $V_{BAT}=2\times V_{IN}$。MSP430F149 处理器的 ADC12 设置的相关代码为：

```
void Init_ Adc12(void)
{
P6SEL=0x01;                          // 使用 A/D 通道 A0，P6.0 引脚
ADC12CTL0=ADC12ON+MSC;               // 打开 ADC
ADC12CTL0=SHT0_ 4;                   //设置采样保持时间为 16 倍的采样周期
ADC12CTL0=REFON+REF2_ 5V;            //选择内部参考 2.5V 电压
ADC12CTL1=SHP+CONSEQ_ 2;             //单通道多次转换模式选择
ADC12IE=0x01;                        //使能中断标志位 ADC12IFG.0
ADC12CTL0 | = ENC;                   // 使能转换
}
```

ADC 主动检测电池电压并与设定的预警电压进行比较，根据 3G 模块和处理器模块的电压要求，设定预警电压为 3.6V。如果电池电压的高于 3.6V，则认为系统电池电压正常，如果电池电压低于 3.6V，将发送短信通知系统维护人员。电池电压检测和预警软件的流程如图 10-40 所示。网关电压短信接收如图 10-41 所示。

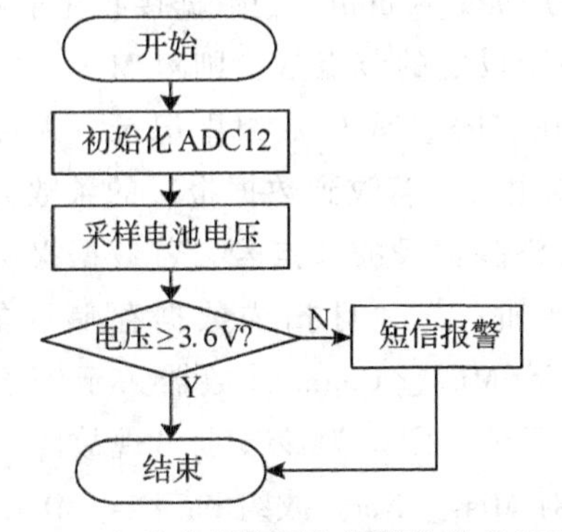

图 10-40 电池电压检测和预警软件的流程图

图 10-41 网关电压短信接收图

报文发送错误检测系统为被动检测。为了确保系统中3G模块的正常运行，系统每隔5min发送一次报文，当系统发送报文数据时，若EM770W模块的回复信息为“error”，则将重新发送报文，并且记录重新发送的次数，如果重复发送的次数超过4次，则认为EM770W模块出现短暂的错误，置标志位Send_ Error_ Flag为1。当系统发现Send_ Error_ Flag被置位后，将发送一个测试指令“AT”，若EM770W模块的回复仍为“error”，则认定EM770W模块出现异常，需将EM770W模块进行复位后，重新与远程数据服务器连接。如果EM770W模块的回复为“OK”，则认为网络连接出现问题，需重新进行网络连接并记录重连次数。当EM770W模块重新恢复数据传输后，将Send_ Error_ Flag清零。如果网络连接5次仍然不能进行正常地数据传输，则通过SMS发送短信告知系统维护人员，同时等待确认。报文发送错误检测流程如图10-42所示

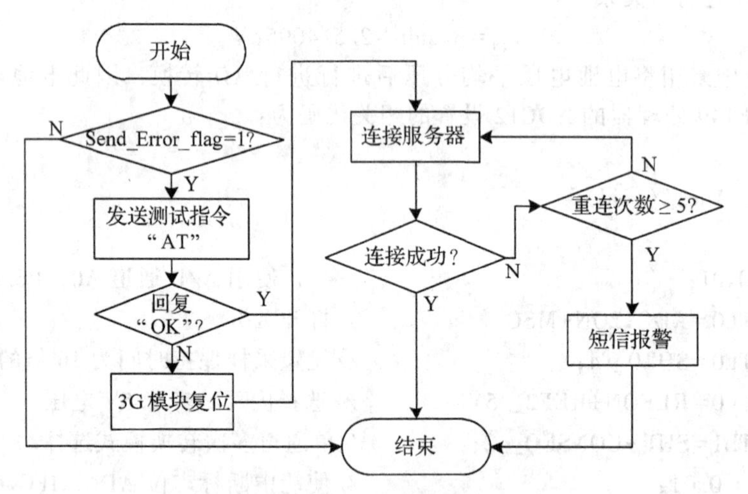

图10-42 报文发送错误检测流程图

报文接收错误检测也是被动检测，其目的是确保ZigBee网络中各个节点正常运行。3G网关节点接收到数据报文时，首先判断收到的数据报文是否为节点苏醒后正常发送的报文。判断的依据为确定两次接收到数据报文的时间间隔是否为30min左右？若不是，则说明报文信息不是节点正常发送的信息，对报文不做任何检测；若是，则说明数据报文为节点苏醒后正常发送的数据。数据报文计数器为Data_ Count，当数据接收完毕后，Data_ Count中的计数与设定的节点数进行比较，若小于设定的节点数，则对Miss_ Data计数器加一，并且扫描数据存储区的报文节点号，并在Miss_ Node数组中记录下未接收数据的节点号。等待下次数据节点苏醒后正常收到数据报文，若收到数据报文的条数大于等于设定节点数，则对Miss_ Count计数器清零，并且消除记录的节点号。若数据报文条数仍然小于设定的节点数，则对Miss_ Count计数器加一，并且扫描数据存储区的节点号，Miss_ Node数组记录下未接收数据的节点号。若Miss_ Count计数器大于等于6时，对Miss_ Node数组进行扫描，若某节点号4次被记录，则认为该节点出现故障，通过SMS短信通知系统维护人员，待得到确认信息后，对Miss_ Node数组和Miss_ Data计数器进行复位。报文接收错误检测流程如图10-43所示。

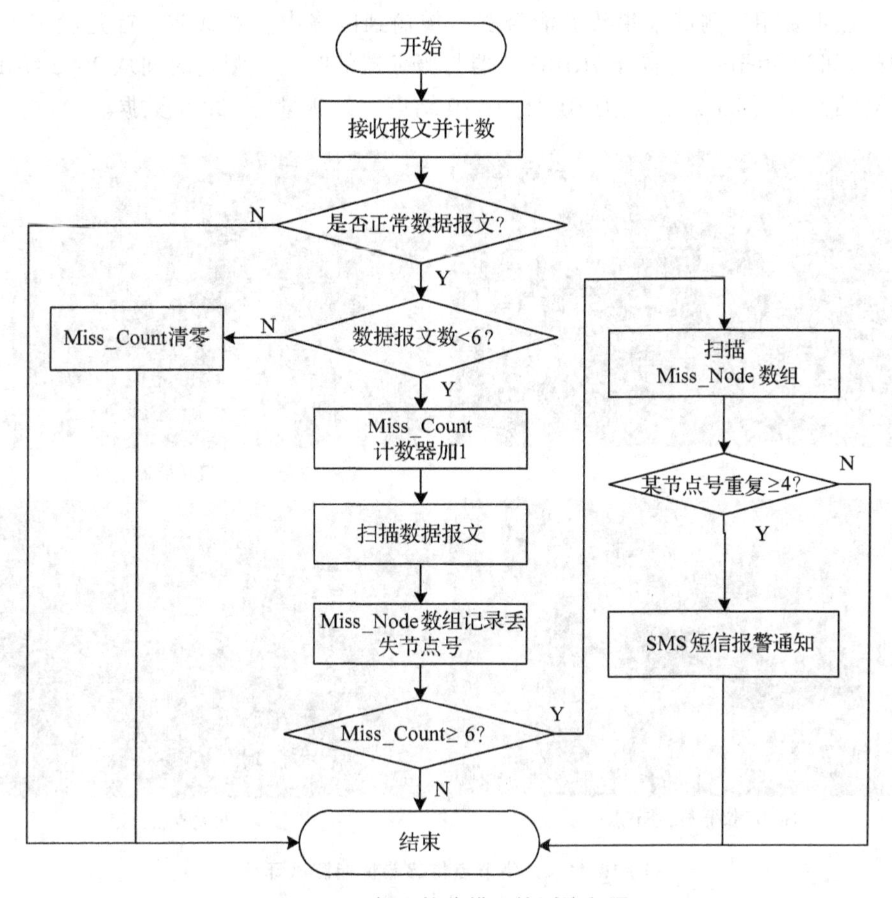

图 10-43　报文接收错误检测流程图

10.5　现场安装与测试

10.5.1　数据采集节点传感器安装与测试

(1) 采集节点传感器性能测试与方法

林业生态环境监测系统监测的数据包括了空气温湿度、不同深度的土壤温湿度、光照度等。不同的传感器具有不同的性质，其测量精度和要求不同，受干扰程度也不同。为了获取更精确的监测指标，需要对传感器进行标定。这里，采用美国 OnesetHOBO 公司的 HOBO 气象站数据采集器(型号：H21-001)采集的数据为标定基准，对各传感器进行定标。该气象站能够同时监测不同环境参数，而且测量的数据精度和稳定度能够被林业工作者认可，具有很好的参考价值。

在扬州宝应杨树林中安装了 6 个数据采集节点和一个 3G 网关节点，我们随机选择了一个数据采集节点(2 号节点)进行传感器性能测量。2 号节点和 HOBO 仪器的传感器的安放如图 10-44 所示。为防止阳光直射对温度的影响，空气温湿度传感器安装在木板下面，

3G 网关节点主要用于测试采集数据能否实时传输到网络中。测试前，首先设定 HOBO 仪器的采样时间为 30min，并同步 HOBO 仪器与服务器的时间。测量时间从 2012 年 10 月 30 号 9:50 开始测量到 2012 年 11 月 01 日 10:20 结束，共测量约 100 组数据。

图 10-44　采集节点传感器性能测试环境

(2) 传感器数据分析和校准

由于数据采集节点测量的参数较多，这里选取土壤温度数据进行详细分析和标定。图 10-45 显示 HOBO 仪器和 2 号节点测量的地下 5cm 深处土壤温度数据随时间的变化曲线，图 10-46 是两个仪器测量的相对误差。

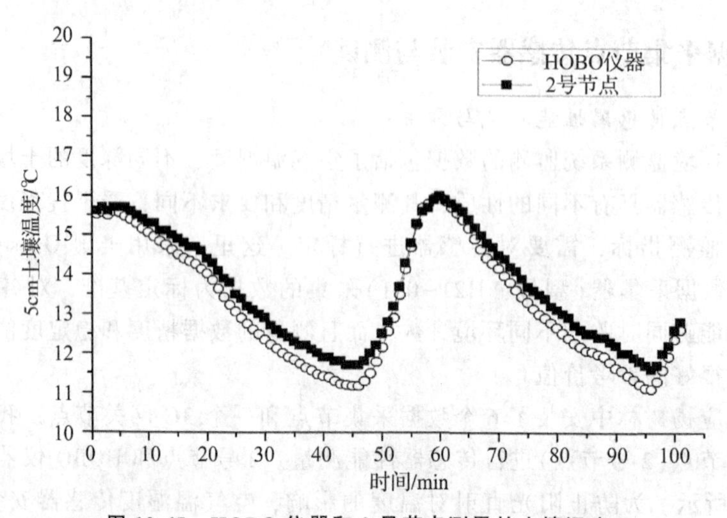

图 10-45　HOBO 仪器和 2 号节点测量的土壤温度

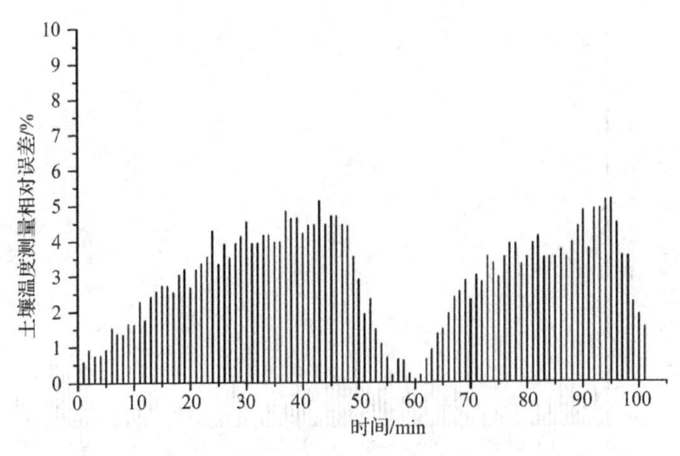

图10-46 2号节点和HOBO仪器测量的相对误差

由图10-45、图10-46所示，2号节点和HOBO仪器测量的土壤温度变化趋势一致，在土壤温度高于15.5℃时，2号节点与HOBO仪器的相对误差较小，在2%以下；而当土壤温度低于15℃时，两个仪器测量的相对误差较大，观察图10-45发现，2号节点测量的土壤温度数据明显高于HOBO仪器的测量数据，因此，需对2号节点测量的土壤温度数据进行校正。

从图10-45测量数据，计算2号节点在i时刻土壤温度测量的绝对误差，

$$\Delta_i = \left| T_{2号} - T_{\mathrm{HOBO}} \right|_i$$

绝对误差的平均值：

$$\bar{\Delta} = \sum_{i=1}^{n} \Delta_i$$

测量数据的校正值：

$$T_{\mathrm{correct}} = \begin{cases} T_{2号} & T_{2号} \geqslant 15.5℃ \\ T_{2号} - \bar{\Delta} & T_{2号} < 15.5℃ \end{cases}$$

通过校正后2号节点的土壤温度数据和HOBO仪器测量的土壤温度数据如图10-47所示，矫正后的相对误差如图10-48所示。

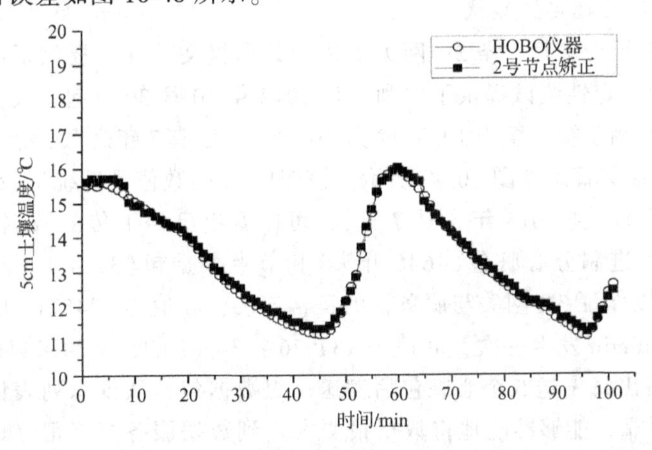

图10-47 矫正后2号节点土壤温度数据和HOBO仪器测量的土壤温度数据

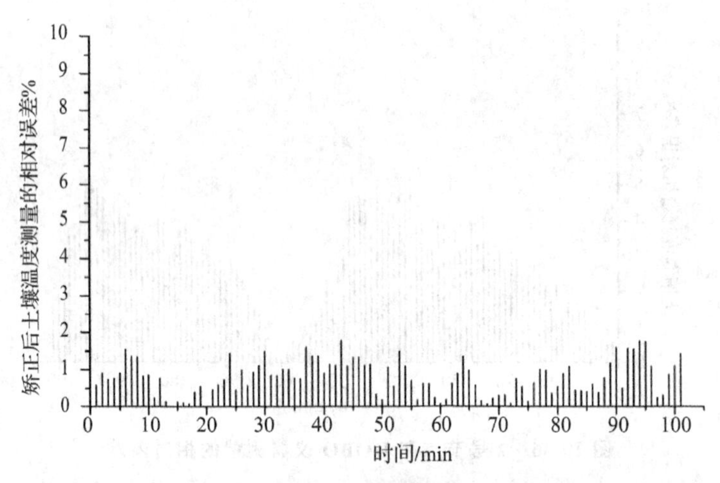

图 10-48　矫正后土壤温度测量的相对误差

由图 10-47、图 10-48 可知，2 号节点测量的地下 5cm 深处的土壤温度经过矫正后，与 HOBO 仪器测量值间的相对误差在 2%以下，其标定值与土壤温度的真实值接近一致，可当作真实值。由于本文篇幅有限，其他传感器的标定不在此一一分析。经过数据分析和矫正后，其他传感器的标定值与 HOBO 仪器的测量值间的相对误差都在 2%左右，可以作为真实数据。

10.5.2　3G 网关稳定性测试

(1) 3G 网络连接时间测试

该实验在扬州市宝应县杨树林中进行，在杨树林中安装完 3G 网关节点后，进行 3G 网络连接测试，观察 3G 网关上的红色 LED 指示灯 D3，如指示灯 D3 常亮，则表示 3G 网关网络与远程服务器连接成功。在杨树林中从早上 8:00 到晚上 17:00，每隔 1h 将 3G 网关复位一次，并且记录复位后指示灯 D3 从暗到常亮所需时间。测量发现 3G 网络连接成功的时间在 15s 左右，可满足系统实时性监测的要求。由于环境监测系统中传输的每条报文只有 29 个字节，几乎不会产生网络延时现象。

(2) 3G 通信网络稳定性测试

数据服务器中记录了每一条 3G 网关上传的数据报文，并且提供了网页查询方式，这为 3G 通信网络的稳定性测试提供了便利。自 2012 年 10 月 30 日起，我们在扬州市宝应杨树林中安装环境监测系统，至 2019 年 12 月 30 日止，已有 7 年之久，系统网络一直稳定运行。3G 网关数据报文日志如图 10-49 所示。该图中 id 的数值是系统记录的 3G 网关上传到数据服务器的报文数(到 2013 年 5 月 7 日)，可以看出已经上传的数据报文总数约 13 万多，数据采用十六进制分心脏包(4646 开头)和节点数据包(3724 开头)两种。心脏包每 5min 发送一次，以保证 3G 网关与服务器的正常连接，id 值为 134571~134575 的报文为心脏包。数据包每 30min 发生一次，id 值为 134576~134581 的报文为采集的一组数据包。从图 10-49 中可以看出每发送 5 个心脏包后发送一组数据包，从日志列表记录的时间可以看出 3G 网关稳定可靠，能够准确地将数据报文发送到数据服务器，很好地满足林业生态监

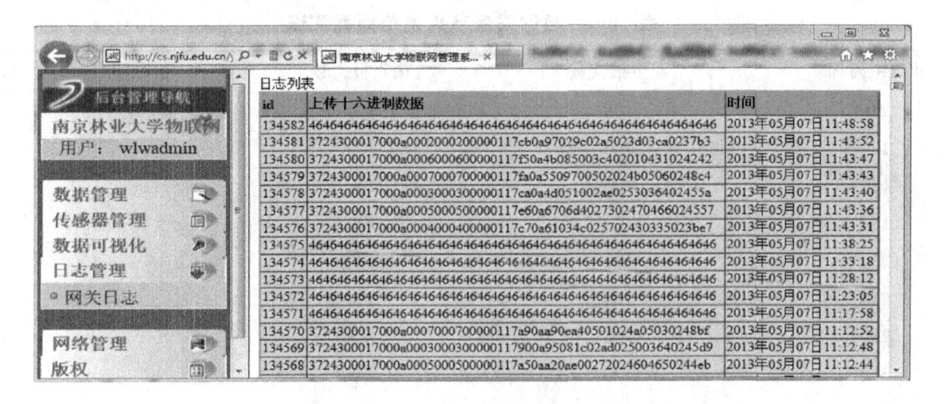

图 10-49　网关数据报文日志图

测系统的要求。

10.5.3　ZigBee 网络通信测试

(1)ZigBee 组网测试

组网测试需要一些准备工作，我们对每一个数据采集节点的物理地址进行了修改，分组排序。测试中共使用了一个主节点和 6 个数据采集节点，编号分别从 01 到 07，将这个 7 个节点设定为 01 组。在设计电路时，每一个节点板上设计了红、黄、绿三种指示灯，分别对应节点电源指示、报文发送指示、组网成功指示。

实验选择在南林林业大学物联网研究中心实验室中进行，测试步骤如下：首先将主节点与 PC 通过串口相连，用于接收显示数据。打开主节点电源，主节点中绿色小灯经短暂闪烁后保持一长亮状态，表示以该主节点为中心的网络已经建立；然后将 02 号、03 号节点放在离主节点不远的位置，而其余节点分别放在离主节点较远的位置。打开电源，观察到各个节点的绿灯保持长亮，而黄灯不断地闪烁，说明这些节点已经加入 01 号主节点构建的网络，可以发送数据报文。测算发现，各节点加入网络的时间均在 6s 之内，保持 5min 左右的通信状态，观察各节点指示灯的变化情况和 PC 机接收数据的情况，对数据进行分析。关闭 06 节点 1min，观察其他节点的指示灯情况以及 PC 机接收数据的情况，最后再打开 06 节点，观察节点的指示灯和 PC 机接收报文情况。

实验结果表明，当某一节点由于断电等原因出现断网时，并不会影响其他节点的通信，网络会自动舍弃该节点重新组网。

(2) 数据采集节点通信距离测试

为了测试监测系统中节点间的通信距离，选择在扬州市宝应县树林中进行。测试当天天气晴朗，气温在 25℃左右，大气相对湿度在 45%左右。采用 CC2591 增强型数据采集节点进行测试，数据节点放置离地面 1.3m 左右。采用点对点通信的方式，每隔 5s 发送一次报文，共发送 100 个报文。由表 10-9 可以看出 CC2591 增强型数据采集节点，在通信距离超过 250m 后出现了丢包现象，在距离 350m 后丢包率比较严重。测试表明 CC2591 增强型数据采集节点的最佳通信距离可以达到 250m 左右，完全满足林业环境监测的要求。

表 10-9　数据采集节点通信距离测试

通信距离/m	发生报文数	接收报文数	信号接收百分比/%
50	100	100	100
100	100	100	100
150	100	100	100
180	100	100	100
230	100	100	100
250	100	100	100
280	100	85	85
310	100	60	60
350	100	45	45

(3)节点丢包率测试和分析

节点丢包率测试通过服务器程序进行统计分析。由于节点采用休眠机制，每隔 0.5h 发送一次报文数据，因此节点每天发送报文总数为 48 条，因此只需记录服务器每天收到的有效报文数据就可以计算出丢包率。每天的丢包率统计结果如图 10-50 所示。

纬度	经度	节点号	总报数	丢包数	丢包率	日期
33.2303	119.3203	1803	48	0	0.0%	2012-12-05
33.23434	119.4234	1801	48	0	0.0%	2012-12-05
33.154971	119.307751	3	48	1	2.083%	2012-12-05
33.155307	119.308605	2	48	1	2.083%	2012-12-05
33.155495	119.307807	5	48	0	0.0%	2012-12-05
33.155685	119.308178	4	48	1	2.083%	2012-12-05
33.155457	119.307292	6	48	2	4.166%	2012-12-05
33.154967	119.307762	7	48	0	0.0%	2012-12-05
33.148941	119.34841	8	48	0	0.0%	2012-12-05
33.148942	119.34842	9	48	0	0.0%	2012-12-05

图 10-50　服务器丢包率统计结果

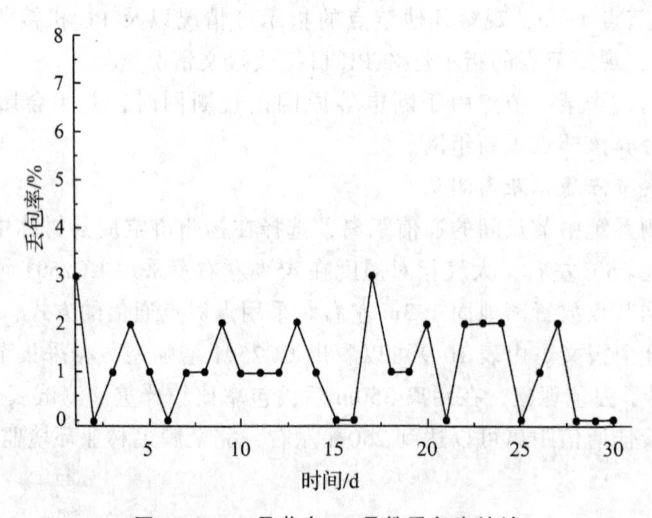

图 10-51　3 号节点 12 月份丢包率统计

我们对 3 号节点在 2012 年 12 月丢包率进行统计分析，其结果如图 10-51 所示。3 号节点的总体丢包率在 4%以下，数据传输成功率高，可以满足林业生态环境监测的要求。为了很好地分析 2012 年 12 月 1 日至 12 月 30 日时间段出现的丢包率现象，我们查阅了芯片供应商美国 TI 公司给出的一些测试分析图，发现 CC2591 增强型数据节点的发射功率随温度和工作电压的改变而改变。温度在-10~40℃范围，CC2591 增强型数据节点的输出功率随着温度的升高输出功率有下降趋势。由于数据采集节点采用锂电池供电，有可能出现电源波动，而数据采集节点安装在野外杨树林中，其环境比较复杂，而且杨树林早晚温差较大，都有可能影响节点发送功率及电磁信号在林间的传输，造成数据节点的丢包。

本章小结

本章介绍了江苏宝应湖湿地公园杨树林环境自动监测案例，系统基于 Zigbee 技术及 3G 技术实现林业生态环境监测。系统以林业生态环境指标为监测对象，设计并实现了一种利用智能传感器采集林业生态环境参数，以 ZigBee 模块和 3G(WCDMA)模块发送数据，采用太阳能电池板和锂电池供电的远程林业生态环境监测系统。具体分析了林业环境参数采集、ZigBee 模块数据收发、3G(WCDMA)数据传输、SMS 短信收发、3G 网关故障监测和处理等，该林业生态环境监测系统已在扬州市宝应县的杨树林持续使用了 7 年，系统稳定可靠，监测效果良好。

习　　题

一、填空题

1. 本案例中空气温湿度传感器与节点之间通过____接口连接。
2. 本案例中土壤温湿度传感器与节点之间通过____接口连接。
3. 本案例中光照传感器与节点之间通过____接口连接。
4. 数据采集节点主要包括____模块、____模块、____模块、____模块。
5. 网关节点主要包括____模块、____模块、____模块、____模块。

二、问答题

1. 说明一下本案例中数据采集节点和网关节点的异同点？它们的作用分别是什么？
2. 结合前面章节的内容，说明一下本案例中选择了哪种通信方式？并解释为什么选择这种通信方式？

参考文献

朱明德，1991. 森林资源动态监测原理与方法[J]. 南京林业大学学报(自然科学版)(4)：77-82.

黎刚，2007. 环境遥感监测技术进展[J]. 环境监测管理与技术，19(1)：8-11.

刘慧韬，2006. 基于 GPRS 的环境监测网络系统研究与实现[D]. 武汉：华中科技大学.

付海涛，2007. WCDMA 宽带移动通信网的研究[D]. 上海：复旦大学.

彭木根，余艳，刘健，2004. 3G 技术和 UMTS 网络[M]. 北京：中国铁道出版社.

王月平，2009. GAINZ 无线传感器网络 MAC 协议研究与网络平台的实现[D]. 苏州：苏州大学.

王凤林，2010. 基于 WCDMA 的无线传感器网络的应用研究[D]. 苏州：苏州大学.
于玮，2012. 基于移动通信网络的超声波雷达料位仪的研究[D]. 南京：南京林业大学.
刘丹，2007. 光照度计全自动检定系统的误差分析研究[D]. 合肥：合肥工业大学.
张振，2009. 基于硅光电二极管的荧光检测电路设计[D]. 武汉：华中科技大学.
胡大可，2000. MSP430 系列超低功耗 16 位单片机原理与应用[M]. 北京：北京航空航天大学出版社.
魏晓龙，2002. MSP430 系列单片机接口技术及系统设计实例[M]. 北京：北京航空航天大学出版社.
刘亚军，2010. 太阳能电池用新型纳米二氧化硅减反射膜的研究[D]. 南京：东南大学.
程莉莉，赵建龙，熊勇，2010. 用太阳能电池供电的锂电池充电管理集成电路的设计[J]. 中国集成电路(6)：48-52.
任思源，2009. 太阳能与振动能综合转换收集技术研究[D]. 北京：华北电力大学.
张西红，角阳飞，高彦彦，2009. 基于 Tinyos 的传感器网络程序实例开发[J]. 无线电通信技术(1)：55-57.
潘浩，董齐芬，2011. 无线传感器网络操作系统 TinyOS[M]. 北京：清华大学出版社.
杨顺，章毅，陶康，2010. 基于 ZigBee 和以太网的无线网关设计[J]. 计算机系统应用(1)：194-197.
杨振江，冯军，2009. 流行集成电路程序设计与实例[M]. 西安：西安电子科技大学出版社.
王艳玲，2006. I2C 总线器件 AT24C256 的性能特点及应用[J]. 辽宁师专学报(自然科学版)，8(3)：78-78
杨振江，冯军，2009. 流行集成电路程序设计与实例[M]. 西安：西安电子科技大学出版社.
王艳玲，2006. I2C 总线器件 AT24C256 的性能特点及应用[J]. 辽宁师专学报(自然科学版)，8(3)：78-80.
万振磊，2011. 嵌入式控制系统抗干扰应用研究[D]. 广州：广东工业大学.